全国高等职业教育规划教材

移动互联网概论

主编　危光辉　罗　文

参编　汪　娟　易子钦　李成革

机械工业出版社

为了满足广大读者学习移动互联网知识的需要，本书对移动互联网的基本概念、发展现状、发展趋势，移动互联网技术与应用，移动互联网安全，应用终端与终端操作系统，以及移动通信网络进行了介绍。本书在系统讲解移动互联网发展历程与应用现状的同时，还讲解了移动互联网的最新技术。本书层次清晰，内容丰富，在讲解知识的同时，配合适当的图形图表，使内容更易被读者理解。

　　本书可作为高职院校移动互联网专业的教材和相关社会培训机构的教材，也适用于从事移动互联网开发或应用的读者参考。

　　本书配套授课电子课件，需要的教师可登录 www.cmpedu.com 免费注册、审核通过后下载，或联系编辑索取（QQ：1239258369，电话：010-88379739）。

图书在版编目（CIP）数据

移动互联网概论 / 危光辉，罗文主编. —北京：机械工业出版社，2013.9（2016.10重印）

全国高等职业教育规划教材

ISBN 978-7-111-45772-5

Ⅰ. ①移… Ⅱ. ①危… ②罗… Ⅲ. ①移动通信－互联网络－高等职业教育－教材 Ⅳ. ①TN929.5

中国版本图书馆 CIP 数据核字（2014）第 025357 号

机械工业出版社（北京市百万庄大街22号　邮政编码100037）

责任编辑：鹿　征

责任印制：李　洋

北京宝昌彩色印刷有限公司印刷

2016 年 10 月第 1 版·第 3 次印刷

184mm×260mm·13.75印张·340千字

5501–8500册

标准书号：ISBN 978-7-111-45772-5

定价：29.80元

全国高等职业教育规划教材计算机专业
编委会成员名单

主　　任　周智文

副 主 任　周岳山　林　东　王协瑞　张福强

　　　　　　陶书中　眭碧霞　龚小勇　王　泰

　　　　　　李宏达　赵佩华

委　　员　（按姓氏笔画顺序）

　　　　　　马　伟　马林艺　万雅静　万　钢

　　　　　　卫振林　王兴宝　王德年　尹敬齐

　　　　　　史宝会　宁　蒙　安　进　刘本军

　　　　　　刘新强　刘瑞新　余先锋　张洪斌

　　　　　　张瑞英　李　强　何万里　杨　莉

　　　　　　杨　云　贺　平　赵国玲　赵增敏

　　　　　　赵海兰　钮文良　胡国胜　秦学礼

　　　　　　贾永江　徐立新　唐乾林　陶　洪

　　　　　　顾正刚　曹　毅　黄能耿　裴有柱

秘 书 长　胡毓坚

出 版 说 明

根据《教育部关于以就业为导向深化高等职业教育改革的若干意见》中提出的高等职业院校必须把培养学生动手能力、实践能力和可持续发展能力放在突出的地位，促进学生技能的培养，以及教材内容要紧密结合生产实际，并注意及时跟踪先进技术的发展等指导精神，机械工业出版社组织全国近 60 所高等职业院校的骨干教师对在 2001 年出版的"面向 21 世纪高职高专系列教材"进行了全面的修订和增补，并更名为"全国高等职业教育规划教材"。

本系列教材是由高职高专计算机专业、电子技术专业和机电专业教材编委会分别会同各高职高专院校的一线骨干教师，针对相关专业的课程设置，融合教学中的实践经验，同时吸收高等职业教育改革的成果而编写完成的，具有"定位准确、注重能力、内容创新、结构合理和叙述通俗"的编写特色。在几年的教学实践中，本系列教材获得了较高的评价，并有多个品种被评为普通高等教育"十一五"国家级规划教材。在修订和增补过程中，除了保持原有特色外，针对课程的不同性质采取了不同的优化措施。其中，核心基础课的教材在保持扎实的理论基础的同时，增加实训和习题；实践性较强的课程强调理论与实训紧密结合；涉及实用技术的课程则在教材中引入了最新的知识、技术、工艺和方法。同时，根据实际教学的需要对部分课程进行了整合。

归纳起来，本系列教材具有以下特点：

1）围绕培养学生的职业技能这条主线来设计教材的结构、内容和形式。

2）合理安排基础知识和实践知识的比例。基础知识以"必需、够用"为度，强调专业技术应用能力的训练，适当增加实训环节。

3）符合高职学生的学习特点和认知规律。对基本理论和方法的论述要容易理解、清晰简洁，多用图表来表达信息；增加相关技术在生产中的应用实例，引导学生主动学习。

4）教材内容紧随技术和经济的发展而更新，及时将新知识、新技术、新工艺和新案例等引入教材。同时注重吸收最新的教学理念，并积极支持新专业的教材建设。

5）注重立体化教材建设。通过主教材、电子教案、配套素材光盘、实训指导和习题及解答等教学资源的有机结合，提高教学服务水平，为高素质技能型人才的培养创造良好的条件。

由于我国高等职业教育改革和发展的速度很快，加之我们的水平和经验有限，因此在教材的编写和出版过程中难免出现问题和错误。我们恳请使用这套教材的师生及时向我们反馈质量信息，以利于我们今后不断提高教材的出版质量，为广大师生提供更多、更适用的教材。

机械工业出版社

前　言

移动通信业务和互联网业务是当今世界发展最快、市场潜力最大、前景最诱人的两大行业。移动互联网是移动通信与互联网技术相结合的产物。随着 2009 年 3G 牌照的正式发放，移动互联网应用也随之得到了迅猛的发展。移动互联网在不久的将来，必定会创造新的经济奇迹。

移动互联网的移动性优势决定了其应用前景广阔，用户数量庞大。用户可通过智能手机、PDA（Personal Digital Assistant，也称为掌上电脑）、上网本、嵌入式设备等实现互联网的各种移动应用，如移动搜索、移动音乐、移动社交、移动支付、移动电视、移动办公、基于位置的服务以及移动广告等。据 CNNIC（中国互联网络信息中心）的互联网调查统计数据显示：2013 年我国网民规模达 6.18 亿，而使用手机登录移动互联网的用户规模为 5 亿，使用移动互联网的用户比例由 2012 年底的 74.5%提升至 81.0%。

移动互联网应用的迅猛发展，引发了移动互联网行业专业技术人才的巨大缺口。工信部数据统计显示，我国目前移动互联网人才缺口达百万以上。随着移动互联网高速、深入的发展，移动互联网行业的专业人才匮乏将进一步加剧。根据《国家中长期教育改革和发展规划纲要（2010—2020）》和《国家教育事业发展"十二五"规划纲要》的相关文件精神，为满足移动互联网在电子商务、移动通信和智能终端等领域人才的迫切需求，虽有部分院校的部分专业开设了移动互联网方面的相关课程，但为了进一步适应移动互联网发展的需要，加强对移动互联网专业技术人才的培养，在高等职业院校专门开设移动互联网专业已势在必行。本教材正是为了满足国内职业院校和各类培训机构开设移动互联网专业而编写的一本基础教材，涉及移动互联网现状、技术、应用领域以及移动互联网安全等内容。

本书由危光辉、罗文任主编，汪娟、易子钦、李成革参与编写，其中第 1、6、7 章由危光辉编写，第 2 章由李成革编写，第 3 章和第 5 章由罗文编写，第 4 章由汪娟编写，易子钦负责整理附录，并对全书文稿进行了排版校对。

本教材力求所涉及名词术语、信息材料、数字佐证材料的准确性和实用性。由于移动互联网是一门新兴的学科，同类教材或参考书较少，虽在本书编写过程中花了大量时间从事考证和查询工作，但鉴于编者水平有限，其中还是难免会有疏漏和不妥之处，恳请相关专家、同仁以及读者批评指正。

编　者

目　录

第1章 移动互联网概述

1.1 移动互联网简介

移动互联网（Mobile Internet）是指利用互联网提供的技术、平台、应用以及商业模式，与移动通信技术相结合并用于实践活动的统称。用户借助移动终端通过移动通信技术访问互联网，移动互联网的产生、发展与移动通信技术的发展趋势密不可分。

移动互联网业务是当今世界发展最快、市场潜力最大、前景最诱人的业务，它的增长速度是任何预测家未曾预料到的，所以移动互联网在可以预见的将来，必定会创造新的经济奇迹。移动互联网的移动性优势决定了其用户数量庞大，用户可以很方便地通过智能手机、PDA、上网本、嵌入式设备等实现互联网的移动应用。据 CNNIC（中国互联网络信息中心）2014 年 1 月 17 日发布的第 33 次互联网调查报告，我国网民规模达 6.18 亿，手机网民规模达 5 亿，使用移动互联网的用户比例由 2012 年底的 74.5%提升至 81.0%，手机第一大上网终端的地位更加稳固。

移动互联网的应用终端如图 1-1 所示。

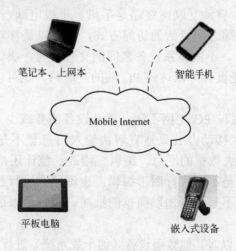

笔记本、上网本　　　智能手机

Mobile Internet

平板电脑　　　嵌入式设备

图 1-1　移动互联网应用终端

移动互联网业务的特点不仅体现在更丰富的业务种类、个性化的服务和服务的质量上，还可以"随时、随地、随心"地享受互联网业务所带来的便捷。其特点主要包括以下几个方面：

1）高便携性：移动互联网的沟通与资讯的获取远比 PC 设备方便。除了睡眠时间，移动设备一般都以远高于 PC 的使用时间伴随在用户身边。这个特点决定了使用移动设备上网，可以带来 PC 上网无可比拟的优越性。

2）终端移动性：移动性使得用户可以在移动状态下接入和使用互联网服务，移动的终端便于用户随身携带和随时使用。

3）业务与终端、网络的强关联性：由于移动互联网业务受到了网络及终端能力的限制，因此，其业务内容和形式也需要适合特定的网络技术规格和终端类型。

4）业务使用的私密性：移动设备用户的隐私性远高于 PC 端用户的要求。高隐私性决定了移动互联网终端应用的特点：数据共享时既要保障认证客户的有效性，也要保证信息的安全性，这就不同于互联网公开、透明、开放的特点。互联网下，PC 端系统的用户信息是可以被搜集的。而移动通信用户上网显然是不需要自己设备上的信息给他人知道甚至共享，如手机短信等；在使用移动互联网业务时，所使用的内容和服务更私密，如手机支付业务等。

5）局限性：移动互联网也具有自身的不足之处，主要体现在网络能力和终端能力两方面的限制。在网络能力方面，受到无线网络传输环境、技术能力等因素的限制；在终端能力方面，受到终端大小、处理能力、电池容量等的限制。

移动互联网以其小巧轻便、通信便捷的特点，决定了移动互联网与传统互联网（即 PC 互联网）的根本不同之处，移动通信用户不愿意在移动设备上采取像 PC 输入端那样的大量信息输入的操作，比如不愿意输入大量的文字、表格、图形去交流。

采用移动上网，不是等于放弃 PC 互联网，不能说移动互联网是 PC 互联网的替代方式，它们同是互联网络的应用方式，两者之间虽然有联系，但有着显著的区别。移动互联网与 PC 互联网的区别主要有：

1）移动上网更随意。移动互联网终端是手机、平板电脑、PDA 等移动设备。移动上网的终端体系决定了终端之间灵活的访问方式，既可以是移动设备对移动设备，也可以是移动设备对 PC 设备。不同体系设备之间的交互访问，决定了应用的丰富性远甚于 PC 互联网。中高端的智能设备可以访问 PC 端的互联网，也可以在移动设备与移动设备之间交互访问。

2）移动设备用户上网与 PC 上网不同，移动设备需要减少下载及减少输入量。移动办公代替不了 PC 办公，移动办公只适宜解决输入信息量不是很大的问题，如远程视频，信息浏览等，要进行大数据的汇总、编辑、修改、统计还是需要在 PC 上完成。因为在小小的屏幕下，人们是不会进行图形编辑，也不愿意进行长长的文字录入操作。移动设备更适合做一些只读不写或者加以简单的批注，用户可以通过手指对屏幕的触动进行功能项的操作。

3）移动通信设备还可以对其他数码设备（如车载系统）进行支持，和担当家电数码组合的客户端操作设备，以及基于隐私保护环境下担当移动银行支付卡等。

1.2 移动互联网在中国的发展历程

2000 年 9 月 19 日，中国移动和国内百家网络内容服务商（Internet Content Provider，ICP，在一起探讨了商业合作模式。然后时任中国移动市场经营部部长张跃率团去日本

NTTDoCoMo 公司 I-mode 学习相关的运作模式，开创了"移动梦网"的雏形。

2000 年 12 月 1 日开始施行的中国移动通信集团"移动梦网"计划，是 2001 年初中国通信、互联网业最让人瞩目的事件。在 2001 年 11 月 10 日，中国移动通信的"移动梦网"正式开通，手机用户可通过"移动梦网"享受到移动游戏、信息点播、掌上理财、旅行服务、移动办公等服务。

到了 2006 年，支持移动梦网业务的许多服务提供商（Internet Service Provider, ISP），由于没有统一的运营规范，导致其业务开展受到大量的用户投诉。在 2006 年 9 月，我国当时的信息产业部针对二季度电信服务投诉突出的情况大力推出新的电信服务规范，严格要求基础电信运营企业执行。此规范包括：短信类业务强制执行二次确认；IVR（Interactive Voice Response，互动式语音应答）、彩铃、WAP（Wireless Application Protocol，无线应用协议）等非短信类业务强制执行按键确认；点播类业务强制执行全网付费提醒。这三项主要规定均针对二季度电信服务的投诉焦点。由于三项新规涵盖了违规的 ISP 的所有违规利润来源，因此形成了对国内违规 ISP 的封杀。

如果说创建于 2004 年 3 月 16 日的 3G 门户开创的是中国"FREE WAP"的另外一种模式，那么这种模式在中国移动互联网进程中，仅仅是个开始。

什么是 WAP？WAP 是 Wireless Application Protocol（无线应用协议，也称无线应用）的简称，也是移动互联网的代称。

什么是 FREE WAP？FREE WAP 可理解为免费的 WAP，但它还有另外一层深远的含义，就是自由，即独立于移动运营商的 WAP 平台之外自由运作。

最早的免费 WAP 站出现于 2002 年，前一两年它们仅仅凭借个人站长的热情和兴趣在挣扎中艰难生存，然后渐渐聚集了一些人气，获得了大量网民的支持。从 2003 年到颁发 3G（3rd-generation，第三代移动通信技术）牌照之前，免费 WAP 开始快速崛起，最明显的特征是在数量上有所突破，当时在我国已经拥有独立域名的 WAP 网站就达到 3000 个，而 SP 和运营商麾下则还有另外 2000 个类似的站点。在这个萌芽时期，先后产生了搜索、音乐、阅读、游戏等领域的多种无线企业，不过，没有人能够讲得清楚未来会是什么，商业模式之争成为当时讨论最多的话题。

那么免费 WAP 是不可能永远免费的，也不可能长期通过陷阱（指通过投机方式，有的甚至可以说是蒙混的方式来获利）来获得永久性的效益。一些比较大的免费 WAP 站点主要依靠广告和与 SP 之间的合作来维持生存，而更多的免费 WAP 站点则还处于个人站的萌芽状态。那么免费 WAP 站的盈利模式有哪些呢？

一是靠通过提供各种服务，提高用户流量，从而拉到了大量的广告客户收入。几大门户网站的收入主要是广告、无线增值、在线游戏和电子商务等，但专业类网站却通过与产业链的不同环节合作而有着更丰富的盈利方式。

二是一些 WAP 站点考虑相对周全，在网站平台搭建时就已逐渐融入了商业模式，WAP 在盈利模式上就成了互联网的升级版。

三是除了为广告客户实现无线营销和品牌推广，WAP 天下还打算逐步对用户收费，当然，收费的基础是与更多合作伙伴携手提供高性价比的增值服务。

免费 WAP 网的低潮从 2005 年底开始，在 2005 年 11 月，中国移动推出一项政策，禁止 SP 在免费 WAP 上推广业务；一个月后，中国移动宣布不再向免费 WAP 网站提供用户的号码和终端信息，这使得这些免费 WAP 失去了获利的根本渠道。到 2006 年 7 月时，已关闭了一大批 FREE WAP 站点。

在 2008 年 12 月 31 日，国务院常务会议研究同意启动第三代移动通信技术（3G）牌照发放工作，明确工业和信息化部按照程序做好相关工作。

2009 年 1 月 7 日，工业和信息化部在内部举办小型牌照发放仪式，确认国内 3G 牌照发放给三家运营商，为中国移动、中国电信和中国联通发放第三代移动通信技术（3G）牌照。由此，2009 年成为我国的 3G 元年，我国正式进入第三代移动通信时代。包括移动运营商、资本市场、创业者在内的各方急速进入中国移动互联网领域。一时间，各种广告联盟、手机游戏、手机阅读、移动定位等纷纷获得千万级别的风险投资。

从 2009 年 10 月下旬开始，工业和信息化部联合公安部等部门印发了整治手机淫秽色情专项行动方案。由此，媒体开始陆续曝光手机涉黄情况，中国史无前例的扫黄风暴席卷整个移动互联网甚至 PC 互联网。11 月底，各大移动运营商相继停止 WAP 计费。运营商的计费通道暂停，让大批移动互联网企业思考新的支付通道和运营模式，而神州行支付卡等第三方支付手段逐步成为众多移动互联网企业最主要的支付通道。

2010 年 3 月 10 日，中国移动全资附属公司广东移动与浦发银行签署合作协议，以人民币 398 亿元收购浦发银行 22 亿新股，中国移动将通过全资附属公司广东移动持有浦发银行 20%股权，并成为浦发银行第二大股东，中国手机支付领域再度兴起。

中国移动互联网的真正成长始于 2005 年，目前已进入快速发展期，以 WAP 为主要方式。正如前面提到的那样，CNNIC 于 2014 年 1 月 17 日发布的第 33 次互联网调查报告，我国网民规模达 6.18 亿，手机网民规模为 5 亿，使用移动互联网的用户比例由 2012 年底的 74.5%提升至 81.0%。

图 1-2 显示和说明了移动互联网的发展历程。

第一阶段人们对网络信息的获取采用的是以有线网络，结合台式计算机，采用拨号上网，局域网，xDSL 线路、T1 线路等方式；第二阶段采用的是无线的 802.11 上网，能达到有限的网络范围覆盖；第三阶段是移动终端逐步发展起来，可以实现大范围的移动上网；第四阶段则是移动服务的发展，使得使用移动智能终端的用户能有选择，有目地进行移动互联网的使用。

第一阶段　　　　第二阶段　　　　第三阶段　　　　第四阶段

图 1-2　移动互联网的发展历程

1.3　国内外移动互联网发展现状

移动互联网是一个新型的融合型网络，在移动互联网环境下，用户可以用手机、平板电脑、PDA 或者其他手执（车载）终端通过移动网络接入互联网，随时随地享用公众互联网上的服务。除文本浏览、图片铃声下载等基本应用外，移动互联网所提供的音乐、移动 TV、即时通信、视频、游戏、位置服务、移动广告等应用增长也十分迅速，并仍在衍生出移动通信与互联网业务深度融合的其他应用，移动数据业务已经成为 3G 运营商业务收入的主要增长来源。来自互联网研究所的研究显示，自 2008 年以来全球互联网流量增长速度有所放缓，但移动互联网的使用量却呈现大幅上升趋势，未来移动互联网将以移动通信服务和互联网技术两大基石为依托不断成长，为移动运营商的新业务提供坚实基础。

1.3.1　国外移动互联网业务发展现状

　　世界各国都在建设自己的移动互联网，各个国家由于国情、文化的不同，在移动互联网业务的发展上也各有千秋，呈现出不同的特点。一些移动运营商采取了较好的商业模式，成功地整合了价值链环节，取得了一定的用户市场规模。特别是在日本和韩国，移动互联网已经凭借着出色的业务吸引力和资费吸引力，成为人们生活中不可或缺的一部分。

　　移动互联网发展非常迅猛，以娱乐类业务为例，目前，基于手机的娱乐内容已经创造了一个数千百亿元的市场，成为运营商发展的重要战略。下面以移动互联网在国外比较发达的地区——美国、欧洲、日本为例来介绍移动互联网业务在国外的发展现状。

1. 美国

　　随着 3G 网络在美国的开通，美国移动互联网发展就进入了高速成长期，在 2007 年 11 月至 2008 年 11 月的一年间，使用移动终端浏览新闻、获取信息以及进行娱乐的人数上升了 52%，高于欧洲国家 42%的发展速度，且呈现出不断加速的趋势。根据互联网流量监测机构 ComScore 公布的 2009 年 1 月统计数据，该用户数上升至 6 320 万，比 2008 年上涨 71%。该机构公布的数字还显示，每周至少一次和每天至少 28 次使用移动互联网的用户数分别同比增长 87%和 107%，达 1930 万和 2240 万人。其中每日用手机上网用户最常使用的是登录 Facebook、MySpace 等移动社交网站以及博客，用户数同比大幅上升 427%，达 930 万人，用户的其他主要活动包括浏览一般新闻和娱乐新闻。在终端方面，据 2008 年统计，苹果 iPhone 手机占据了美国智能手机上网流量的 50%，而谷歌的 Android 手机自上市以来已争夺了手机上网流量 5%的份额，而到 2012 年底，Android 手机已从苹果手机中分走了很大的市场份额，已占据了上网流量的 50%，这两款手机在网络流量方面的强势充分反映出用户对浏览器的性能和丰富的网络应用程序需求强烈。

　　到了 2013 年 10 月，美国的主要运营商几乎都推出了自己的 4G 网络。其中 Verizon 是美国最大的电信运营商，也是目前 4G LTE 网络覆盖最好的运营商。Verizon 4G LTE 网络在美国的覆盖率已经达到 95%。另外，像 T&T、Sprint、T-Mobile 等美国著名的运营商的 4G 网络覆盖都已超过 90%。4G 网络为用户提供更高速的上网服务。从美国移动互联网市场前景来看，据美国市场研究公司 Tellabs 市场调查数据，约有 80%以上的美国手机用户有意于今后两年内在日常生活工作中使用移动互联网及其他移动数据服务。因此可预期，在网站平台设计的开放战略影响下，随着终端设备的持续创新、数据计划的不断推广以及网络基础服务的更好提供，美国移动互联网市场将获得进一步迅速发展。

2. 欧洲

　　据在 2013 年 10 月的统计报告指出，欧洲 76%的用户用手机来上网，新兴市场有 35%。全年收入已经达到将近 336 亿英镑的移动数字收入，最主要是 iPhone、Android 之类的智能手机，在欧洲智能终端占到 80%，欧洲 60%的 3G 网络达到 7.2Mbit/s 的上网速率。

以法国为例，根据法国电信的 2013 年年度报告和邮电监管机构 ARCEP，以及 CGEUET 的数据显示，2013 年法国使用移动互联网的用户数字活动增长显著。

其中浏览互联网是手机用户最常使用的行为，2013 年渗透率达 44%，而 2010 年和 2011 年分别只有 15%和 24%。另外，阅读电子邮件，下载应用和观看电视分别为 33%、16%，相比 2011 年翻了一番。法国 2010 年到 2013 年使用移动互联网相关数据情况如表 1-1 所示。

表 1-1　法国 2010 年到 2013 年使用移动互联网相关数据情况

	2010 年	2011 年	2012 年	2013 年
浏览互联网	15%	24%	35%	44%
阅读电子邮件邮件	11%	19%	26%	33%
下载应用	9%	17%	22%	33%
观看电视	4%	8%	11%	16%

在 2013 年，法国智能手机用户达到了 3300 万人，超过了法国人口的一半，移动互联网用户数超过 2900 万人，占手机用户的 87.8%。

3．日本

日本移动互联网市场启动时间较早，自 1999 年 2 月 NTT DoCoMo 推出 i-mode 服务以来，移动互联网业务种类不断推陈出新，Wireless Watch Japan 发布的数据显示近年来日本移动互联网用户规模稳步扩大。日本移动互联网的搜索、电子商务、SNS 已经成为主流媒体平台和盈利模式。DoCoMo 公司采用的 i-mode 模式，使用通用 HTML 格式，对手机终端实行免费且由运营商控制，与内容提供商建立合作开发内容服务，针对不同业务制定合理资费以及创新营销理念等，为日本乃至全球移动互联网的成功运营提供了很好的借鉴。日本本土 15 岁～35 岁的主流用户群成长也正在不断促进日本移动互联网产业的繁荣。

2013 年 12 月底，其移动数据业务收入约占全球 38%的份额，接近一半的日本人使用移动互联网业务，其中 80%在 3G 终端上使用业务。除了数据接入费和广告费之外，来自移动内容和移动商务的收入超过 50 亿美元。日本移动运营商提供的主要移动互联网业务包括移动音乐、移动搜索、移动社交网和 UGC、移动电视、移动支付和 NFC 应用、基于位置的服务和移动广告等。

1.3.2　国内移动互联网业务发展现状

根据 CNNIC 相关人士介绍，作为互联网的重要组成部分，我国国内的移动互联网目前已处于高速发展时期，但是根据传统互联网的发展经验，其快速发展的临界点已经显现。在互联网络基础设施完善以及 3G、4G 以及移动寻址技术等技术成熟的推动下，移动互联网将迎来发展高潮。目前中国移动互联网应用产品不断完善，用户上网黏度（包括依赖度和使用率等）快速提高。在移动互联网应用产品中，应用率最高的为即时通信、信息查询、娱乐应用、邮件交流等依然是移动互联网用户选择的主流，交友社区类产品也在 2012 年取得了巨大的市场突破。到 2013 年底，我国移动互联网的用户数量已突破 5 亿，已经超过传统互联网用户，这是一个非常庞大的规模。图 1-3 是 2012 年和 2013 年关于手机即时通信、手机网络新闻、手机搜索、手机音乐、手机电视、手机游戏等各类手机用户使用移动互联网情况的统计。

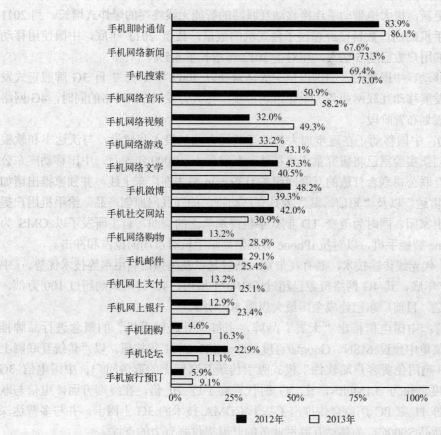

手机即时通信 83.9% / 86.1%
手机网络新闻 67.6% / 73.3%
手机搜索 69.4% / 73.0%
手机网络音乐 50.9% / 58.2%
手机网络视频 32.0% / 49.3%
手机网络游戏 33.2% / 43.1%
手机网络文学 43.3% / 40.5%
手机微博 48.2% / 39.3%
手机社交网站 42.0% / 30.9%
手机网络购物 13.2% / 28.9%
手机邮件 29.1% / 25.4%
手机网上支付 13.2% / 25.1%
手机网上银行 12.9% / 23.4%
手机团购 4.6% / 16.3%
手机论坛 22.9% / 11.1%
手机旅行预订 5.9% / 9.1%

■ 2012年　□ 2013年

图 1-3　手机用户使用移动互联网情况的统计

目前，中国移动互联网的发展现状还表现为：

1）无线宽带广泛构建。从 2010 年起，我国工信部就正式宣布开展 TD-LTE（Time Division Long Term Evolution（分时长期演进），是由阿尔卡特-朗讯、诺基亚西门子通信、大唐电信、华为技术、中兴通信、中国移动等业者，所共同开发的第四代（4G）移动通信技术与标准）试验网规模试验，并在国内的多个城市中建设了实验网。目前中国电信的 Wi-Fi 业务已有近千万户，同时在公众场所布置了 1 万多个网点。有业内人士透露，中国电信正在加速部署 Wi-Fi 基站，经过充分的设备测试，中国电信目前已在全国 20 多个省份启动了新一轮无线网络招标。

2）移动应用日益丰富：随着移动互联网产业持续稳定快速地发展，移动互联网应用也日渐丰富多彩。近几年来，除了传统的娱乐、游戏等手机应用外，SNS（移动社交网络）、多媒体视频应用、LBS（Location Based Service，基于位置的服务，是通过电信移动运营商的无线电通信网络如 GSM 网、CDMA 网或外部定位方式如 GPS 获取移动终端用户的位置信息如地理坐标，或大地坐标等，在 GIS（Geographic Information System，地理信息系统）平台的支持下，为用户提供相应服务的一种增值业务）基于位置的个性化搜索和信息服务应用以及移动电子商务应用正在迅速增大。

3）智能终端爆炸式增长：以 Android 和 IOS 操作系统为主导的智能手机、iPad、智能电视技术的不断更新，极大地带动了连接移动互联网的智能无线终端的爆炸式增长。到 2011 年底，全球智能手机的出厂数目已经超过了台式机的数量。截止 2013 年底，中国使用移动互联网的智能终端用户数已达 5 亿人，相对于 2012 年增长了 6.5%。

另外，中国移动、中国联通、中国电信三大运营商以 2009 年 1 月 7 日 3G 牌照正式发放为契机，着力发展移动互联网业务，争夺市场份额；在大力发展 3G 网络的同时，4G 网络也进入了实验性规划布置阶段。

1）中国移动：中国移动正在逐步加大移动互联网方面的投入和建设，与沃达丰和软银共同成立的联合创新实验室已将研究重点放在移动互联网上。2009 年 5 月，中国移动广东公司和一三九移动互联公司联合打造的互联网服务 i139.com 率先在广东上线，并独家推出诸如"i 联系"、"关系雷达"以及"短信珍藏"等具有移动特色的互联网原创产品，给手机用户提供可以信赖的网上家园。同时为改变 TD 制式手机终端匮乏的局面，自主研发了以 OMS 为操作系统的 oPhone 智能手机，以对抗 iPhone 等成熟高端手机对市场的抢占和冲击。

4G 作为新一代无线传输技术，具有高带宽、低时延以及高频谱利用率等技术优势。中国移动在 2013 年年底，其 4G 网络覆盖已超过了 100 个城市，4G 终端采购超过 100 万部，覆盖人口超过 5 亿。目前广东已建成全国最大规模 4G 网络。

2）中国电信：中国电信推出"天翼"品牌，主打"互联网手机"的概念进行品牌推广，并在定制机菜单中预设 MSN、Google/百度、Gmail/Hotmail 等按钮，以"传统互联网上的热门免费网站+热门免费客户端软件"模式吸引传统互联网上的商务用户。中国电信 3G 网手机的上网速度最快为 3.1Mbit/s，比 2G 时代提高了近 20 倍。在终端方面，电信与联想、惠普、华硕等 11 家 PC 厂商合作推出了基于 CDMA 技术的 3G 上网卡，并与多普达深度定制智能高端新品 S900C，为移动互联网业务的开展提供强有力的支撑。

早在 2010 年上海世博会期间，中国电信在上海、南京、广东等地已经开始了 4G 基站的试验。在 2013 年 6 月下旬举办的"天翼手机交易会"上，到会观众可以看到中国电信基于 4G 试验网开发的 4G 测速体验、高清视频、急短信等应用。在 2014 年，中国电信将会投资超过 450 亿元用于建设 4G 网络，广东将是中国电信重点的 4G 试点省份。

3）中国联通：中国联通在 3G 网络上的优势一直遥遥领先，通过传输网络的建设也在 LTE 上提前进行布局，由于 FDD-LTE 相对 TDD-LTE，无论是在技术成熟度、成本还是在时间上都占据优势，即便是到了 4G 时代，联通的网络优势将继续保持，这是联通成为移动互联网专家的重要保障。目前，中国联通已经在国内的多个省份铺设了 4G 网络，为 4G 的正式运营作了比较充分的准备。

1.3.3 移动互联网发展中所面临的问题

纵观国内外移动互联网发展和演变的历史，并分析各主要运营商在运营移动互联网业务时的成败得失，可以看到这一新兴的融合领域在发展过程中存在一些问题影响或制约着发展速度，比较显著的问题点包括终端及平台、应用、产业链、监管、商业模式、安全性等。

1. 终端及平台

从终端角度来看，移动互联网的发展依托于手持（或车载）设备，终端设备属性及操作界面将对用户体验产生直接影响。该类设备普遍存在屏幕小、输入不便、电池容量小、数据处理能力不如 PC 等问题，影响用户对移动互联网业务的直接体验。同时智能手机价位偏高的现状也阻碍更大规模的用户群体接受并使用移动互联网业务。从平台角度来看，当前全球范围内的手机操作系统多达 30 多个，基于各类操作系统形成了不同的终端平台，这使得移动互联网业务应用开发的难度加大，需要更多的时间适配系统，且很难达成各终端一致的用户体验，由此导致的业务推新速度变缓，进一步影响了移动互联网对用户需求的满足。综上所述，终端性能的改善和平台操作系统标准的统一，应成为未来移动互联网发展过程中关注的重点。

2. 应用

在日韩欧美等国家，已经形成了以移动搜索、移动音乐、移动社交、移动支付、移动电视、基于位置的服务以及移动广告等"杀手级"业务为核心产品的移动互联网业务体系。但从中国目前的情况来看，移动互联网应用和服务还较为匮乏，体系性并不明显，而移动互联网恰恰需要通过不断的应用创新吸引客户并满足客户需求才能获得进一步发展。根据市场调查结果，中国用户更加偏好娱乐类和多媒体类的应用，因此应从用户的需求角度出发，开发和推广（或者从 PC 互联网迁移）适合移动终端特点的内容及应用，以加速移动互联网的发展，提升用户粘度。

3. 产业链

移动互联网尚未形成完整的产业链条，各方力量仍处于整合期。移动互联网欲获得进一步的发展，需要打造一个整合硬件芯片开发商、操作系统开发商、应用软件开发商、电信运营商、移动互联网应用提供商、终端制造商等多方力量共同作用的产业生态系统。该系统应能实现端到端业务开发与创新，依靠上下游的协同发展能力和聚合效应提升移动互联网能力，打造共赢发展的良性发展局面。

4. 监管

在移动互联网开始同互联网、移动通信业务一样逐步深入人们生活的时候，其不断扩大的影响力也在产生着正负两方面的影响。以不良信息为代表的网络秩序混乱现象将在移动互联网领域再度发生，因此对合法公正科学的监管呼声将日益强烈，也同样会存在过度监督束缚业务多样性、影响用户体验的可能。因此，如何建立良好的移动互联网秩序，已成为需提上日程的重要问题。操作过程中可参考日本成功经验，考虑对网站进行分别管理，与运营商合作的网站需在满足国家法规的同时满足运营商的业务要求，而其他非运营商合作网站则可以在法律框架内自由发展业务。此举既可以保障用户对于内容和服务丰富性的要求，又可以通过国家立法与运营商管理对所有网站实现控制。

5. 商业模式

成功的业务是通过运作成功的商业模式实现的。移动互联网业务体系包括固定互联网的复制、移动通信业务的互联网化以及移动互联网创新业务三大部分。相应商业模式的建立也可以沿用业务体系的建设思路，在分别延续传统互联网和移动通信业务的成功模式的基础上开拓创新，寻找新的盈利支点。从国外经验来看，与用户需求紧密贴合的移动搜索、电子商务、SNS、移动广告等业务将会成为未来盈利的源泉，而效仿 iPhone 基于收入分成、市场排他的合作模式，以"业务+终端+服务"的一体化运作模式与产业链上下游展开合作运营，是可以尝试的商业模式之一。

6. 安全性

移动互联网在给我们带来巨大发展机遇的同时，也带来网络和信息安全的新挑战。随着移动终端和业务平台的逐步开放，如果没有良好的防护技术和管理手段及时跟上，那么所有互联网今天面对的安全难题，都会出现在移动互联网上，而各种新的安全隐患也将会在移动互联网世界暴露乃至泛滥。移动互联网无处不在的接入同时也意味安全隐患、有害信息、网络违法行为无处不在的可能，相应的安全管理形势将更加复杂。

另外，移动互联网的速度也是影响移动互联网应用的重要因素，在 3G 网络投入使用之前，速度是制约移动互联网发展的关键因素。但随着 3G 网络的广泛深入应用，速度问题已逐步得到解决，并且，在 4G 网络的正式启用后，移动互联网速度将会得到更加圆满的解决。

1.4　移动互联网的未来

1.4.1　发展趋势分析

1. 实现技术多样化

移动互联网是互联网、电信、娱乐、媒体等产业融合的汇聚点，各种宽带无线通信、移动通信和互联网技术都在移动互联网业务上得到了很好的应用。从长远来看，移动互联网的实现技术多样化是一个重要趋势。

（1）网络接入技术多元化

主要支撑移动互联网的无线接入技术大致分成三类：无线局域网接入技术 Wi-Fi，无线城域网接入技术 WiMAX 和传统 3G 加强版的技术，如 HSDPA（High Speed Downlink Packet Access，高速下行分组接入，是一种移动通信协议）等。另外，在中国，2013 年 12 月 4 日下午，工业和信息化部向中国联通、中国电信、中国移动正式发放了第四代移动通信业务牌照（即 4G 牌照），中国移动、中国电信、中国联通三家均获得 TD-LTE 牌照，此举标志着中国电信产业正式进入了 4G 时代。不同的接入技术适用于不同的场所，用户在不同的场合和环境下接入相应的网络，这势必要求终端具有多种接入能力，也就是多模终端。

（2）移动终端解决方案多样化

终端的支持是业务推广的生命线，随着移动互联网业务高速发展，移动终端解决方案也不断增多。移动互联网设备中最为大家所熟悉的就是手机，也是目前使用移动互联网最常用的设备。除智能手机外，还有掌上电脑、上网本、平板电脑、嵌入式移动互联设备以及超极本、笔记本等，都可以成为移动互联网的终端解决方案。

（3）网关技术推动内容制作的多元化

移动和 PC 互联网的互通应用的发展使得有效连接互联网和移动网的移动互联网网关技术受到业界的广泛关注。采用这一技术，移动运营商可以提高用户的体验并更有效地管理网络。移动互联网网关实现的功能主要是通过网络侧的内容转换等技术适配 Web 网页、视频内容到移动终端上，使得移动运营商的网络从"比特管道"转变成"智能管道"。由于大量新型移动互联网业务的发展，移动网络上的流量越来越大，在移动互联网网关中使用深度包检测技术，可以根据运营商的资费计划和业务分层策略，有效地进行流量管理。网关技术的发展极大地丰富了移动互联网内容的来源和制作渠道。

2．商业模式多元化

成功的业务需要成功的商业模式来支持。移动互联网业务的新特点为商业模式创新提供了空间。目前，流量、图铃、广告这些传统的盈利模式仍然是移动互联网的盈利模式的主体，而新型广告、多样化的内容和增值服务则成为移动互联网企业在盈利模式方面的主要探索方向。

广告类商业模式是指免费向用户提供各种信息和服务，而盈利则是通过收取广告费来实现，典型的例子如门户网站和移动搜索。

内容类商业模式是指通过对用户收取信息和音视频等内容的费用盈利，典型例子如付费信息类、手机流媒体、移动网游、UGC 类应用。

服务类商业模式是指基本信息和内容免费，用户为相关增值服务付费的盈利方式，例如即时通信、移动导航和移动电子商务均属于此类。

3．参与主体的多样性

移动互联网时代是融合的时代，是设备与服务融合的时代，是产业间互相进入的时代，在这个时代，移动互联网业务参与主体的多样性是一个显著的特征。

技术的发展降低了产业间以及产业链各个环节之间的技术和资金门槛，推动了传统电信业向电信、互联网、媒体、娱乐等产业融合的大 ICT（Information Communication Technology，信息、通信、技术三个英文的词头组合，简称 ICT）产业的演进，原有的产业运作模式和竞争结构在新的形势下已经显得不合时宜。在产业融合和演进的过程中，不同产业原有的运作机制和资源配置方式都在改变，产生了更多新的市场空间和发展机遇。为了把握住机遇，相关领域的企业都在积极转型。这些企业充分利用在原有领域的传统优势，拓展新的业务领域，争当新型产业链的整合者，以图在未来的市场格局中占据有利地位。

在移动互联网时代，传统的信息产业运作模式正在被打破，新的运作模式正在形成。对于手机厂商、互联网公司、消费电子公司和网络运营商来说，这既是机遇，也是挑战。

4．未来发展趋势

（1）智能手持终端的占比将高于 80%

智能终端的普及使得台式机、笔记本电脑与移动终端的界限越来越模糊，许多以前只能在台式机或笔记本电脑上实现的功能已经越来越多地可以在智能移动终端上实现了。

（2）搜索仍将是移动互联网的主要应用

与传统互联网模式相比，移动互联网同样对搜索的需求量非常大，在移动的状态下，非常适宜去搜索相关信息。仍将是移动互联网的主要应用。

（3）移动终端与台式机互补

移动终端与台式机的优势将互补。比如说，在周末，移动互联网的使用率更高，而台式机主要在工作日使用，当用户更多的使用移动终端接入互联网时将为应用厂商带来巨大商机。

（4）LBS 将是未来移动互联网的趋势

LBS 将是移动互联网的一个非常大的突破性应用。固定和移动互联网的最大差别就是移动基于位置的服务是非常本地化的，在位置服务和位置信息上有非常大的优势。厂商可以把用户的位置信息进行更多的服务和整合。比如说，当用户在某个陌生的地方，打开移动终端后，就能方便地找到附近的酒店、餐馆以及娱乐场所。

（5）新的消费模式

移动互联网将带来新型的消费模式。移动互联网的消费模式与台式机和笔记本电脑有很大不同，用户希望有更多的个性化服务。所以如何捕捉移动互联网的用户，为其提供全新的广告和信息服务消费方式已成为业界关注的焦点。

（6）移动互联网的发展空间还很大

目前基于移动互联网的市场还有很多尚待挖掘，伴随着移动互联网时代的到来，智能终端的普及以及云计算的大规模普及，很多过去难以想象的应用都将成为可能。

（7）移动互联网是开放的世界

在移动互联网时代，包括上传、下载和浏览都是用户自己决定的，无论平台、应用以及终端，都应当遵守开放、自由、公平的原则，让用户真正体会到最好的应用，进而获得用户的欢迎。

（8）云计算改变移动互联网

未来移动互联网将更多基于云的应用和云计算上，当终端、应用、平台、技术以及网络在技术和速度提升之后，将有更多具有创意和实用性的应用出现。

1.4.2 移动互联网对未来的影响

顾名思义，移动互联网就是移动通信和互联网二者的结合体，眼下正在如火如荼地发展着。上到国家战略，下到各大 IT 巨头商业布局，以及移动终端最终消费者，都在憧憬着享受移动互联网产业发展带来的种种便利。随着智能手机的普及和更新，移动互联网定会影响到社会和生活的方方面面，并使之发生翻天覆地的变化。

移动互联网的应用前景非常广阔。对于移动互联网的未来，我们可以从以下几个方面来看。

1．移动互联网对站长的影响

有互联网的地方就有站长（Webmaster），站长就是拥有独立域名网站，通过互联网和网站平台向网民提供资讯、渠道、中介等网络服务的个人。移动互联网会极大地方便站长对网站的管理，查看自己网站情况，了解竞争对手，尤其是博客主们可以随时随地与博友进行互动，而不仅仅局限于在电脑旁。这不但是可以提高工作效率并且还不浪费任何一个宣传推广自己的机会。在 2010 年以前，中国的整个互联网大部分是基于 PC 的互联网，以后就是手机、电脑移动终端的时代了，这无疑又给了站长们许多成功的机会。

2．移动互联网对人们生活的影响

移动互联网对人们生活的影响不单单是一个方便可以形容得过来的。到 2013 年底，移动互联网的用户中超过 50%的人早上起来就拿着手机看东西，超过 80%的人晚上睡觉是抱着手机和移动电脑睡的。手机在这个时代已经成了生活中非常重要的东西，等车、坐车、无聊的时候，甚至走路、上厕所的时候人们都在上网，浏览网页，看电子书，视频，游戏等用手机可以随走随写、随录、随拍、随发、随读，几乎不受时间和空间的影响。利用手机进行购物支付、商务交流、理财不仅方便，更是一种时尚。更显著的是国内最大的第三方支付平台支付宝已经进军线下支付，推出"现场购物，手机支付"的条码支付产品，无疑是起到了推波助澜的作用。我们相信，随着时间的推移，以后各色各样的店铺均可免费利用支付宝收银，刷一下手机就可以完成交易。不久的将来手机将会成为人们生活的主导，成为移动互联网影响人们生活的一个缩影。

3．移动互联网对企业的影响

移动互联网商机巨大，已经有众多企业纷纷布局，尤其是互联网企业，不论是从移动互联网的用户数还是从数据流量看，都将迎来井喷式发展。比如联通引入 iPhone，移动开发的 oPhone，Google 开发出 Android 操作系统，推出 Android Market，Apple 推出 App Store，都是利用自己的优势来抢占这个市场。与此同时，移动互联网还将极大地促进一些中小企业的发展。许多知名人士预测未来中国的移动互联网肯定会造就几个大型的互联网企业。移动互联网对传统企业的影响也是不言而喻的，主要体现在产品研发的用户体验和营销模式上，越来越多的人喜欢移动互联网购物，这一点应该引起一些传统企业的高度重视。已经重视的企业都已经开始操作自己的移动互联网商务平台了，比如移动中国、铭万、中企动力等公司已经合作 WAP。

4．移动互联网对社会经济发展的影响

移动互联网业务和应用包括移动环境下的网页浏览、文件下载、位置服务、在线游戏、视频浏览和下载等业务。随着宽带无线移动通信技术的进一步发展和 Web 应用技术的不断创新，移动互联网业务的发展将成为继宽带技术后互联网发展的又一个推动力，为互联网的发展提供一个新的平台，使得互联网更加普及，并以移动应用固有的随身性、可鉴权、可身份识别等独特优势，为传统的互联网类业务提供新的发展空间和可持续发展的新商业模式；同时，移动互联网业务的发展为移动网带来了无尽的应用空间，促进了移动网络宽带化的深入发展。从最初简单的文本浏览、图铃下载等业务形式发展到当前的与互联网业务深度融合的业务形式，移动互联网业务正在成长为移动运营商业务发展的战略重点。

权威部门的研究报告表明，到 2013 年全球移动互联网服务用户的数量，按保守估计已增长到 17 亿，将超过有线互联网用户。其实我们很难想象如此庞大的用户群体和网络将给社会带来什么样的发展效果，但可以肯定的是必将引起社会模式的改变。移动互联网产业将会在近几年拉动近 2 万亿的社会投资，会极大地拉动实体经济并且在发展的过程中会有很多新的经济增长点出现。由于移动互联网发展速度异常之快，勇于创新才能快速占领移动互联网的战略高地，立于不败之地。

移动互联网拥有巨大的前景，并且这一崭新的模式已经悄悄深入到我们的生活中来了。所以我们要学会适应新模式新事物，以积极的心态去面对机遇应对挑战。有人形容移动互联网是："细心、有个性、聪明的助手，随时可找到需要的信息和人"。

移动互联网的未来必定是精彩的，不但方便人们的生活，背后还蕴藏着巨大的社会效益和经济效益，将对人类社会的发展起到积极的作用，移动互联网的发展趋势是不可阻挡的，这要求用户以积极的姿态面对移动互联网才能顺应历史的发展。

在 2013 年以后的 3～5 年，移动互联网必将得到更大的发展，在线音乐、应用商店、同步的功能等等会像 PC 互联网一样具有强大的功能。移动互联网能给人们一个无限的记忆，和无限的知识库，让人们随时随地都有机会变成一个更强大的自己。

第 2 章　移动互联网技术

移动互联网被业界视为下一个发展潜力最大的技术领域和产业方向，是移动通信和互联网技术两大当今世界上发展最快的信息技术交叉融合的结果。

随着我国在 2009 年 1 月 7 日发放了 3G 牌照和 2013 年 12 月 4 日发放了 4G 牌照，无线通信的带宽和质量得到大幅提高，同时电信运营商开始全业务范围内的竞争，手机上网资费进一步下调，PC 互联网的相当一部分内容和服务将加快向移动通信网络转化，移动互联网的新技术、新应用将层出不穷，整个移动互联网产业将在高速发展中走向成熟。

2.1　移动互联网协议

随着网络技术和无线通信设备的迅速发展，人们迫切希望能随时随地从 Internet 上获取信息。针对这种情况，Internet 工程任务组（IETF）制定了支持移动 Internet 的技术标准移动 IPv6，即 MIPv6（Mobile IPv6，RFC3775）和相关标准。

这些标准现在已经出台，下一代移动通信的核心网是基于 IP 分组交换的，而且移动通信技术和互联网技术的发展呈现出相互融合的趋势，故在下一代移动通信系统中，可以较为容易地引入移动互联网技术，移动互联网技术必将得到广泛应用。

移动性是互联网发展方向之一，移动互联网的基础协议能支持单一无线终端的移动和漫游功能，但这种基础协议并不完善，在处理终端切换时，存在较大时延且需要较大传输开销，此外它不支持子网的移动性。移动互联网的扩展协议能较好解决上述问题。

本节首先介绍移动互联网的基础协议 MIPv6 的工作原理，然后介绍能提高移动互联网工作性能的扩展协议 FMIPv6 以及层次移动 IPv6 的移动性管理 HMIPv6。

2.1.1　移动互联网的基础协议（MIPv6）

传统 IP 技术的主机不论是有线接入还是无线接入，基本上都是固定不动的，或者只能在一个子网范围内小规模移动。在通信期间，它们的 IP 地址和端口号保持不变。而移动 IP 主机在通信期间可能需要在不同子网间移动，当移动到新的子网时，如果不改变其 IP 地址，就不能接入这个新的子网。为了接入新的子网而改变其 IP 地址，那么先前的通信将会中断。

移动互联网技术是在 Internet 上提供移动功能的网络层方案，它可以使移动节点用一个永久的地址与互联网中的任何主机通信，并且在切换子网时不中断正在进行的通信。达到的效果如图 2-1 所示。

近年来，随着移动通信和网络技术的迅猛发展，使传统互联网和移动互联网技术逐渐走向融合，而基于 IPv4 的 MIPv4 技术在实际应用中越来越暴露出其不足之处，因而 IETF 制定了下一代网络协议 IPv6，从本质上解决了地址问题，而 MIPv6 作为 IPv6

协议不可分割的一部分，通过对 IPv6 协议的添加和修改，基本解决了 MIPv4 的"三角路由"问题。

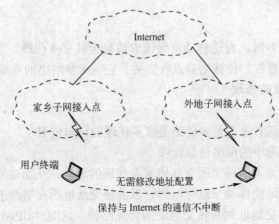

图 2-1　移动互联网的目标

1．新增的 IPv6 扩展头

（1）家乡地址选项

MIPv6 定义了一个新的家乡地址选项，该选项包含在 IPv6 的目的地选项扩展头中，用在离开家乡的移动节点所发送的分组中通告接收者移动节点的家乡地址。

（2）移动扩展报头

移动扩展头是一个新定义的扩展头。移动节点、通信节点和家乡代理使用移动扩展头来携带那些用于注册、建立绑定的消息。移动扩展头可以携带的消息有家乡测试初始、转交测试初始、家乡测试、转交测试 4 个消息，用于返网路径可达过程；绑定更新消息，用于移动节点通知通信节点或者家乡代理它当前获得的转交地址；绑定确认消息，用于对移动节点发出的绑定更新进行确认；绑定刷新请求消息，用于请求移动节点发送新的绑定，当生存期接近过期时使用；绑定错误消息，通信节点使用它来通知和移动性相关的错误。

（3）第二类路由头

MIPv6 定义的第二类路由头是一个新的路由头类型。通信节点使用第二类路由头直接发送分组到移动节点，把移动节点的转交地址放在 IPv6 报头的目的地址字段中，而把移动节点的家乡地址放在第二类路由头中。当分组到达移动节点时，移动节点从第二类路由头中提取出家乡地址，作为这个分组的最终目的地址。

2．新增加的 ICMPv6 报文

新增加的 ICMPv6 报文包括以下部分：

（1）家乡代理地址发现应答

家乡代理使用家乡代理地址发现应答报文，来回应家乡代理地址发现请求报文，并在此报文中给出移动节点家乡链路上作为家乡代理的路由器的列表。

（2）家乡代理发现请求

移动节点使用该报文来启动家乡代理地址的动态发现过程，在网络上离移动节点最近的家乡代理会接收到这个请求报文。

（3）移动前缀广播

当移动节点离开家乡链路时，家乡代理发送移动前缀广播消息，用于通知移动节点家乡链路的前缀信息。

（4）移动前缀请求

当移动节点离开家乡时，发送移动前缀请求消息给其家乡代理。发送此消息的目的是从家乡代理请求移动前缀通告，使移动节点收集关于它的家乡网络的前缀信息。

3. 对邻居发现协议的修改

（1）路由器通告消息

增加了一个指示发送者是否是本链路上家乡代理的标志位 H。

（2）路由器通告消息中的前缀信息选项

为了使家乡代理知道本链路上所有其他家乡代理的地址，从而建立家乡代理地址发现机制所需的家乡代理列表，使移动节点可以给它以前转交地址所在链路的路由器发送绑定更新消息，从而建立从旧转交地址到新转交地址的转发路径，这时 MIPv6 需要知道路由器的全球地址，但是邻居发现仅仅通告了路由器的链路局部地址。因此，在前缀信息选项中增加了一个路由地址位（R 位），如该位被设置，则发送该路由器通告的路由器必须在前缀信息选项的前缀字段中包含一个该路由器的完整的全球地址。

（3）新的通告间隔选项

用在路由器通告消息中指示路由器周期性发送非请求组播路由器通告的间隔。

（4）新的家乡代理信息选项

用在家乡代理发送的路由器通告消息中，通告关于本家乡代理的信息。

（5）路由器通告发送规则的修改

邻居发现协议标准限定，路由器从任何给定网络接口发送非请求组播路由器通告的最小周期是 3s。为了对移动节点提供更好的支持，在 MIPv6 协议中放宽了这个限制，使路由器对非请求组播路由器通告的发送更为频繁。

（6）对路由器请求发送规则的修改

邻居发现协议规定节点不能发送超过 3 次路由器申请，并且每次申请之间应该间隔 4s 以上。在 MIPv6 协议中同样放宽了该限制。允许离开家乡的移动节点以更高的频率发送路由器请求。

（7）对重复地址检测的修改

邻居发现使用重复地址检测过程检查 IP 地址的唯一性。如果重复地址检测过程失败，IPv6 节点应该停止使用相关 IP 地址，等待重新配置。MIPv6 允许移动节点在外地链路上遇到重复地址检测失败后，只是在完成一次移动前在接口上停止使用这个地址，并不等待重新配置或放弃使用接口。

4. MIPv6 工作原理

移动互联网的基础协议为 MIPv6，IETF 已经发布了 MIPv6 的正式协议标准 RFC3775。MIPv6 支持单一终端无需改动地址配置，可在不同子网间进行移动切换，而保持上层协议的通信不发生中断。

在 MIPv6 体系结构中，含有 3 种功能实体：移动节点（MN）、家乡代理（HA）、通信节点（CN）。其中，MN 为移动终端；HA 为位于家乡的子网，负责记录 MN 的当前位置，并将发往 MN 的数据转发至 MN 的当前位置；CN 为与 MN 通信的对端节点。

MIPv6 的主要目标是使 MN 不管是连接在家乡链路还是移动到外地链路，总是通过家乡地址（HoA）寻址。MIPv6 对 IP 层以上的协议层是完全透明的，使得 MN 在不同子网间移动时，运行在该节点上的应用程序不需修改或配置仍然可用。

每个 MN 都设置了一个固定的 HoA，这个地址与其当前接入互联网的位置无关。当 MN 移动至外地子网时，需要配置一个具有外地网络前缀的转交地址（CoA），并通过 CoA 提供 MN 当前的位置信息。MN 每次改变位置，都要将它最新的 CoA 告诉 HA，HA 将 HoA 和 CoA 的对应关系记录至绑定缓存。假设此时一个 CN 向 MN 发送数据，由于目的地址为 HoA，故这些数据将被路由至 MN 的家乡链路，HA 负责将其捕获。查询绑定缓存后，HA 可以知道这些数据可以用 CoA 路由至 MN 的当前位置，HA 通过隧道将数据发送至 MN。在反方向，MN 首先以 HoA 作为源地址构造数据报，然后将这些报文通过隧道送至 HA，再由 HA 转发至 CN。这就是 MIPv6 的反向隧道工作模式。

若 CN 也支持 MIPv6 功能，则 MN 也会向它通告最新的 CoA，这时 CN 就知道了家乡地址为 HoA 的 MN 目前正在使用 CoA 进行通信，在双方收发数据时会将 HoA 与 CoA 进行调换，CoA 用于传输，而最后向上层协议递交的数据报中的地址仍是 HoA，这样就实现了对上层协议的透明传输。这就是 MIPv6 的路由优化工作模式。

建立 HoA 与 CoA 对应关系的过程称为绑定（Binding），它通过 MN 与 HA、CN 之间交互相关消息完成，绑定更新（BU）是其中较重要的消息。MIPv6 的工作过程如图 2-2 所示。

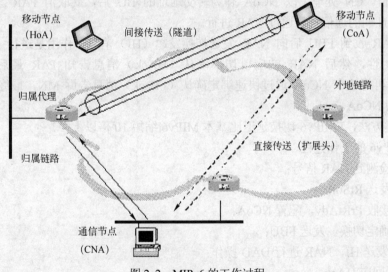

图 2-2　MIPv6 的工作过程

2.1.2　移动互联网的扩展协议（FMIPv6）

基本的 MIPv6 解决了无线接入 Internet 的主机在不同子网间用同一个 IP 寻址的问题，而且能保证在子网间切换过程中保持通信的连续，但切换会造成一定的时延。MIPv6 的快速切换（FMIPv6）针对这个问题提出了解决方法，IETF 发布了 FMIPv6 的正式标准 RFC4068。

1．FMIPv6 的快速切换

FMIPv6 引入新接入路由器（NAR）和前接入路由器（PAR）两种功能实体，增加 MN 的相关功能，并通过 MN、NAR、PAR 之间的消息交互缩短时延。

MIPv6 切换过程中的时延主要是 IP 连接时延和绑定更新时延。移动节点 MN 要进行切换时，MIPv6 首先进行链路层切换，即通过链路层机制首先发现并接入到新的接入点（AP），然后再进行 IP 层切换，包括请求 NAR 的子网信息、配置新转交地址（NCoA）、重复地址检测（DAD）。通常 IP 层切换需要较长时间，造成了 IP 连接时延。针对这个问题，FMIPv6 规定 MN 在刚检测到 NAR 的信号时就向 PAR 发送代理路由请求（RtSoPr）消息用于请求 NAR 的子网信息，PAR 响应以代理路由通告（PrRtAdv）消息告之 NAR 的子网信息。MN 收到 PrRtAdv 后便配置 NCoA。这样，在 MN 决定切换时只需进行链路层切换，然后使用已配置好的 NCoA 即可连接至 NAR。

MN 连接至 NAR 后并不意味着它能立刻使用 NCoA 与 CN 通信，而是要等到 CN 接收并处理完针对 NCoA 的 BU 后才能实现通信，造成了绑定更新时延。针对这个问题，FMIPv6 规定 MN 在配置好 NCoA 并决定进行切换时，向 PAR 发送快速绑定更新（FBU）消息，目的是在 PAR 上建立 NCoA—PCoA 绑定并建立隧道，将 CN 发往 PCoA 的数据通过隧道送至 NCoA，NAR 负责缓存这些数据。当 MN 切换至 NAR 后，立即向它发送快速邻居通告（FNA）消息，NAR 便得知 MN 已完成切换，已经是自己的邻居，把缓存的数据发送给 MN。此时即使 CN 不知道 MN 已经改用 NCoA 作为新的转交地址，也能与 MN 通过 PAR—NAR 进行通信。CN 处理完以 NCoA 作为转交地址的 BU 后，就取消 PAR 上的绑定和隧道，CN 与 MN 间的通信将只通过 NAR 进行。

此外，PAR 收到 FBU 后向 NAR 发送切换发起（HI）消息，作用是进行 DAD 以确定 NCoA 的可用性，然后 NAR 响应以切换确认（HAck）消息告知 PAR 最后确定可用的 NCoA，PAR 再将这个 NCoA 通过快速绑定确认（FBack）消息告诉 MN，最终 MN 将使用这个地址作为 NCoA。

采用上述方法，FMIPv6 切换延迟比基本 MIPv6 缩短 10 倍以上。

2．FMIPv6 的工作过程

1）MN 检测到 NAR 信号；

2）MN 发送 RtSoPr；

3）MN 接收 PrRtAdv，配置 NCoA；

4）MN 确定切换，发送 FBU；

5）PAR 发送 HI，NAR 进行 DAD 操作；

6）NAR 回应 HAck；

7）PAR 向 MN 发送 FBack，同时建立绑定和隧道，将发往 PCoA 的数据通过隧道送至 NCoA；

8）MN 向 NAR 发送 FNA；

9）NAR 把 MN 作为邻居，向它发送从 PAR 隧道过来的数据；

10）CN 更新绑定后，删除 PAR 上的绑定和隧道，CN 将数据直接发往 NCoA。

FMIPv6 的工作流程图如图 2-3 所示。

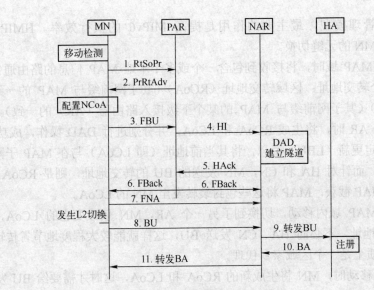

图 2-3 FMIPv6 的执行流程图

2.1.3 HMIPv6 的移动性管理

若 MN 移动到离家乡网络很远的位置，每次切换时发送的绑定要经过较长时间才能被 HA 收到，造成切换效率低下。为解决这个问题，IETF 提出层次移动 IPv6（Hierarchical Mobile IPv6 Mobility Management，HMIPv6），发布了正式标准 RFC4140。

HMIPv6 引入了移动锚点（Mobility Anchor Point，MAP）这个新的实体，并对移动节点 MN 的操作进行了简单扩展，而对 HA 和 CN 的操作没有任何影响。须注意的是，层次型 MIPv6 对通信对端和家乡代理的操作没有任何影响。移动锚点是一台位于移动节点访问网络中的路由器。移动节点将移动锚点作为一个本地家乡代理。在访问网络中可以存在多个移动锚点。HMIPv6 结构如图 2-4 所示。

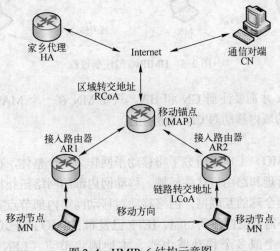

图 2-4 HMIPv6 结构示意图

按照范围的不同，将 MN 的移动分为同一 MAP 域内移动和 MAP 域间移动。在 MIPv6

中引入分级移动管理模型，最主要的作用是提高 MIPv6 的执行效率。HMIPv6 也支持 FMIPv6，以帮助 MN 的无缝切换。

当 MN 进入 MAP 域时，将接收到包含一个或多个本地 MAP 信息的路由通告（RA）。MN 需要配置两个转交地址：区域转交地址（RCoA）（其子网前缀与 MAP 的一致）和链路转交地址（LCoA）（其子网前缀与 MAP 的某个下级接入路由器（AR）的一致）。首次连接至 MAP 下的某个 AR 时，将生成 RCoA 和 LCoA，并分别进行 DAD 操作，成功后 MN 给 MAP 发送本地绑定更新（LBU）消息，将其当前地址（即 LCoA）与在 MAP 子网中的地址（即 RCoA）绑定，而针对 HA 和 CN，MN 发送的 BU 的转交地址，则是 RCoA。CN 发往 RCoA 的包将被 MAP 截获，MAP 将这些包封装转发至 MN 的 LCoA。

如果在一个 MAP 域内移动，切换到了另一个 AR，MN 仅改变它的 LCoA，只需要在 MAP 上注册新的地址，不必向 HA、CN 发送 BU，这样就能较大程度地节省传输开销。由此可见，MAP 本质上是一个区域家乡代理。

在 MAP 域间移动时，MN 将生成新的 RCoA 和 LCoA，这时才需要给 BU 发送 HA 和 CN 注册新的 RCoA，此时 HA 向 MN 发送绑定确认 BA；同时 MN 也需要发送 LBU 给新区域的 MAP，MAP 也像 MN 发送链路绑定确认 LBA。

域内移动和域间移动的注册过程如图 2-5 所示。

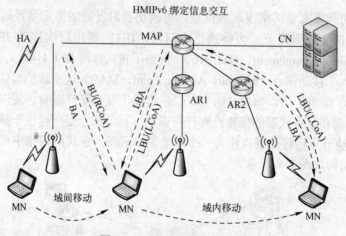

图 2-5　HMIPv6 的注册过程

因此，只有 RCoA 才需要注册 CN 和 HA。只要 MN 在一个 MAP 域内移动，RCoA 就不需要改变，使 MN 的域内移动对 CN 是透明的。

1. 子网移动

网络移动性（NEMO）工作组研究了将移动子网作为一个整体，在全球互联网范围内变换接入位置时的移动管理和路由可达性问题。移动网内部的网络拓扑相对固定，通过一台或多台移动路由器连接至全球的互联网。网络移动对移动网络内部节点完全透明，内部节点无需感知网络的移动，不需要支持移动功能。IETF 已发布 NEMO 的正式标准 RFC3963。

NEMO 网络由一个或多个移动路由器、本地固定节点（LFN）和本地固定路由器（LFR）组成。LFR 可接入其他 MN 或 MR（移动路由器），构成潜在的嵌套移动网络。

NEMO 的原理与 MIPv6 类似，当其移动到外地网络时，MR 生成转交地址 CoA，向其

HA 发送 BU，绑定 MR 的 HoA 和 CoA，并建立双向隧道。CN 发往 LFN 的数据将路由至 HA，经路由查询下一跳应是 MR 的 HoA，HA 便将数据用隧道发至 MR，MR 将其解封装后路由至 LFN。在反方向上，所有源地址属于 NEMO 网络前缀范围的数据都将被 MR 通过隧道送至 HA，HA 负责将其解封装路由至 CN。

值得注意的是，HA 上必须有 NEMO 网络前缀范围的路由表，即 HA 需要确定发往 LFN 的数据的下一跳是 MR 的 HoA。有两种途径建立该路由表：

1）在 BU 中携带 NEMO 网络前缀信息；

2）在 MR 与 HA 间通过双向隧道运行路由协议。

RFC3963 中只提出了基本的反向隧道工作方式，没有解决三角路由问题，特别是在 NEMO 网络嵌套的情况下，需要多个 HA 的隧道封装转发，效率不是很高。为此，针对 NEMO 路由优化的相关工作正在进行中。

2. 应用中的技术整合

在 MIPv6 中引入上述扩展协议后，移动互联网可以提供对单一终端和子网的移动性支持，并且在移动过程中支持终端、子网的快速切换和层次移动性管理。其架构如图 2-6 所示。

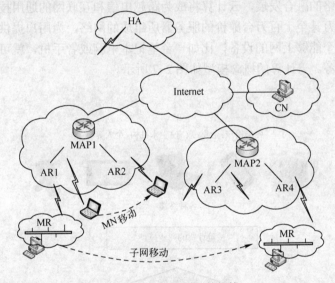

图 2-6 移动互联网的架构

此结构下的移动互联网在处理切换时，传输时延等开销较小，能做到无缝切换，可承载丰富的多媒体业务，提供良好的用户服务。

移动 IPv6 协议能支持单一终端在不同子网间移动切换，保持上层通信的不中断，但其切换速度和效率不是很高。MIPv6 的快速切换这一扩展协议提高了终端在不同子网间的切换速度，降低了切换时延。FMIPv6 的移动性管理这一扩展协议，降低了切换产生的数据传输代价，提高了切换的效率。以上 3 种协议协同工作，可作为用户无线终端移动接入互联网的解决方案。更进一步，NEMO 为子网提供移动性支持，而子网内的节点不需要支持移动功能。这一特性可广泛用于交通运输等方面，可为旅客提供访问互联网的业务。

移动互联网技术为无线接入互联网的用户提供了移动支持，为用户提供了极大方便。但还有很多细节需要完善，如快速切换、层次移动、子网移动三者的结合，子网移动的路由优化等问题，这些将是移动互联网技术下一步的研究方向。

2.2 移动互联网的新技术

移动互联网相对于传统互联网来说，新增了许多新的应用。下面介绍支持这些新应用的新技术。

2.2.1 云计算

Web 2.0 为云计算（Cloud Computing）的出现提出了内在需求。随着 Web 2.0 的产生和流行，移动互联网用户更加习惯将自己的数据在网络上存储和共享。视频网站和图片共享网站每天都要接受海量的上载数据。同时，为给用户提供新颖的服务，只有更加快捷的业务响应才能让应用提供商在激烈的竞争中生存。因此，用户需要一个能够提供充足的资源来保证业务增长的平台，同时也需要一个能够提供可复用的功能模块来保证快速开发的平台。

云计算的出现使人们可以通过互联网获取各种服务，并且可以实现按需支付的要求，随着电信和互联网网络的融合发展，云计算将成为跨越电信和互联网的通用技术。直观而言，云计算是指由几十万甚至上百万台廉价的服务器所组成的网络，为用户提供需要的计算机服务，用户只需要一个能够上网的设备，比如一台笔记本电脑或者手机，就可以获得自己所需要的一切计算机服务。云计算的概念模型如图 2-7 所示。

图 2-7 云计算的概念模型

作为一种基于互联网的新兴应用模式，云计算通过网络把多个成本相对较低的计算实体整合成一个具有强大计算能力的完美系统，并借助 SaaS、PaaS、IaaS、MSP 等先进的商业模式把这强大的计算能力分布到终端用户手中，其核心理念就是通过不断提高自身处理能力，进而减少用户终端的处理负担，最终使用户终端简化成一个单纯的输入输出设备，并能按需享受"云"的强大计算处理能力，从而更好地提高资源利用效率并节约成本。

通过云计算所提供的应用，用户将不再依赖某一台特定的计算机来访问、处理自己的数据，只要可以通过网络连接至自己的数据，就能随时检索自己的文件、继续处理上次未完成的工作并完成保存。事实上，人们已开始享受着"云"所带来的好处。以谷歌（Google）用户为例，免费申请一个账号，就可以利用 GoogleDoc、Gmail 和 Picasa 服务来保存私有资源。

云计算具有以下特点：

1）虚拟化。云计算支持用户在任意位置、使用各种终端获取服务。所请求的资源来自"云"，而不是固定的有形的实体。应用在"云"中某处运行，但实际上用户无需了解应用运行的具体位置，只需要一台笔记本电脑或一个 PDA，就可以通过网络服务来获取各种能力超强的服务。

2）超大规模。"云"具有相当的规模，Google 云计算已经拥有 100 多万台服务器，亚马逊、IBM、微软和 Yahoo 等公司的"云"均拥有几十万台服务器。"云"能赋予用户前所未有的计算能力。

3）高可靠。"云"使用了数据多副本容错、计算节点同构可互换等措施来保障服务的高可靠性，使用云计算比使用本地计算机更加可靠。

4）按需服务。"云"是一个庞大的资源池，用户按需购买，像自来水、电和煤气那样计费。

5）通用性。云计算不针对特定的应用，在"云"的支撑下可以构造出千变万化的应用，同一片"云"可以同时支持不同的应用运行。

6）高可扩展性。"云"的规模可以动态伸缩，满足应用和用户规模增长的需要。

7）极其廉价。"云"的特殊容错措施使得可以采用极其廉价的节点来构成云；"云"的自动化管理使数据中心管理成本大幅降低；"云"的公用性和通用性使资源的利用率大幅提升；"云"设施可以建在电力资源丰富的地区，从而大幅降低能源成本。因此"云"具有前所未有的性能价格比。Google 中国区前总裁李开复称，Google 每年投入约 16 亿美元构建云计算数据中心，所获得的能力相当于使用传统技术投入 640 亿美元，节省了 40 倍的成本。因此，用户可以充分享受"云"的低成本优势，需要时，花费几百美元、一天时间就能完成以前需要数万美元、数月时间才能完成的数据处理任务。

云计算技术在移动互联网应用中有哪些优势呢？

1）突破终端硬件限制。虽然一些高端智能手机的主频已经达到 1GHz，但是和传统的 PC 相比还是相距甚远。单纯依靠手机终端进行大量数据处理时，硬件就成了最大的瓶颈。而在云计算中，由于运算能力以及数据的存储都是来自于移动网络中的"云"。所以，移动设备本身的运算能力就不再重要。通过云计算可以有效地突破手机终端的硬件瓶颈。

2）便捷的数据存取。由于云计算技术中的数据是存储在"云"中的，一方面为用户提供了较大的数据存储空间，另一方面为用户提供了便捷的存取机制，在带宽足够的情况下，对云端的数据访问，完全可以达到本地访问速度。也方便了不同用户之间进行数据的分享。

3）智能均衡负载。针对负载变化较大的应用，采用云计算可以弹性地为用户提供资源，有效地利用多个应用之间周期的变化，智能均衡应用负载，提高资源利用率，从而保证每个应用的服务质量。

4）降低管理成本。当需要管理的资源越来越多时，管理的成本也会越来越高。通过云计算来标准化和自动化管理流程，可简化管理任务，降低管理的成本。

5）按需服务降低成本。在互联网业务中，不同客户的需求是不同的，通过个性化和定制化服务可以满足不同用户的需求，但是往往会造成服务负载过大。而通过云计算技术可以使各个服务之间的资源得到共享，从而有效地降低服务的成本。

云计算技术在电信行业的应用必然会开创移动互联网的新时代。随着移动云计算的进一步发展和移动互联网相关设备的进一步成熟与完善，移动云计算业务必将会在世界范围内迅速发展，成为移动互联网服务的新热点，使移动互联网站在云端之上。Web 2.0 提供了云计算的接入模式，也为云计算培养了用户习惯。随着云计算平台的建立，将使运营商的移动互联网应用开发和运营的成本大大降低。

2.2.2　虚拟网址转换

虚拟网址转换（Virtual Network Address Translation，VNAT）是一种实现移动互联网的新技术。这种技术能使移动通信双方在漫游时仍能保持连接。移动通信在漫游时不能保持连接的原因，是因为通信连接是靠双方的物理地址建立起来的，漫游时由于物理地址的改变，连接就会断开。VNAT 技术的基本原理，是在通信双方建立连接之后，就用虚拟地址代替了原来的物理地址，同时建立一个从虚拟地址到物理地址的映射，传送层协议看到的只有连接双方的虚拟地址，而不用考虑低层物理地址的变化。这时尽管物理地址随着移动发生了变化，VNAT 更新映射信息，虚拟地址保持不变，因此能保持连接不会断开，这是因为 VNAT 在不断更新对应的地址信息。

1．VNAT 技术的体系结构

VNAT 的基本思想是用一个虚拟地址标识一个连接端点。由于传送协议用物理地址标识一个连接，当物理地址改变时，连接必然断开。VNAT 打破了传送协议和物理地址之间的这种联系，用一个虚拟地址代替了物理地址。这样，一旦连接建立，VNAT 便为连接端点生成各自固定的虚拟地址，并且独立于物理地址，其生存期与整个连接的生存期相同，这个连接也不再受双方物理地址变化的影响。

一个通信终端的移动或转移归纳为两种情况：一种是该终端的硬件设备的网络地址发生变化；另一种是该终端所属的进程从一台主机转移到另一台主机。不管是哪种情况，其实质都是通信终端的物理地址发生了变化。在 TCP/IP 互联网中，就是终端的 IP 地址和端口发生了变化。

VNAT 由 3 部分构成：虚拟连接（Virtualization）是让通信终端以虚拟地址建立连接；地址转换（Translation）为虚拟地址和物理地址建立映射关系；连接转移（Migration）为移动的通信终端维护其连接，并且在移动过后更新虚拟地址和物理地址的映射。这 3 个组件可以构成为一个模块在终端上运行，并不需要对现有配置作任何改动。VNAT 技术的体系结构如图 2-8 所示。

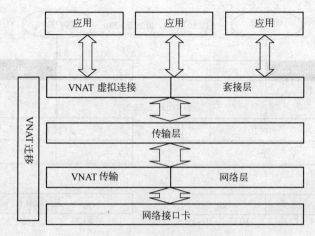

图 2-8 VNAT 体系结构

2．虚拟连接

VNAT 的虚拟连接为建立连接的通信终端生成一个虚拟标识符（Virtual Identification）。我们把由一对虚拟标识符建立的点对点的连接称为虚拟连接（Virtual Connection），把由一对物理标识建立的点对点的连接称为物理连接（Physical Connection）。在一次虚拟连接中，物理标识符可以任意改变，但虚拟标识符是固定的。由于虚拟连接并不是捆绑在一对物理终端上，它可以在物理网间任意漫游。

VNAT 收到从应用程序发往 TCP 的连接请求，把请求中包含的物理地址转换为虚拟地址，服务器上的一个应用程序向 TCP 请求以主机物理地址 10.10.10.10 启动服务，监听所有来自客户端的连接。当 VNAT 收到了这个请求之后就用一个虚拟地址 1.1.1.1 代替物理地址 10.10.10.10。类似地，客户机上的一个应用程序请求连接到地址为10.10.10.10 的主机，并且启用客户机地址 20.20.20.20；当 VNAT 收到这个请求之后就用虚拟地址 1.1.1.1 代替 10.10.10.10；用 2.2.2.2 代替 20.20.20.20。当这一过程完成后，服务器和客户机的 TCP 建立的连接都是一个虚拟连接（1.1.1.1，2.2.2.2）而不是物理连接（10.10.10.10，20.20.20.20）。这个连接一旦建立，就不会再因"移动"而发生变化。图2-9 表示 VNAT 截取从应用程序发往 TCP 的建立连接的请求，把请求中包含的物理地址转换为虚拟地址的过程。

VNAT 对连接的"虚拟化"过程对 TCP 是不透明的；即，TCP 并不知道所建立的连接采用的是虚拟地址，它仍然把虚拟地址当做真实的物理地址来执行操作。同样，"虚拟化"过程对应用程序也是不透明的，因为它并不关心低层的信息传送。通过比较可以发现，移动IP 技术是通过对应用程序隐藏地址的变化来实现移动，而 VNAT 则通过对传送层隐藏地址的变化来实现移动。

由于虚拟连接的双方共用一对虚拟地址，势必应建立某种机制，使任何一方在连接建立时告知对方自己使用的虚拟地址。然而，使用这种机制可能会造成时延，这个问题在广域网的实时通信中显得尤为突出。一种解决方法是，双方在建立连接时默认使用此时的物理地址作为虚拟地址，这样就省去了额外的通信开销。如果采用这种机制，无论连接双方如何"移动"，在传送层建立的连接总是使用连接双方最初使用的物理地址。

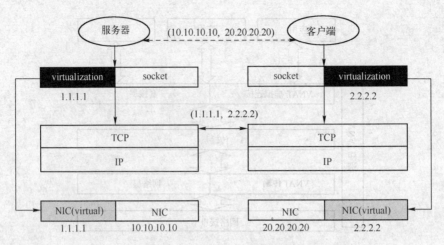

图 2-9 TCP 环境下的虚拟连接

3．地址转换

通过建立虚拟连接，传送层就可以不必顾及通信终端物理地址的变化了。然而，仅仅建立了虚拟连接并不足以传送数据包。从客户机 20.20.20.20 发出的首部包含（2.2.2.2，1.1.1.1）的 TCP 数据包永远也不会到达服务器 10.10.10.10。为了使数据包能够在虚拟连接上顺利传送，VNAT 采用了地址转换机制，将虚拟连接中的一对虚拟地址同通信终端的一对物理地址关联起来。也就是说，VNAT 首先建立虚拟连接，然后通过地址转换将虚拟地址和物理地址建立起一对对应的关系。

VNAT 地址转换机制类似 NAT（Network Address Translation，网络地址转换）技术。NAT 技术通过维护一张 NAT 转换表来建立本地专用网内的主机同外部网的主机的映射，从而使得拥有专用地址的主机能同外界网络进行通信。VNAT 的地址转换对传送层是透明的，而且完全在终端内部实现，因此不需要对传送协议进行任何修改。

来自客户端 TCP 的首部包含（2.2.2.2，1.1.1.1）的 TCP 数据包经过 VNAT 地址转换，其首部的源地址和目的地址变为（20.20.20.20，10.10.10.10）。然后发往服务器10.10.10.10。当该数据包到达服务器后，再一次进行地址转换，其首部的源地址和目的地址被还原为（2.2.2.2，1.1.1.1），最后被选往服务器端的 TCP。VNAT 的地址转换如图 2-10 所示。

如果采用连接双方最初的物理地址作为虚拟地址，在通信终端未发生移动时，由于虚拟地址同物理地址相吻合，就不需要进行地址转换，从而节省开销。因此，在这种机制下，VNAT 地址转换仅在终端的物理地址发生变化时才进行。

4．连接转移

VNAT 的虚拟连接和地址转换使连接端点可以自由移动和传送数据。在此基础上，VNAT 的连接转移机制使得通信双方在保持连接的同时可以自由移动。VNAT 连接转移能使连接在一个地点被挂起，在另一个地点被唤醒。当连接端点的地址发生变动时，该连接随着所属进程一起被转移，同时 VNAT 采用安全密钥的机制，在移动后唤醒连接时首先需要通过安全验证，然后更新从虚拟地址到物理地址的映射。

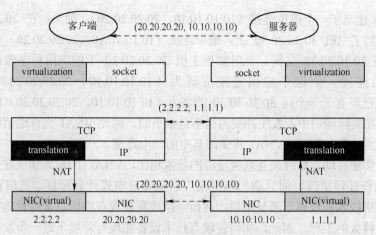

图 2-10 VNAT 的地址转换

当任何一个端点发生移动时，该连接被挂起。当一个端点转移到一个新地点后，VNAT
将通知另一个端点更新从虚拟地址到物理地址的映射信息。由于这样可能会使恶意攻击有机
可乘，VNAT 提供了安全机制。当连接被挂起时，连接双方约定一个安全码。在唤醒这个连
接时，双方首先验证这个安全码，然后再更新地址信息。

一个完整的动态连接转移是主机 20.20.20.20 上的客户端程序建立了一个同主机
10.10.10.10 上的服务器端程序的 TCP 连接。VNAT 虚拟化了这个连接，并采用双方最初的
IP 地址作为虚拟地址。这样，双方的 TCP 看到的连接都是（20.20.20.20，10.10.10.10）。此
时，由于客户端进程转移或者客户端主机移动，连接被挂起。挂起之前，客户端 VNAT 向服
务器端发送信息，约定安全码。客户端移动到新的主机地址 30.30.30.30，客户端 VNAT 唤醒
连接，双方验证安全码。验证通过之后，双方更新地址转换信息，将虚拟连接
（20.20.20.20，10.10.10.10）关联到物理连接（30.30.30.30，10.10.10.10）。在转移过程前
后，双方的 TCP 所看到的虚拟连接（20.20.20.20，10.10.10.10）没有变化。通过 VNAT，实
现了通信双方在保持平稳连接的同时完成地址转移。

5. 与 VNAT 有关的其他问题

目前的讨论大都是围绕 TCP 来进行的，因为 TCP 是面向连接的传送协议，在互联网
上应用广泛。针对无连接的传送协议，如 UDP、VNAT 也提供了相应的机制，这类无连
接的传送协议适用于视频传送。尽管传送层本身感知不到连接，应用层仍然维持着某种
形式的连接。在这种情况下，VNAT 对应用程序隐藏了连接双方的物理地址，而代之以
一个虚拟地址，当连接的一方移动时，应用程序看到的仍然只是不变的虚拟地址，感觉
不到移动的发生。

当连接的双方同时移动时，每个终端必须告知对方自己的新地址。这时，双方可以约定
通过另一台服务器来传递移动后的联络信息，以便及时恢复连接；或者将新地址的信息发送
到自己的原地址，使对方可以通过原地址来获取新地址。

由于通信终端移动时，VNAT 虚拟连接也随之转移到另一台主机，这样有可能导致虚拟
地址冲突。当两个不同的连接使用了一对相同的虚拟地址，并且这两个连接中至少有一台主
机相同时，这台主机上的传送层协议便会拒绝这两个连接同时存在。譬如，主机 10.10.10.10

同 20.20.20.20 建立了一个虚拟连接（10.10.10.10，20.20.20.20）。随后，在 20.20.20.20 上的连接端点转移到了主机 30.30.30.30 上，虚拟连接（10.10.10.10，20.20.20.20）也随之转移到 10.10.10.10 与 30.30.30.30 之间。此时如果主机 20.20.20.20 上的应用程序想再建立一个同 10.10.10.10 的连接，则这个虚拟连接应该为（10.10.10.10，20.20.20.20），但是由于 10.10.10.10 上已经有了一个同 30.30.30.30 的名为（10.10.10.10，20.20.20.20）的连接，这便产生了冲突。在实际应用中，发生冲突的概率是很小的，因此 VNAT 允许通信终端使用相同的虚拟地址。当冲突发生时，VNAT 将关闭其中的一个连接。

同其他为实现移动互联网或互联网漫游的技术相比，VNAT 的最大优点在于它不用对现有软硬件设施作任何更改，而且适用范围很广。随着分布式计算和移动通信设备的飞速发展，现有的网络技术和设施已渐显落后，然而，彻底更新现有的信息基础设施将会是一个规模浩大且旷日持久的工程。因此，如何使现有技术设备在现有环境下进一步发挥潜力，这是一个值得关注的问题。VNAT 技术便是这一领域的一个鲜明例证。

2.2.3 移动互联网相关技术标准

由于移动互联网整体定位于业务与应用层面，业务与应用不遵循固定的发展模式，其创新性、实效性强，因此移动互联网标准的制定将面临很多争议和挑战。从移动应用出发，为确保基本移动应用的互通性，开放移动联盟（OMA）组织制定了移动应用层的技术引擎技术规范及实施互通测试，其中部分研究内容对移动互联网有支撑作用；从固定互联网出发，万维网联盟（W3C）制定了基于 Web 基础应用技术的技术规范，为基于 Web 技术开发的移动互联网应用奠定了坚实基础。

1. OMA 技术标准

在移动业务与应用发展的初期阶段，很多移动业务局限于某个厂家设备、某个厂家的手机、某个内容提供商、某个运营商网络的局部应用。标准的不完备、不统一是主要原因之一，曾经制定移动业务相关技术规范的论坛和组织达十几个。2002 年 6 月初，WAP 论坛（WAP Forum）和开放式移动体系结构（Open Mobile Architecture）两个标准化组织通过合并成立最初的 OMA（Open Mobile Alliance，开放移动联盟）。OMA 的主要任务是收集市场移动业务需求并制定规范，清除互操作性发展的障碍，并加速各种全新的增强型移动信息、娱乐服务及应用的开发和应用。OMA 在移动业务应用领域的技术标准研究致力于实现无障碍的访问能力、可控并充分开放的网络和用户信息、融合的信息沟通方式、灵活完备的计量体系、可计费和经营、多层次的安全保障机制等，使移动网络和移动终端具备了实现开放有序移动互联网市场环境的基本技术条件。

OMA 定义的业务范围要比移动互联网更加广泛，其部分研究成果可作为移动互联网应用的基础业务能力。

移动浏览技术可以被认为是移动互联网最基本的业务能力。在移动互联网应用中，移动下载（OTA）作为一个基本业务，可以为其他的业务（如 Java、Widget 等）提供下载服务，也是移动互联网技术中重要的基础技术之一。

移动互联网服务相对于固定互联网而言，最大的优势在于能够结合用户和终端的不同状态而提供更加精确的服务。这种状态可以包含位置、呈现信息、终端型号和能力等方面。OMA 定义了多种业务规范，能够为移动互联网业务提供用户与终端各类状态信息的能力，应属于移动互联网业务的基础能力，如呈现、定位、设备管理等。

OMA 的移动搜索业务能力规范定义了一套标准化的框架结构、搜索消息流和接口适配函数集，使移动搜索应用本身以及其他的业务能力能有效地分享现有互联网商业搜索引擎技术成果。

开放移动联盟制定的多种移动业务应用能力规范可以对移动社区业务提供支持。作为锁定用户的有效手段，即时消息是社区类业务的核心应用；组和列表管理（XDM）里的用户群组，可以用于移动社区业务，成为移动社区里博客用户的好友群组；针对特定话题讨论的即按即说（PoC）群组，可以移植到相关专业移动社区的群组里，增加了这些用户的交流方式。

2．W3C 技术标准

万维网联盟（W3C）是制定 WWW 标准的国际论坛组织。W3C 的主要工作是研究和制订开放的规范，以便提高 Web 相关产品的互用性。为解决 Web 应用中不同平台、技术和开发者带来的不兼容问题，保障 Web 信息的顺利和完整流通，W3C 制定了一系列标准并督促 Web 应用开发者和内容提供商遵循这些标准。目前，W3C 正致力于可信互联网、移动互联网、互联网语音、语义网等方面的研究，无障碍网页、国际化、设备无关和质量管理等主题也已融入了 W3C 的各项技术之中。W3C 正致力把万维网从最初的设计（基本的超文本链接标记语言（HTML）、统一资源标识符（URL）和超文本传输协议（HTTP））转变为未来所需的模式，以帮助未来万维网成为信息世界中具有高稳定性、可提升和强适应性的基础框架。

W3C 发布的两项标准是 XHTML Basic 1.1 和移动 Web 最佳实践 1.0。这两项标准均针对移动 Web，其中 XHTML Basic 1.1 是 W3C 建议的移动 Web 置标语言。W3C 针对移动特点，在移动 Web 设计中遵循如下原则：

为多种移动设备设计一致的 Web 网页：在设计移动 Web 网页时，须考虑到各种移动设备，以降低成本，增加灵活性，并使 Web 标准可以保证不同设备之间的兼容。

针对移动终端、移动用户的特点进行简化与优化；对图形和颜色进行优化，显示尺寸、文件尺寸等要尽可能小。

要方便移动用户的输入：移动 Web 提供的信息要精简、明确。

节约使用接入带宽：不使用自动刷新、重定向等技术，不过多引用外部资源，充分利用页面缓存技术等。

3．中国的移动互联网标准化

中国通信标准化协会（CCSA）开展的移动互联网标准研究工作中的部分项目源于中国产业的创新，也有大量工作与 W3C 和 OMA 等的国际标准化工作相结合。

目前 CCSA 已经开展 WAP、Java、移动浏览、多媒体消息（MMS）、移动邮件（MEM）、即按即说、即时状态、组和列表管理、即时消息（IM）、安全用户面定位（SUPL）、移动广播业务（BCAST）等，正在进行中的项目包括移动广告（MobAd）、移动搜索（MobSrch）、融合消息（CPM）、移动社区、移动二维码、移动支付等标准研究。面向移动 Web 2.0 的工作刚刚起步，已开始进行移动聚合（Mashup）、移动互联网 P2P 等方面的工作。

2.2.4 支撑移动互联网业务的重要技术引擎

1. 用于互联网访问和下载的技术引擎

（1）移动浏览

移动浏览技术可以被认为是移动互联网最基本的业务能力。无线应用协议最初是由 WAP 论坛制定的用于无线网络浏览的规范。移动用户利用移动终端的 WAP 能力就可以方便地访问 Internet 上的信息和服务。随着移动设备能力的不断提升，WAP 也发生了变化，OMA WAP 2.x 系列标准已经发布。

（2）移动下载

移动下载技术是通过移动通信系统的空中接口对媒体对象进行远程下载的技术。服务提供商（SP）及内容提供商（CP）可不断开发出更具个性化的贴近用户需求的服务应用及媒体内容，如移动游戏、位置服务以及移动商务等。手机用户可以方便地按照个人喜好把网络所提供的各种媒体对象及业务应用下载到手机中安装使用。

2. 用于提供移动用户和移动终端状态的技术引擎

（1）呈现业务

呈现业务使得参与实体（人或者应用）可以通过网络实时发布和修改自己的个性化信息，比如位置、心情、连通性（外出就餐、开会）等，同时参与实体可以通过订阅、授权等方式控制存在信息的发布范围。在即时通信业务中人们会经常用到呈现业务。

（2）位置业务

无线定位业务是通过一组定位技术获得移动终端的位置信息，提供给移动用户本人或他人以及通信系统，实现各种与位置相关的业务。OMA 一方面在漫游、与外部业务提供者接口等方面做了大量的工作，制定了漫游定位协议、私密性检查的协议；一方面又制定了基于用户面的定位业务方式规范。用户终端的位置信息的获取提供了移动互联网精确服务的基本能力。

（3）终端设备管理

设备管理主要用于第三方管理和设置无线网络中的设备（比如手机终端及终端中的功能对象）的配置和环境信息。利用终端管理技术可以通过 OTA 的方式来采集终端信息，配置终端的参数信息，将数据包从网络下载到终端上安装并更新永久性信息，处理终端设备产生的事件和告警信息。终端越来越复杂，终端厂商维护成本越来越高，同时业务应用不断丰富，移动互联网的开放趋势，使得运营商在新业务的部署、参数的配置方面的需求越来越强烈。

除了设备管理基本协议，还针对各种应用制定了相应的标准，主要有连接管理对象、诊断与监控、固件更新管理对象、预定任务生命周期管理、设备能力管理对象、软件组件管理对象、智能卡的应用、Web 服务接口等。

3. 用于社区和群组管理的技术引擎

互联网社区业务的成功，激化和诱导出在移动网络上开展类似的业务。在移动网络虚拟世界里面，服务社区化将成为焦点和亮点。

（1）即时消息

移动互联网应用产品中，应用率最高的依然为即时通信类，如移动飞信、手机 MSN、手机 QQ 等。即时消息（IM）业务可在一系列的参与者间实时地交换各种媒体内容信息，并且可以实时知道参与者的即时状态信息，从而选择适当的方式进行交流。

即时状态和即时消息存在着两种标准，一种是基于无线的即时消息和出席服务（IMPS）另一种是基于 SIMPLE/SIP 的即时状态和即时消息。其中基于 SIMPLE/SIP 的即时消息与即时状态是业务发展的主要趋势，它能够充分利用 IP 多媒体子系统（IMS）提供的会话控制机制，也是目前 OMA 组织已经完成的两个重要的业务能力标准。

（2）融合消息

随着全球移动业务的快速发展，包括短信、多媒体消息、移动电子邮件以及移动即时通信等消息类业务作为移动话音之外的重要业务，已经获得广泛的应用。但由于已有的消息业务都被设计成了"竖井"式体系架构，导致不同消息业务各自提供了不同的用户体验；同时不同的消息业务构建了不同的架构和平台，尽管各种消息业务功能相似却不能相互重用。为了提升用户体验，简化复杂的消息系统架构，使消息业务与平台分离，OMA 在业界首先成立了基于 IP 的融合消息业务项目。融合消息最终要被做成一个架构，基于融合消息可以灵活地创建符合需要的消息业务，而传统的消息业务可以和融合消息进行互通。

（3）组和列表管理及融合地址本

组和列表管理（XDM）是即时通信类业务的基本能力实体。经过授权的 PoC、IM 等实体可以对这些文档进行获取、添加、删除和修改等操作，从而可以实现组和列表信息的管理。基于 XDM 可以实现联系人列表、群组等一系列应用。

融合地址本业务（CAB）是基于网络的联系人信息存储服务，以支持用户存储、管理相关联系人信息。CAB 支持联系人信息融合更新服务，用户可根据个人喜好，调整、公开一些个人信息，并融合源自多种业务的信息，如消息、游戏、会议、增值业务等信息，分享给其他联系人更新信息。用户可跨平台管理自己的联系人信息，如支持通过互联网、智能电话等方式进行访问，并可把网络存储的信息同步到自己拥有的不同终端设备上。

4. 用于移动搜索技术引擎

移动搜索（MSF）业务是一种典型的移动互联网服务。移动搜索是基于移动网络的搜索技术的总称，是指用户通过移动终端，采用短消息业务（SMS）、WAP、交互式语音应答（IVR）等多种接入方式进行搜索，获取 WAP 站点及互联网信息内容、移动增值服务内容及本地信息等用户需要的信息及服务。

OMA 研究移动搜索业务规范的主要目的是为了给业务提供商配置移动应用和增值业务时，提供一个标准化的统一的搜索功能能力集。通过使用标准化的信息搜索接口和内容数据格式，为搜索引擎提供基础搜索资源，可以简化业务部署的复杂程度。开放移动联盟的移动搜索业务能力规范不对目前存在的各种各样的搜索引擎技术核心本身进行标准化，而是通过基于搜索业务的研究，定义一套标准化的框架结构、搜索消息流和接口适配函数集，使移动搜索应用本身，以及其他的业务能力，能有效地分享现有互联网商业搜索引擎的技术成果。

5. 基于分类的内容过滤技术引擎

OMA 基于分类的内容过滤（CBCS）用于明确一种基于分类的内容过滤框架，其既适用于移动环境，也适用于网页环境，是用于移动互联网业务内容管理的重要基础设施。

在移动互联网应用环境中，用户有时需要被保护，从而避免接收到他们所不想接收或未被同意接触到的内容。例如，未成年人接触成人内容（性、暴力等）应该被控制并限制，公司在上班时间控制其雇员能接触的内容，不让他们接触与工作无关的内容，等等。

OMA CBCS 规范了基于相关规则的内容过滤应用中各功能实体之间的接口。可用于任何内容分发服务或协议，并且不限制"内容"的范围，即可对所有来自或到达用户的任何信息应用内容过滤。

移动互联网的业务应用标准一直以来是一个充满挑战的领域，产业和用户呼吁出台统一的标准规范，但由于各方的利益不同、业务应用的不确定性等诸多原因，往往使得应用标准滞后于市场或不被市场应用。虽然如此，产业链的各方仍在积极探讨移动互联网业务发展的关键要素，并推动与之紧密相关的业务应用标准。

2.2.5　移动互联网特征关键技术

区别于传统电信和互联网网络，移动互联网是一种基于用户身份认证、环境感知、终端智能、无线泛在的互联网应用业务集成，最终目标是以用户需求为中心，将互联网各种应用业务通过一定的变换，在各种用户终端上进行定制化和个性化的展现。

移动互联网的关键技术包括 SOA、Web X.0、Widget/Mashup、P2P/P4P、SaaS/云计算等架构和 XHTML MP、MIP、SIP、RTP、RTSP 等应用协议以及业务运营平台。下面对这些关键技术进行简要介绍。

1．SOA

SOA（Service-Oriented Architecture，面向服务的体系架构）实际是一种架构模型，它可以根据需求通过网络对松散耦合粗粒度应用组件进行分布式部署、组合和使用。在移动互联网中 SOA 提供了一种新设计和服务理念，强调端到端服务和用户体验。

运用 SOA 技术能够整合现有各种技术解决方案，为客户提供更完善而全面的价值服务。SOA 已经经历了过热期，逐步走向成熟。随着电信领域技术研究的进一步深入，将会在移动互联网应用上得到更加广泛的应用。

2．Web X.0

Web X.0 技术包括现有 Web 2.0 和目前还没有完成定义的 Web 3.0 技术。Web 2.0 以 Blog、BBS、TAG、SNS、RSS、WiKi 等应用为核心，改变了传统互联网阅读模式向主动创造信息迈进，把内容制作开放给用户，实现人和人交互共同创造内容。

Web 3.0 则引入人工智能、语义网、智能搜索和虚拟现实技术等，将对现有互联网应用模式带来新挑战。

3．Widget/Mashup

Widget 最初是一种微型应用插件，后来逐步发展成为可以内嵌在移动终端上，小用户不需要登录网络即可以实现各种应用服务，并可及时更新，使用简单方便。

Mashup 则是一种新型的基于 Web 的数据集成应用。它利用从外部数据源检索到的内容来创建全新服务。

这两种技术应用在移动互联网上可以将互联网络和通信网络能力进行整合，按照用户需求定制各种个性化应用，实现区别场景下的相同业务体验。

电信运营商需要提供统一、简化的业务开发生成环境，能够集成电信能力和互联网能力提供图形化开发配置方式，能够提供工具方便构建 Widget、Mashup 等应用，使得企业用户、个人用户可以进行快速业务生成、仿真和体验。

通过 Widget 平台驱动移动终端可以使用户快速开发和部署移动互联网业务，结合互联网和电信网络优势开创新商业模式，建立新生态系统。

4. P2P/P4P

P2P（peer-to-peer network，对等网络）是一种资源（计算、存储、通信和信息等）分布利用和共享网络体系架构，和目前电信网络占据主导地位的 C/S（Client/Server）架构相对应，采用分布式数据管理能力，发挥对等节点性能，提升系统能力，是移动互联网核心业务和网络节点扁平化自组织管理的重要方式。

P4P（Proactive network Provider Participation for P2P，是 P2P 技术的升级版），强调效率和可管理，可以协调网络拓扑数据，提高网络路由效率，可以应用在流媒体、内容下载、CDN（内容分发网络）和业务调度等方面。

5. SaaS/云计算

SaaS（Software-as-a-Service，软件即服务。国内通常叫做软件运营服务模式，简称为软营模式）/云计算是分布式处理、并行处理和网格计算（Grid Computing）的进一步发展，它将计算任务分布在大量计算机构成的资源池上，使各种应用能够根据需要获取计算力、存储空间和支撑服务。SaaS 是种软件服务，将软件部署转为托管服务，云计算为 SaaS 提供强力支撑，移动运营商和 SaaS 相结合为用户提供多种通信方式接入、计费、用户管理和用户业务配置等在内的业务管理。

P2P/P4P、SaaS/云计算的优势不仅在于其创新性技术理念，还在于其创新理念所带来的电信服务模式。电信运营商需要成为 P2P 网络和云计算提供者，依托现有网络和用户资源，建立大型数据存储和管理中心，并在数据中心中配置各种在线服务，并在数据中心配置各种在线服务化软件，为个人和企业用户提供计算、存储和应用服务。

如针对企业用户的通信、电子商务平台、行业应用、企业 IT 应用；针对个人用户的移动社区、移动游戏、虚拟桌面等，采用这些架构和技术可以有效降低成本提高系统可靠性。

6. XHTML MP

XHTML MP（XHTML Mobile Profile，可扩展标记语言移动概要）是 WAP 2.0 中定义的标记语言。WAP 2.0 是 WAP 论坛（现为 OMA）创建的最新的移动服务说明。对 WAP CSS 的说明也在 WAP 2.0 中作了定义。WAP CSS 和 XHTML MP 二者常被一起使用。使用 WAP CSS 可以轻松地改变与格式化 XHTML MP 页面的展现。

XHTML MP 的目标是把移动网浏览和万维网浏览的技术结合起来。在 XHTML MP 产生之前，WAP 开发人员用 WML 和 WMLScript 创建 WAP 网站，而 Web 程序员用 HTML/XHTML 和 CSS 开发 Web 网站。

XHTML MP 发布后，无线世界和有线世界的标记语言最终汇聚到了一起。XHTML MP 和 WAP CSS 赋予了无线因特网应用开发人员更多更好的展现控制。XHTML MP 最大的优点是在网站开发时，Web 版和无线版因特网网站可以用同样的技术开发，可以在原型化和开发过程中用任何 Web 浏览器查看 WAP 2.0 应用程序。

7. MIP

MIP（Mobile IP，移动 IP）是为满足移动节点在移动中保持其连接性而设计的网络服务，实现跨越不同网段的漫游功能。

随着移动终端设备的广泛使用，移动计算机和移动终端等设备也开始需要接入网路

（Internet），但传统的 IP 设计并未考虑到移动节点会在连接中变化互联网接入点的问题。传统的 IP 地址包括两方面的意义：一方面是用来标识唯一的主机；另一方面它还作为主机的地址在数据的路由中起重要作用。但对于移动节点，由于互联网接入点会不断发生变化，所以其 IP 地址在两方面发生分离，一是移动节点需要一种机制来唯一标识自己；二是需要这种标识不会被用于路由。移动 IP 便是为了能让移动节点能够分离 IP 地址这两方面功能，而又不彻底改变现有互联网的结构而设计的。

移动 IP 主要结合世界两大技术：互联网和移动通信。在移动 IP 中，每台计算机都具有两种地址：归属 IP 地址（固定地址）和移动地址（随计算机移动而变化）。当设备移动到其他地区时，它需要将其新地址发给归属代理，由此代理可以及时地将通信转发到其新地址。

IETF 为了适应社会需求，制定了移动 IP（Mobile IP）协议，从而使 Internet 上的移动接入成为可能。

8．SIP

SIP（Session Initiation Protocol，信令控制协议）是类似于 HTTP 的基于文本的协议。SIP 可以减少应用特别是高级应用的开发时间。由于基于 IP 协议的 SIP 利用了 IP 网络，SIP 能够连接使用任何 IP 网络（包括有线 LAN 和 WAN、公共 Internet 骨干网、移动 2.5G、3G 和 Wi-Fi）和任何 IP 设备（电话、PC、PDA、移动手持设备）的用户，从而出现了众多利润丰厚的新商机，改进了企业和用户的通信方式。基于 SIP 的应用（如 VOIP、多媒体会议、push-to-talk、定位服务、在线信息和 IM）即使单独使用，也会为服务提供商、ISV、网络设备供应商和开发商提供许多新的商机。不过，SIP 的根本价值在于它能够将这些功能组合起来，形成各种更大规模的无缝通信服务。

9．RTP/RTSP

RTP（Real-time Transport Protocol，实时传输协议）是一个网络传输协议，RTP 详细说明了在互联网上传递音频和视频的标准数据包格式。它一开始被设计为一个多播协议，但后来被用在很多单播应用中。RTP 常用于流媒体系统（配合 RTSP），视频会议和 push-to-talk）系统（配合 H.323 或 SIP），使它成为 IP 电话产业的技术基础。

RTSP（Real Time Streaming Protocol 实时流传输协议），是 TCP/IP 体系中的一个应用层协议。该协议定义了一对多应用程序如何有效地通过 IP 网络传送多媒体数据。RTSP 在体系结构上位于 RTP 和 RTCP 之上，它使用 TCP 或 RTP 完成数据传输。HTTP 与 RTSP 相比，HTTP 传送 HTML，而 RTSP 传送的是多媒体数据。HTTP 请求由客户机发出，服务器作出响应；使用 RTSP 时，客户机和服务器都可以发出请求，即 RTSP 可以是双向的。

10．业务运营平台：鉴权、认证、计费

对于电信运营商来说，移动互联网业务区别于现有互联网业务模式，核心是如何实现可管理、可运营、可控制的业务运营平台，需要对移动互联网业务管理、鉴权、计费提供支持。

1）统一控制流：用户业务订购、开通、使用、计费和 SLA（Service-Level Agreement，服务等级协议）等业务控制流程的标准化以统一用户体验。

2）统一管理流：自有数据业务需要由统一平台进行管理，以支持业务开发、体验、捆绑营销。

3）统一外部接口：各业务平台和支撑系统之间的网状接口需要统一集成平台，实现接口技术、协议标准化并开放各种内部能力为外部应用提供透明服务。

4）完整数据视图：统一自有数据业务管理需要将分散在各业务平台用户数据、业务数据整合到一起，以实现各系统之间的有效数据共享，并可以基于这些数据和用户行为分析提供多种数据挖掘功能。

移动互联网技术的发展日新月异，很多新概念和技术还没有完全成熟，或没有得到应用就可能已经被更新或淘汰。同时有些老技术也不断推陈出新，创造出新生命力。电信运营商和设备制造商需要对这些纷繁复杂技术进行分析和研究，结合电信网络的特点和产品研发模式优化网络架构、降低产品开发成本，同时参与产业链开放电信能力，引进互联网创新思路，为运营商提供更加丰富多彩的应用业务。

2.3 移动上网

移动上网是无线上网的一切方式。移动上网终端包括多种移动上网设备，如手机、平板电脑、PDA、上网本等。而这些移动终端的上网方式并不完全相同，其中有些终端还可以通过连接有线网络的方式上网。本节主要讲述通过无线上网的方式实现上网。

2.3.1 上网方式

1. WAP 上网

WAP（Wireless Application Protocol，无线应用协议）是一种实现移动电话与互联网结合的应用协议标准。移动上网就是利用这个协议实现的，因此移动上网也被称为 WAP 上网。手机上网是指利用支持网络浏览器的手机通过 WAP 协议，同互联网相联，从而达到网上冲浪的目的。因此常把手机上网称为 WAP 上网。手机上网具有方便性、随时随地性，应用越来越广，已成为现代生活中重要的上网方式之一。

WAP 是一个开放式的标准协议，可以把网络上的信息传送到移动电话或其他无线通信终端上。WAP 是由爱立信（Ericsson）、诺基亚（Nokia）、摩托罗拉（Motorola）等通信业巨头在 1997 年成立的无线应用协议论坛（WAP Forum）制定的。它使用一种类似于 HTML 的标记式语言 WML（Wireless Markup Language），并可通过 WAP Gateway 直接访问一般的网页。通过 WAP，用户可以随时随地利用无线通信终端来获取互联网上的即时信息或公司网站的资料，真正实现无线上网。CMWAP 多用于浏览 WAP 开头的网站。CMNET 可以浏览WWW 网站。

手机 WAP 是移动互联网的一种体现形式。是传统计算机上网的延伸和补充。3G 网络的开通，使得手机上网开始正式进入人们的生活。

WAP 能够运行于各种无线网络之上，如 GSM、GPRS、CDMA 等。WML（Wireless Makeup language，无线标注语言）支持 WAP 技术的手机能浏览由 WML 描述的 Internet内容。

通过 WAP 这种技术，就可以将 Internet 的大量信息及各种各样的业务引入到移动电话、PALM 等无线终端之中。无论何时、何地只要打开 WAP 手机，用户就可以享受无穷无尽的网上信息或者网上资源。如：综合新闻、天气预报、股市动态、商业报道、当前汇率等。电子商务、网上银行也将逐一实现。

2．3G上网

3G 上网是继 GSM、GPRS、EDGE 后的新技术。国内三大运营商之一的中国移动通信集团公司（简称"中国移动"）采用的是自主产权的 TD-SCDMA，速度可达 2.8Mbit/s；中国电信集团公司（简称"中国电信"）采用 CDMA 2000 技术，现在架设的 EVDO REV.A 网络速度可达 3.1Mbit/s；而中国联合网络通信集团有限公司（简称"中国联通"）采用的是国际主流 WCDMA 技术，理论速度可达 7.2M.bit/s。现在国内的 3G 网络正在全面覆盖中。到时就会有更精确的数据。

3G 上网与 WAP 上网并非是一种并列关系，只是从不同的侧重面来说的。WAP 上网的重点是指上网以后看到的内容，是符合 WAP 网页标准的；3G 上网是指通过运营商的 3G 网络实现的上网，比如中国移动的 TD-SCDMA，中国联通的 WCDMA，在用 3G 上网时就会用到 WAP 上网。

4G 集 3G 与 WLAN 于一体，并能够传输高质量视频图像，它的图像传输质量与高清晰度电视不相上下。通常认为，4G 系统能够以 100Mbit/s 的速度下载，这个速度比 3G 上网快30～50 倍，能够满足几乎所有用户对于无线服务的要求。

3．其他方式

1）2G 上网。我们可以将 2G 上网类比为十几年前用的拨号上网，其网速比现在的宽带上网慢得多，而现在用的 3G 上网就可类比为宽带上网。这是由第二代移动通信网络（2G）比第三代移动通信网络（3G）慢的原因造成的。

2）Wi-Fi 上网。很多手机都内置有 Wi-Fi 功能。手机（包括平板电脑、上网本、PDA）等终端通过无线局域网，通过无线路由器链接有线宽带后所发射的无线信号来实现上网。只要在 Wi-Fi 覆盖的区域，可能在手机上设置（主要是输入无线路由器中所设置的密码）后就可以连接 Wi-Fi 上网了，这时候就不需要占用 3G 或 2G 流量了。

另外用手机上网还有个接入点的问题，是 3GNET 接入点，还是 3GWAP 接入点，不同的手机创建的接入点名称不一样。

手机上网开始时采用的接入点是 WAP 接入点，中国移动称为"移动梦网"；中国联通称之为：百宝箱。由于 WAP 上网是手机用的一种专有模式，他不是直接互联，而是通过服务器中转之后连接的，所以会和你用宽带链接上网看到的不一样。后来由于网络的发展，手机通过 WAP 接入并不能打开很多计算机上的网站，而且上网慢，就发展了 net 接入点，这种接入点速度快并能覆盖全国，一般外地出差或玩手机网络游戏都用 net 接入点。例如中国联通手机上网用 3GWAP，而中国联通手机连接互联网用 3GNET。

2.3.2　浏览器

浏览器是手机等智能终端上网所使用的终端应用软件，一般智能终端上都带有浏览器，下面以智能手机为例来讲述。

智能手机出厂时就带有浏览器，但是如果你不喜欢，也可以换成其他的浏览器来使用。现在市面上有多款比较流行的手机浏览器：UC 浏览器、QQ 浏览器、百度浏览器、opera 浏览器、欧朋浏览器、360 浏览器、冲浪浏览器、天天浏览器、遨游浏览器、海豚浏览器、火狐浏览器、天火浏览器等。

哪种浏览器使用得最多，这是很多人都关心的问题。在网上有关于手机浏览器的市场占有率排名如图 2-11 所示。（此图来自于 UC 浏览器官网。注意：这个图所反映的排名或占有率不一定准确，用户可查阅相关资料了解，下载安装自己认为最适用的手机浏览器）。

下面将对其中的几款浏览器的主要特点进行简单介绍。

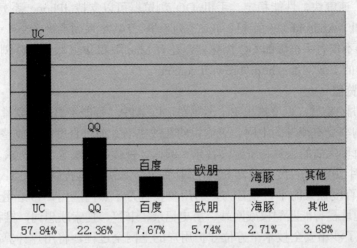

图 2-11　浏览器的市场占有率

1．UC 浏览器

UC 浏览器原名 UCWEB，已于 2009 年 5 月正式更名为 UC 浏览器，是一款把"互联网装入口袋"的主流手机浏览器，由优视科技（原名优视动景）公司开发。兼备 CMNET、CMWAP 等联网方式，速度快而稳定，具有视频播放、网站导航、搜索、下载、个人数据管理等功能，都能让用户享受最流畅、便捷的移动互联网体验。

UC 浏览器号称是全球使用量最大的手机浏览器，截至 2014 年 3 月，全球拥有超过 5 亿用户。

UC 浏览器支持的机型有 Symbian、Android、iOS、Windows Phone、Windows Mobile、Win CE、Java、MTK、Brew 等主流移动操作系统的 200 多个著名品牌、超过 3000 款手机及平板电脑终端。

UC 浏览器下载方式：首先确定能适应用户设备的最新版的 UC 浏览器，然后通过计算机或者移动设备来免费下载。所有智能手机、支持 Java 功能及国产的 MTK 平台的手机均可下载。下载网址：http://www.uc.cn/。

用户使用手机浏览器最关心的浏览速度、花费的流量、占用的内存，这些方面 UC 浏览器表现都非常好。

2．QQ 浏览器

QQ 浏览器是腾讯公司推出的新一代浏览器，采用全新架构并针对 IE 内核做了全面优化。瞬间开启的超快体验，灵动轻逸的全新设计，更有强大的安全保障。

QQ 浏览器使用极速（Webkit）和普通（IE）双内核引擎，设计了全新的界面交互及程序框架，支持透明效果，强大的皮肤引擎带来完美的视觉和使用体验。其目的是为用户打造一款快速、稳定、安全、网络化的优质浏览器。

手机 QQ 浏览器是更快，更方便的新一代手机浏览器。它不仅软件体积小，上网速度快，并且一直致力于优化和提升手机上网体验。通过多项领先技术，让手机上网的浏览效果更佳，流量费用更少，获得最佳的上网体验。

手机 QQ 浏览器是腾讯科技基于手机等移动终端平台推出的一款适合 WAP、WWW 网页浏览的软件，速度快，性能稳定。手机 QQ 浏览器可以支持 iPhone 系列手机、Windows Mobile 系列手机、Android 系列手机、sky 系列手机、JAVA 系列手机。

QQ 浏览器不仅有手机版的 QQ 浏览器，还有 Mac 版和 iPad 版的 QQ 浏览器。

QQ 浏览器的下载网址：http://browser.qq.com/。

3. 百度浏览器

2011 年 7 月 18 日，百度推出 PC 浏览器，以 APP（智能手机应用软件）打造个性化应用平台，让人们享受更流畅的上网、更愉悦的在线生活。通过百度的开放整合和精准识别，用户可以获得海量优质的服务和资源，音乐、阅读、视频、游戏等个性所求。

2014 年 3 月 20 日，百度浏览器 6.2 正式版发布，该版本具有以下特点：

1）它利用百度强大的平台整合力，为用户整合万千热门应用，带给用户"一键触达"的快速体验，地址栏智能匹配权威网站、历史记录、书签、搜索联想词，推荐地址更准确；

2）它采用了沙箱安全技术全方位守护用户的上网全过程，将用户计算机与病毒木马完全隔离，给广大用户打造"无菌上网环境"；

3）它依托百度搜索亿万数据，给用户提供最贴心的建议，为用户打造最智能的地址栏；

4）秉承了百度"简单可依赖"的产品理念，界面设计简洁易操作，为用户提供快捷便利；

5）全屏模式更清新，浏览网页更专注；

6）导入收藏更强大，支持导入云端账号的收藏；

7）历史记录、下载界面视觉优化，状态更明确，视觉更清新。

据百度浏览器相关负责人表示："用百度的领先技术服务于广大用户、并贡献产业发展是我们不断追求的目标。百度希望利用近十年来积累的搜索技术及宝贵经验，打造最优质的产品以回馈广大用户，也希望通过浏览器的改进，推动互联网的良性发展，吸引更多的用户来使用互联网，增进使用的频度与时长，最终推动搜索这个媒体平台的发展和巩固。"

百度浏览器采用安全与隐私保护，高效的搜索浏览以及云存储、云提醒、图片嗅探等多种强大的功能。下载网址：http://liulanqi.baidu.com/。

4. 欧朋浏览器/Opera 手机浏览器

欧朋浏览器是手机浏览器 Opera 的中文品牌产品，体积轻小而功能强大，以简洁的界面设计和贴近中国用户的社会化应用为主要特色。欧朋手机浏览器结合了强大的内核和领先的云端转码技术，使手机访问网站的速度提升 5 到 10 倍，流量节省最高达 90%。

欧朋浏览器的特点：欧朋浏览器支持智能预读、智能缩放、手势操作，外加时尚个性化的界面设计；支持手机 WAP 和 WWW 站点全网浏览，收录海量精彩网址；轻松上微博，随时查看热点微博资讯，一键分享、转发或收藏。同时具备全球首创内置浏览提醒功能，为用户提供最贴心的移动互联网体验。

欧朋浏览器的优势：节约流量，数据通过服务器压缩，可为您节约最多 90% 的流量。与同类产品相比优势比较明显。体积小，适应性好，同时支持智能/非智能手机。通用版本是 Java 程序，只要您的手机支持 Java 那就可以使用欧朋手机浏览器的全部功能。能够在国内市场上绝大部分支持 Java 的手机上运行。同时欧朋手机浏览器也针对 Symbian 和 Android 平台发布了性能更好的专版。内容丰富，欧朋手机浏览器不但可以浏览 WAP 页面，更可以访问 Web 页面，支持缩放浏览（与 iPhone 浏览方式类似），用户可以在手机上方便地浏览以前只有在计算机上才能看的网站。欧朋手机浏览器是安全性非常好的手机浏览器。用欧朋手机浏览器传输数据，包括从手机端到服务器端都是加密传输，无法通过拦截数据来得到用户的信息。

Opera 是全球最大的手机浏览器厂商之一，每月有超过 2 亿用户在手机上通过 Opera 上网，而 Opera 把欧朋以及欧朋浏览器的推出视作其全球战略的关键一环。

Opera 手机浏览器的特点：

1）强大的内核和领先的云端转码技术，可使访问网站速度提升 5 到 10 倍，使上网流量节省最高达 90%。

2）支持智能缩放，手势操作，以及时尚和个性化的 UI 设计。

3）支持手机 WAP、PC 站点全网页浏览，收录小说，要闻，财经，美图等海量精彩网址。

4）支持轻松上微博，随时查看热点微博资讯，一键分享、转发或收藏，带给用户"一有尽有"的超强手机上网体验。

欧朋手机浏览器下载网址：http://www.oupeng.com/.

2.3.3 手机网站

手机网站，又名 WAP 网站，移动终端不仅能访问传统的互联网站点，而且还可以访问 WAP 网站。WAP 网站是指用 WML（无线标记语言）编写的专门用于手机浏览的网站，通常以文字信息和简单的图片信息为主。随着向手机智能化方向发展，安装了操作系统和浏览器的手机的功能和 PC 是很相似的，使用这种手机通过 GPRS 上网便可浏览几乎所有的 WWW 网站，无论网站是不是专门的 WAP 网站，而且还可以安装专门为手机设计的程序，如手机炒股、QQ、MSN 等。由于手机的屏幕尺寸和 CPU 处理能力有限，专门为手机进行优化的网站更方便用户浏览。这也为网站设计提出了新的要求：网站要适应手机浏览。

目前，WAP 网络营销应用还主要集中在互联网企业，是各类网站开拓新功能、新阵地，寻找新业务的重要领域。但对于传统企业而言，对于 WAP 网站的认识还很有限，WAP 网站的普及和推广尚需时日。然而 WAP 网站的广大用户市场是客观存在的事实。有市场就必须占领，如何做好传统企业在 WAP 领域的营销活动，目前还是一个很新的课题。

WAP 其实就是一个小互联网，互联网能实现的功能，在手机 WAP 上一样能够实现，如：开通企业手机 WAP 网站，实现企业文化宣传，企业产品推荐，方便快捷的对外宣传和展示企业的形象，WAP 能够随时、随地、随身地接入互联网，为用户提供了极大的便利性，必将成为新的潮流风向标，全新的无线网络营销模式。

与传统互联网一样，企业要开展 WAP 网络营销，也需要建设自己的 WAP 网站。虽然在表现形式上，WAP 网站要弱于一般的网站，对于图片、动画等表现力度不够，但是 WAP 网站也需要提供相当完备的功能。

制作一个企业 WAP 网站，可以从以下几个方面入手：

1）企业宣传。WAP 上的企业宣传既要简单明了，又要突出企业的核心竞争力。一般说来，企业的成立时间、规模、联系方式、主营业务等，是访问者了解一个企业的首要内容，特别是企业的联系方式，可重点予以单列，以方便查阅和联系；

2）产品展示。企业在 WAP 网站上，需要表现的重点仍然是产品展示。移动客户访问企业的 WAP 网站往往是有备而来，想了解某个产品的详细参数或价格。所以企业在 WAP 上的产品展示，可选择企业的主要产品，对其各类参数或价格加以详细说明。同时，对于企业的新产品信息，也可以适当地加以介绍；

3）客户服务。对于企业的客户服务而言，可能 WAP 网站比传统网站更有效。客户服务包括客户咨询与投诉两个方面，通过企业的 WAP 客户服务平台，无论何时何地，客户均能通过手机对企业进行咨询或投诉，而企业对于客户的咨询或投诉能够快速响应，与客户建立起一对一的联系。

WAP 网站相对于传统互联网站点的优势有以下几点。

1）传播源广泛分散：任何使用手机和互联网的用户都可能成为传播者；

2）传播范围具有较强的针对性：使用手机进行传播时，可以有目的地选择终端的属性。比如可以选择某个消费层次，或某个特性进行传播；

3）传播周期短暂及时：依靠现代通信网络和终端的传递，信息可以瞬时传到大量受众终端；

4）传播方式多样化：信息制作者和传播者可以根据传播需要，任意选择表达方式，只要受众拥有相应功能的终端，即可以解读此类信息；

5）传播范围广泛：由于世界各国移动通信网络和互联网技术标准已经统一，网络漫游业务基本实现，可以跨国界实现，信息传播可以随用户漫游；

6）具有较强的参与性和互动性：信息接收者可以采用不同方式回复信息源，及时方便地参与信息的反馈和再创造，因为手机既是媒体又是工具。

第3章 移动互联网终端

移动互联网终端就是通过无线技术接入移动互联网的终端设备，它的主要功能就是移动上网。移动互联网终端主要包括 PDA、掌上电脑、MID、UMPC、上网本、平板电脑、超极本、笔记本、智能手机等多种类型。这些移动互联网终端都具有登录使用移动互联网的功能，在移动互联网的应用中已不能从严格的意义上加以区分了，有的甚至已逐步淡出了人们的视线了，但它们作为移动互联网发展过程中的重要驱动因素之一，在移动互联网发展的初期阶段（2009 年以前）仍然扮演着非常重要的角色。现在，移动互联网终端主要是以智能手机和平板电脑为代表。本章主要介绍了这些移动互联网终端的发展、特点、相关应用以及区别。

3.1 PDA

3.1.1 PDA 概述

PDA（Personal Digital Assistant，个人数字助理，也称为掌上电脑）最初是用于 PIM（Personal Information Management，个人信息管理），替代纸笔，帮助人们进行一些日常管理，主要为日程安排、通信录、任务安排、便笺。随着科技的发展，PDA 逐渐融合计算、通信、网络、存储、娱乐、电子商务等功能，成为人们移动生活中不可缺少的工具。

PDA 最大的特点，是该设备具有一个开放的系统，就像 PC 的操作系统一样，人们可以根据自己的需要，安装不同的软件，实现不同的功能。

PDA 最基本的功能是日常个人信息管理（PIM）：日历、联系人、任务、便笺。

- 日历：日程管理。
- 联系人：就是通信录，里面有很详细的条目记录联系人的信息，类似于名片。
- 任务：指计划中需要去做的事情。
- 便笺：具有可以随手记录的纸片一样的功能。

安装相应的同步软件就可以和 PC 上的 PIM 程序同步了，最常用的 PC PIM 程序就像是微软 Office 里面带的 Outlook。所谓"同步"，就是有 2 个资料库，最初资料内容完全相同。如这两个资料库各自的资料内容经过不同修改，删除等系列处理，则资料内容就不完全相同了。为了让这 2 个资料库的资料内容仍保持一致，就必须执行一个让双方资料内容一致的操作，这个操作就是叫"同步"。

经常换手机的人可能最头痛的事是如何转移电话本，一般 SIM 卡容量只能保存 200 个号码。但如果你用的是具有 PDA 功能的手机，手机丢了都没有关系，因为像联系人等记录信息，在手机和 PC 同步的时候就已经保存到 PC 里面，只需要再同步一下将这些信息转移到新的 PDA 手机上即可。

对于 PDA 来说，虽然经常被叫做掌上电脑（Pocket PC，PPC），但它不能实现 PC 所有功能，PDA 主要是因为便携，让人们能够随时随地使用。所以在当时的技术条件下，让 PDA 取代 PC 是不现实的，PDA 应该是 PC 的辅助工具。对于相同软件的 PC 版本和 PPC 版本来说，PC 版本的功能应该强于 PPC，正确的使用方式是尽量在 PC 上完成相应工作，外出时再同步到 PDA 上。

3.1.2 PDA 的发展历程

在 PDA 的发展过程中，世界上许多知名的公司都参与其中，包括：Palm 公司、索尼、微软、苹果、英特尔、诺基亚、爱立信等。下面以 Palm 公司和微软公司为例，简单介绍 PDA 的发展历程。

1. Palm

1992 年，杰夫·霍金斯（Jeff Hawkins）和唐娜·杜宾斯基（Donna Dubinsky）创立 Palm 公司。1996 年，第一个真正意义上的具有 Palm 操作系统（Palm OS 1.0）的 PalmPilot 1000 诞生。

PalmPilot 1000 的显示屏幕：单色 STN，160x160 像素，2 级灰度，无背光，处理器：MOTOROLA Dragonball（龙珠）16MHz；操作系统：Palm OS 1.0，RAM：128KB，尺寸：$12 \times 8.1 \times 1.8$（cm），重量：162g，采用串口同步通信。

PalmPilot 1000 功能虽然十分简陋，但是它已经具备了今天 Palm 的很多特征，从外形、按钮布局到手写识别系统。内建的日历、地址簿、日程表、记事本，直到今天还都是所有 PDA 或者 PIM 程序必备的。截止到 2000 年初，PalmPilot 总共售出了 600 万台，大大超出原先的估计。1997 年 2 月，Palm OS 2.0 发布。与 1.0 相比，主要改进是增加了 TCP/IP 支持，能使 Palm Pilot 在 TCP/IP 网络上通信。1998 年 4 月，Palm OS 3.0 随着工业史上的又一个里程碑式的产品——Palm III 一起发布。Palm III 如图 3-1 所示。

显示屏幕：单色 STN、160×160 像素、4 级灰度、背光、处理器：MOTOROLA Dragonball 16MHz；操作系统：PalmOS 3.0；尺寸：$12 \times 8.1 \times 1.8$（cm），RAM/ROM：2MB/2MB flash，重量：162g，外壳：硬塑料；通信：串口同步/红外。Palm OS 3.0 第一次支持红外线，使得与其他设备交换数据成为可能。而且底层的稳定性和易用性方面有了很大的改善，各种应用软件开始大量出现，Plam 迈入黄金时期。1999 年初，Plam 最经典的产品 Palm V 发布。出色的外形设计，颇具质感的铝合金外壳，内置可方便充电的锂电池，超轻超薄的机身，都让每一个看到的人爱不释手。当年获得工业设计大奖的外形在今天看来依然是一代典范，所以后来的 M500 系列也沿用其外形设计。2000 年，Sony 获得 Palm 授权，开始生产 Palm OS 设备，命名为 "Clie"，第一款产品为 PEG-S300，这也是 Noah 购买的第 2 款 Plam 产品，2001 年初在北京的售价为 3500 元。

凭着在家用娱乐领域的经验，Sony 频繁推出设计各异的新品。到 2004 年 9 月，一共推出 32 款产品，极大扩充了 Palm 产品线。Clie 相对于 Palm 单一商务功能来说，增强了多媒体应用，例如内置音频解码器，摄像头，高分辨率屏幕等。其时尚外形、记忆棒插槽、Jog 滚轮也具有强烈的 Sony 风格。图 3-2 是一款 Sony 的 PDA。

2000 年，Palm OS 设备占据掌上电脑市场 90％以上的份额，在人们心中，PDA＝Palm。

2004 年 6 月，Sony 由于日益萎缩的传统掌上电脑市场宣布放弃除日本以外的海外市场，并在同年 9 月发布最后一款 PEG-VZ90 后，将重心转移到 Symbian UIQ 产品上。这也表明了智能手机在逐步威胁传统掌上电脑的地位。图 3-3 是 Sony 的 PEF-VZ90。

图 3-1　Palm III

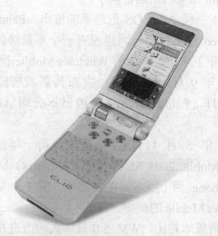

图 3-2　Sony 的 Clie PDA

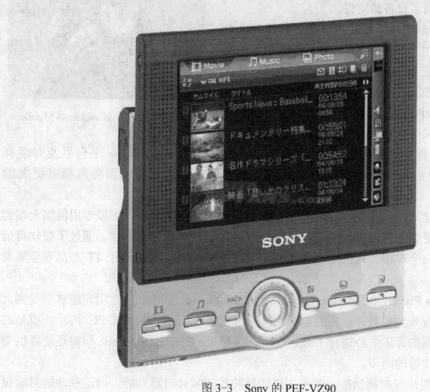

图 3-3　Sony 的 PEF-VZ90

2. 微软

对于一开始就抱定 PDA 应该是 PC 的替代品的微软来说，从 1996 年推出 Windows CE 1.0 以来，屡败屡战，甚至 1998 年发布的 Windows CE 2.0 产品，都不得不委屈的叫做"Palm Size PC"（像 Palm 那么大小的 PC，这是借 Palm 的名气来宣传自己的产品），可以想象微软当时的窘迫。不过，2000 年，微软也发布了其 PDA 历史上具有划时代意义的 OS：

Windows CE 3.0，也就是人们熟悉的 Pocket PC（简称为 PPC）。凭借这个系统，微软开始慢慢蚕食 Palm 原来的市场份额了。

由于下一代 Palm OS 迟迟不能推出，Palm 新品推出基本处于停滞阶段。从 2004 年 10 月发布 Treo 650 以后，再也没有一个重量级的产品出现，这就给了其他竞争对手追赶的机会。2004 年下半年，微软的 Windows Mobile 设备已经超过 Palm 出货量。

2005 年 9 月，Palm 公司宣布其新款智能手机 Treo 700 W 将采用来自微软的操作系统。同月，PalmSource 公司被日本公司 Access 以 3.24 亿美元收购，标志着一个时代的终结。

2005 年 5 月 11 日，在微软公司一年一度的移动嵌入式开发者大会上，用来替代 Windows Mobile 2003 SE 的新版本 Windows Mobile 5.0（简称 WM 5，同样包含 Pocket PC 和 Smartphone 两个版本）正式发布。图 3-4 是微软发布 Windows Mobile 的画面。

与之前版本相比，WM 5.0 最重大的改进在于将数据储存由原来的 RAM 改在 ROM 中，这样即使断电也不会丢失数据，提高了设备稳定性。

在新版 Office 软件中，用户可以用 Excel Mobile 查看、创建图表，用 Word Mobile 编辑带有图形的文件，同时保证与其在 PC 上创建的文件格式一致。首次增加 PowerPoint Mobile，终于可以不借助第三方软件，直接观看 PowerPoint 幻灯片了。

图 3-4　微软发布 Windows Mobile

其他改进还有以下几个方面。

网络支持：支持更高带宽的 3G 网络，支持 Wi-Fi 的 Smartphone 平台以及对现有支持蓝牙技术的改进等将使合作伙伴在通过多种网络进行整合移动服务时拥有更大的灵活性。

安全性：为了让 Windows Mobile 平台中已涵盖的诸如蓝牙授权、虚拟专用网络上端到端编码等安全功能更加完善，Windows Mobile 5.0 经过了大量的建模测试，通过了微软可信赖计算严格的全面安全审核，且已经达到 FIPS-140-2 标准（美国 ZF 对于 IT 产品安全要求标准）。

Windows Media Player 10 Mobile：Windows Media Player 10 Mobile 让用户能够享受到大量的受保护的数字音乐、视频和录制的电视文件；这些文件可以便捷地与 PC 同步，或是通过互联网以及运营商的音乐中心进行下载。Windows Media Player 10 Mobile 同时还能提供与用户播放列表、唱片等的同步。

图片和视频：图片与视频功能，带有先进的脉冲模式和计时器功能，而这种功能目前仅用于高端数码相机。另外还有支持 USB 2.0 的扩展存储、Wi-Fi、视频电话、Bluetooth（蓝牙）、GPS 等。

在 2006 年，微软在 MEDC 2006 大会上发布了 Windows CE 6.0 的 Beta 版本，在 2007 年发布了 Windows CE 6.0 的正式版本，直到 2012 年，很多手机的操作系统仍然在采用 Windows CE 6.0 版作为其智能操作系统。

从 20 世纪 90 年代初提出的 PDA 概念到现在，已有 20 多年时间了，由于电子产品的发展方向总是随着时间的推移而转变的，PDA 的所包含的内容已产生了深刻的变化，PDA 细分为多种电子产品，并且这些产品之间的没有严格的区分界限。

现在，PDA 能够帮助我们完成在移动中工作、学习、娱乐等。按使用来分类，可分为工业级 PDA 和消费类 PDA。

工业级 PDA 主要应用在工业领域，如物流快递、物流配送、连锁店/门店/专柜数据采集、卡片管理、票据管理等，常见的工业级 PDA 有条码扫描器、RFID 读写器、POS 机等。

消费类 PDA 包括智能手机、平板电脑、手持的游戏机等。

3.2　掌上电脑

PDA 经过十多年的发展，已经具有台式机的某些功能，而且体积小巧，便于携带，所以有些人把 PDA 称作"掌上电脑"。这个名字非常贴切，一看就能明白这台设备的主要功能。到今天，"掌上电脑"也就是 PDA，相对于普通 PC 来说，只是一个功能精简的系统，并不是真正意义上具有普通 PC 的所有功能。它主要体现在携带方便上，也就是"掌上"，并不能完全代替 PC。掌上电脑如图 3-5 所示。

掌上电脑的核心是操作系统，市场上的掌上电脑主要采用两类操作系统：一类是日趋完善的 Palm 操作系统，主要有 Palm、IBM 的 Workpad、Sony 的 Clie 和 TRGpro、handspring 等 Plam 电脑，另一类则是微软的 Win CE 系列，虽然起步晚，但已经打破了 Palm OS 一统天下的局面，而且由于 Win CE 授权比较广泛，国内大部分掌上电脑都使用 Win CE 系统，包括国内的联想、方正以及国外的 HP、COMPAQ 等公司都有 Win CE 掌上电脑推出。采用 PalmOS 的产品电池使用时间比采用 Win CE 的产品长；配置彩色

图 3-5　掌上电脑

显示屏的产品没有单色显示屏产品的电池使用时间长。在多媒体性能上，Win CE 要比 Palm 好一些。而在操作界面与应用性能上，Win CE 可以让用户更易上手。另外，在软件的数量上，Palm 要比 Win CE 多一些。当然除了以上两大操作系统外，从整个国际市场来看，掌上电脑的操作系统还有 Pocket PC、EPOC、Hopen、Penbex 和 Linux 操作系统。

掌上电脑在许多方面和台式机相像，比如它同样有 CPU、存储器、显示芯片以及操作系统等。PC 有 Mac 和 Windows 阵营之分，掌上电脑也有 Palm 和 PPC 之分，其主要区别就在于操作系统的不同。尽管如此，掌上电脑的功能大体是一样的，主要用来记事、文档编辑、玩游戏、播放多媒体、通过内置或外置无线网卡上网等。通过许多第三方软件，还可以看电子书、图像处理、外接 GPS 卡导航等。

3.3　MID

MID（Mobile Internet Device，移动互联网设备），是在 2008 年 IDF 大会上由英特尔推出的一种新概念迷你笔记本电脑。如图 3-6 所示。MID 指的是比移动电话大一些、比笔记本

电脑小一些，可以放进外套口袋的多媒体上网设备。根据从事市场研究的机构 Forward Concepts 的定义，MID 应具备高分辨率屏幕，大小介于 4～6in 之间。

MID 分为三大类：第一类是显示屏尺寸约为 3～4in、重量约为 113g 的袖珍型产品；第二类是显示屏尺寸约为 4～7in、重量约为 227g 磅的平板型；第三类是上网本，显示屏尺寸约为 7～10in，重量约为 454g。袖珍型 MID（小型 MID）代表了智能电话的发展方向，上网本则是笔记本电脑的"瘦身"版。平板型 MID 是一种新兴组合，其定义还不完善，因而还潜藏着很大的创新空间。

图 3-6　MID

3.3.1　MID 的应用

1．车载市场

包括多媒体功能、智能导航功能、无线通信功能等，这是普通 GPS 设备所不能实现的。例如查询行车路线的实时拥堵情况及行车路线，如何合理安排绕行路线，这些在 MID 上可以通过无线方式获得实时数据得以实现，而在普通 GPS 上是无法实现的。

2．电子商务市场

例如在天猫上、在阿里巴巴上开店的经营者，他们要随时随地满足用户的咨询请求。也许就是一个很普通的咨询就可能带来几万几十万的收入。而你如果不能实时在线，这笔买卖可能就被其他竞争者抢走，所以 MID 随时随地移动接入及长久的续航力成为了它满足此类需求的最佳候选。

3．证券投资者

需要实时地了解当前的证券行情及买卖操作，也只有 MID 能实现最佳的性能满足。像这样的实时操作，要求 MID 的运算能力特别强，这是 x86 架构的优势，也因 Google Android 系统的开源带来了更多娱乐方便。

4．数字媒体传播

例如中小学的电子课件。像这类带有版权的数字媒体文件，如果能存储在 MID 里，既不会影响到正常的播放，又杜绝了二次传播所带来的侵权盗版风险。

3.3.2　MID 的特点

下面以一款经典的 MID 产品——EKING S515 MID 旗舰版为例来讲述 MID 的特点。

1．便携性

从台式机到笔记本电脑，再从笔记本电脑到 MID 平板电脑，PC 变得越来越便携，人类的工作、生活和学习方式正在改变着。仅重 420g（含电池），合上后相当于百元人民币大小，解决笔记本电脑笨重的缺点。对外出旅行、出差的商务人士来说，掌上电脑更便携，可以随身携带，将成为商务人士必不可少的工具。

2．操作方便

滑盖设计，带 QWERTY 全键盘，5in 精确触控屏，全面支持键盘、手写输入，操作便捷。

3．笔记本电脑功能

S515 MID 外形精致便携且配置十分强大：1.2GHz 的英特尔 Atom Z515 处理器，配备强大的 Windows 系统，1G 内存，16G SSD 硬盘，与笔记本电脑同属 X86 架构，远比其他 ARM 架构、非 Windows 系统的 MID 功能强大。S515 MID 具有完全的 PC 功能，完全能满足工作和娱乐的要求。

4．移动办公

具有完全 PC 功能，Windows 操作系统支持世界上最丰富的程序：微软 Office 办公软件、QQ/MSN/旺旺等即时通信软件、Adobe Reader 等 PDF 软件，Foxmail 等邮件系统，无论用户身在何地，只要有工作需要打开 MID 就可以办公。

5．3G、Wi-Fi、蓝牙无线上网

EKING S515 MID 内置中国移动 TD-SCDMA/中国联通 WCDMA/中国电信 CDMA2000-EVDO 三种 3G 网卡，随着全国 3G 网络的开通和完善，无论何时何地，打开 MID 即可上网冲浪、炒股、办公，真正地做到了无线办公上网，实现了超便携功能。

EKING S515 同时内置 Wi-Fi 功能，无论是在写字楼、宾馆、咖啡厅、还是在机场，只要有无线网络接入点的地方都可以随时免费上网。

6．有线上网

S515 具有丰富而人性化设计的接口，也可转接有线上网，满足多样化上线需求。

7．休闲娱乐

Windows 系统可安装暴风影音、Windows Media Player、千千静听等各种影音播放器，可看电影、听音乐等；内置摄像头，可 QQ 视频聊天。

8．在线炒股

作为英特尔凌动 CPU、XP 系统的 PC，S515 MID 可安装所有的股票软件：如"大智慧"炒股软件；"同花顺"股票分析软件等。比手机更大的 5in 屏幕完整而清晰显示各种行情走势图。因为具备了 3G 上网功能，这样无论在车上、还是外出旅行，随时都可以掌握股票行情，在线炒股、在线下单、实现在线交易。比手机反应速度更快，丝毫没有延时，短线操作方便快捷。

9．MID 的操作系统

MID 可使用多种操作系统，包括 Windows，Linux，以及 Android。不过到 2013 年为止，虽然 Android 系统的发展十分迅速，Android 系统在用户体验上非常的优秀，但在这三种系统中，Linux 操作系统仍处于主导地位。

3.3.3　MID 的操作系统简介

在 2013 年，全球移动互联网设备（Mobile Internet Devices，MID）出货量已达 5000 万台，其使用的操作系统主要是 Linux 操作系统。

ABI（属于大势型的动量指标，本指标不以价格趋势为目标，主要的设计目的是为了侦测市场潜在的活跃度，剖析主流资金的真实目的，发现最佳获利机会）认为，MID市场是第一个让所有移动操作系统都在同一个起跑点的平台，摆脱智能手机市场所存在的历史包袱，使 Linux 操作系统得以取得大部分的市场占有率。

专为移动互联网设备设计的 Linux 操作系统包括 LiMo、Moblin 及 Maemo，其中，LiMo

是由六大移动通信厂商所共同建立的 Linux 开放移动平台，而 Moblin 则是英特尔的 Linux 开源计划，专攻移动互联网设备、Netbook 及其他嵌入式设备，Maemo 则是由诺基亚主导的开放社区移动设备平台，该公司的 Nokia N810 Internet Tablet 就采用了 Maemo。

而且 Linux 平台的应用，能够将通信功能集成于 MID 里面，更好体现了 MID 的定义。

ABI 研究总监 Stuart Carlaw 表示，在诺基亚的支持下，Maemo 已进入移动网络设备市场，而 Moblin 则由英特尔的推动及与 Atom 的密切整合下进入该市场，另外 LiMo 也活跃于该市场，与微软 Windows Mobile 相较，Linux 平台的弹性、定制化与成本优势都确立了 Linux 在该市场的主导性。

据 Carlaw 分析，Linux 操作系统有能力提供一个横跨不同设备的整合平台，一个能够涵盖移动互联网设备、智能手机及中间设备的单一平台。

3.4 UMPC

UMPC（Ultra-mobile Personal Computer，超级移动个人计算机），一种新型便携式笔记本电脑。这个概念的提出来源于 Intel，微软为了这个新项目设立的广告词为："想知道我在哪里吗？我在海边、我在山尖、我在地下通道、我在车里、我与你同在、想知道我是谁吗？"因此微软称它为"Origami 计划"、Intel 则称它为"UMPC"、VIA（威盛）则称其为"UMD"。简单地说，UMPC 就是一款安装了特殊版 Windows XP Tablet 操作系统的 Tablet PC，但体积要小很多。同时能够扩展功能，包括 GPS 等。现在也有 Linux 系统版本的，比如华硕的易 PC。UMPC 如图 3-7 所示。

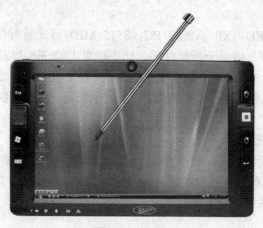

图 3-7 UMPC

2006 年是 UMPC 的萌芽期，自从年初微软推出 Origami（这是微软超级移动 PC，即 UMPC 项目的代号，该项目致力于开发一种全新规格的移动便携式个人计算机）标准后，许多厂商开始推出自己的 UMPC 产品。这些机器大多是在 Origami 标准下打造的。采用 7in 显示屏、轻便的体积获得了不少消费者的肯定。但是 UMPC 也有许多不足，比如电池续航时间、操作便利性方面，都有待提高。SONY 也推出过 UX 系列，是一款典型的 UMPC，但并不按 Origami 标准，但是在 UMPC 方面，微软具有绝对的领导力，其毕竟是该公司倡导的产品。微软公司在 2007 年最重要的产品就是 Vista 操作系统，微软把 Vista 和 Origami 结合起来，开发了代号为"Vistagami"的新一代 UMPC 产品。

3.4.1 UMPC 的特点

UMPC 强调便携性，从而弥补了普通笔记本电脑太笨重的弱点。个别功能强大的 UMPC，比如 viliv X70 具有台式机一样的功能，可以随时随地上网、办公、炒股、看电影、玩游戏。

上网方面，除了有线连接，还可以通过 3G、Wi-Fi、蓝牙进行无线上网，用户随处都可以在掌中连接互联网，并且具有快而稳定的速度，自带的网络摄像头帮助用户与朋友在 QQ、MSN 上面对面地聊天。

通过软件的扩展，用户可以用它观看任何格式的影片、安装各类应用程序和游戏。只要硬件允许，用户甚至可以打 CS（名为"反恐精英"的游戏）。UMPC 完全具有 MP4、电子词典、PSP（PlayStation Portable 的简称，是日本 SONY 开发的多功能掌上机系列，具有游戏、音乐、视频等多项功能）等的功能。

UMPC 还可以内置 GPS 芯片或者搭配 GPS 导航模块，配合专业系统和电子地图的使用，成了一部完美的 GPS 导航仪，不仅拥有比车载导航仪更清晰的屏幕、更快的计算速度，而且无线网络的支持还可以帮助用户更方便、及时地更新交通数据，为用户提供多样的安全信息和帮助。

UMPC 的设计理念是：

- 几乎随时随地存取内容与信息；
- 通过电子邮件、即时消息、聊天或博客等手段彼此沟通；
- 在旅途中以视频、游戏、音乐、图片或者电视自娱；
- 通过监控办公应用程序和工具提高工作效率。

3.4.2 MID 与 UMPC 的比较

MID 与 UMPC 类似，都是便于携带的移动 PC 产品，通过 MID，用户可进入互联网，随时享受娱乐、进行信息查询、邮件收发等操作。

MID 的重量少于 300g，英特尔甚至称，MID 可放入钱包中携带。MID 采用 4in 到 6in 的显示屏，操作系统并非采用 Windows，而是 Linux。MID 与 UMPC 的区别是 MID 没有完整的 PC 功能，在尺寸上也只有 5in 大。

自 MID 概念提出以后，一直被业内看做是一款革命性的创新产品，其核心的设计思路是将移动多媒体与互联网无缝联结。为此，英特尔特别将其定义为比 PPC、智能手机屏幕略大并且比 UMPC 屏幕略小的 5in 产品，而这将是一个全新的移动产品市场（当然，这仅是英特尔对 MID 的定义）。

所有符合 MID 标准的产品将不带有键盘，仍通过触摸式屏幕实现多媒体应用。而在网络接入方面，MID 将放弃 GPRS/CDMA 联入，转而引入 802.11X（a/b/g/n），未来还将集成 WiMAX。不过我们也可以把 MID 产品看成是未来超级移动 PC 的代表，即屏幕尺寸在 10in（含 10in）以下的小型 PC 都可以归类为 MID 产品。

总的来说，MID 是比 UMPC 更小的设备，但是这不是绝对的。更科学的区分方法是参考 Intel 的标准：

MID 针对大众市场，UMPC 针对商务市场。

MID 使用定制的轻量级操作系统（通常是修改过的 Linux），UMPC 使用桌面级操作系统（通常是 Windows 操作系统）。

MID 重点优化的功能是多媒体播放和上网，UMPC 重点优化的功能是 Office。

MID 和 UMPC 其实是针对不同市场、不同需求的设备，两者并不混淆。

但是，这样也带来一个问题，那就是用户找不到一种所有情况下都适用的便携式 PC。如果用户追求便携性，那么显然应该使用 MID；如果用户追求更好的体验和更强的功能，那么就应该使用 UMPC。说得通俗一点，就是外出的时候，想用 MID；在家里的时候，想用 UMPC。随着 3G 在国内的发展和普及，移动上网已经越来越得到重视，并开始深入人心。3G 移动上网也开始慢慢成为 UMPC 的"标配"。OQO 是一家美国计算机制造公司，全球 UMPC 行业创始者，OQO 的新发明是一种小巧但功能齐全的个人计算机，可用作掌上电脑，或与附件相连，变成笔记本电脑或台式机），还有新加入 UMPC 阵营的 Aigo 爱国者和宣茜-本思，都无不把 3G 加入其产品内。

3.5 上网本

上网本（Netbook）就是轻便和低配置的笔记本电脑，具备上网、收发邮件以及即时通信（IM）等功能，并可以实现流畅播放流媒体和音乐。上网本比较强调便携性，多用于在出差、旅游甚至公共交通上的移动上网。

英特尔关于"上网本"的描述是："上网本是采用英特尔 Atom（凌动）处理器的无线上网设备，具备上网、收发邮件以及即时通信（IM）等功能，并可以实现流畅播放流媒体和音乐功能。"现在市面上也有部分采用威盛处理器的上网本。上网本如图 3-8 所示。

早期的上网本是一台功能不齐全的笔记本电脑，一般以 7in 为主。后期的上网本已经能达到和普通笔记本电脑一样的功能了，只是为了减轻上网本的重量，一般去除多余的光驱，

图 3-8 诺基亚的一款上网本

这类上网本尺寸为 10～12in 之间居多。上网本外形大多小巧轻薄，同时色彩绚丽。

3.5.1 上网本的特点

从外形来看，虽然上网本和普通的笔记本电脑看起来很相似，但它们的屏幕尺寸会有一定的差别。上网本大多都是 7～10.2in 屏幕，而普通笔记本电脑的屏幕尺寸基本上都在 10.2in 之上，不过也有厂商试探性地推出了屏幕更大的 12in 上网本。另外，上网本比较强调便携性，外形大多小巧轻薄，同时色彩绚丽。

从配置和性能上来说，上网本基本上都采用英特尔 Atom 处理器，强调低能耗和长时间的电池续航能力，性能以满足基本上网需求为主，而普通笔记本电脑则拥有更强劲的多媒体性能。另外上网本比较强调无线上网能力，硬盘大小也不如普通的笔记本电脑。

用途方面，上网本主要以上网为主，可以支持网络交友、网上冲浪、听音乐、看照片、观看流媒体、即时聊天、收发电子邮件、基本的网络游戏等。而普通笔记本电脑则可以安装高级复杂的软件、下载、存储、播放 CD/DVD、进行视频会议、打开编辑大型文件、多任务处理以及体验更为丰富的游戏等。

上网本的售价大致范围在 3000 元以下，而传统笔记本电脑则根据厂商的定位以及用户的需求，价位在 2000 元到上万元不等。

上网本采用的操作系统并不是微软的 Windows 系列的 PC 操作系统，上网本电脑正在动摇微软操作系统的垄断地位，微软视窗操作系统对于要求推出最便宜上网本的 PC 制造商来说，价格仍然过高。市场上销售的上网本中，约 30%使用的是 Linux 操作系统。

3.5.2　上网本和 MID、UMPC 的区别

上网本与 UMPC（超级移动个人计算机）和 MID（移动互联网设备）有着很大区别。UMPC 也是由英特尔提出的概念，官方认为只有同时满足"7in 或更小的显示屏"、"内置触控板"、"最小分辨率为 800×480 像素"等多项条件，才能称为 UMPC。

实际上因为 UMPC 必须在极其有限的空间中集成完整的笔记本电脑架构，因此在内部硬件的排列上需要非常高的设计水平，所以全球只有少数几个公司能够设计出 UMPC，而价格就要比上网本昂贵很多。就市场情况来看，UMPC 尺寸一般在 5～7in 之间，多具有旋转屏幕或触摸屏等功能。而 MID 的尺寸比 UMPC 更小，更适合放在口袋中，并且也不具备传统键盘，在使用上会有更多的限制。因此，虽然上网本仍然存在一些性能上的不足，但不可否认，它在便携性和性价比之间找到了最佳的平衡点。

3.5.3　上网本和笔记本电脑的区别

1）上网本和普通笔记本电脑在使用上，硬件构造上都是遵循了相同的标准，所以不用担心某某软件可不可以用。只要是普通的笔记本电脑上能用的软件，上网本也同样能安装并且使用。

2）上网本和普通笔记本电脑的最大的区别是屏幕。上网本的屏幕分辨率较低，一般的都是 1024×600 像素。而笔记本电脑的屏幕分辨率再差也有 1366×768 像素，高级一点的还有 1600×900 像素，1920×1080 像素等分辨率。

3）上网本的分辨率是 1024×600 像素。普通笔记本电脑是 1366×768 以上。这是因为上网本的显存很小，显示色彩偏差，屏幕显示内容较少，需要多次操作鼠标键盘才能浏览到更多的内容。

4）上网本的 CPU，是 CPU 家族里运行速度最慢的一款芯片，但也是功耗最省的一款。

5）但上网本也有优势，虽然显卡较差，但它省电，有的上网本的理论待机时间为 6 小时。普通笔记本电脑一般很难达到这个水平。

3.5.4　上网本选购方法

随着市面上的上网本型号的不断出现，挑选一款合适的上网本就成了不少消费者的迫切需求。因为上网本继承了普通上网本体积小、重量轻、无线上网、无光驱等特点，所以选购上网本要把目标定在别的地方。

1）要看中产品的稳定性。可以在购买时候带上 U 盘，拷贝一些专业的测试软件，主要是显示器、CPU、内存、显卡的测试，在买回家后连续运行 48 小时或者更长时间，这样对硬件进行测试，比如 3Dmark 连续运行几小时，常用的软件和游戏都可进行一下长时间的运行测试，看看有没有花屏或者蓝屏的情况，如果有，第一时间查明原因，最好在一周内去购买点更换或者退货。

2）要注意机器的散热性。因为小本经常是要带在身边随时使用的，如果机器散热性不好，每一次使用完就装起来带走很容易出问题，严重时甚至会因机器过热产生爆炸。

3）要注重机器的使用感。毕竟上网本的尺寸非常有限，所以相对舒适的操作感还是非常有必要的，毕竟买回来不是当摆设，而是随身携带随时使用。

4）类似蓝牙、无线网络标准等相关附加硬件参数要考虑进去，这些都是选购上网本的必备条件。

5）价格及选购技巧方面。这与普通 PC 的选购方法类似，在购买 PC 前一定要先去网站看其价格和经销商报价，选定一两款并且要对其配置进行了解，如果你身边有懂 PC 的朋友可以带上他们一起陪你去选购，并且要自带一些检测工具进行辅助检测。

3.5.5　上网本的市场

几年前，当芯片巨头英特尔提出了上网本的概念后，几乎在一夜之间，上网本成为了各大 PC 厂商的主打产品。上网本被喻为在传统 PC 和笔记本电脑之后，能扛起创新大旗的新产品。

可好景不长，在价格战和同质化的大环境下，以及苹果 iPad 平板电脑的面世，以及随着智能时代的演进，以平板电脑为首的新型便携产品正严重挤压着上网本的生存空间，这也让众多 PC 厂商开始退出上网本的生产，继戴尔、联想之后，华硕和宏碁也纷纷宣布将退出上网本市场，这也意味着经历了短暂的风光后，上网本即将退出历史舞台。

曾经作为上网本主要推动者之一的华硕，已经计划停止生产旗下 Eee PC 系列产品，并且准备完成清库后正式退出该市场。另一家 PC 厂商宏碁迄今还没有启动新的上网本项目，这表明该公司也打算退出上网本市场。再加上此前戴尔、联想均停售了上网本，致使这一市场已经成为过去式。

上网本市场下滑的原因是什么呢？

上网本的没落是没有创新。从一出现就被认为是"缩水"的笔记本电脑，上网本除了降低配置、缩小了屏幕之外，几乎没有什么创新之处。英特尔凌动处理器和微软操作系统的结合仍然没有摆脱传统笔记本电脑"Wintel"（微软 Windows 系统+英特尔 Intel 处理器）的模式，而随着此后上网本功能的逐步提升和屏幕的增大，其与笔记本电脑几乎没有什么不同。

在功能上，上网本基本上仍然"执着"于传统笔记本电脑的商务办公功能，其唯一的长处是小巧，但这慢慢地被越做越小、越来越轻薄的笔记本电脑或新近出现的超极本取代了。

随着移动互联时代的演进，以平板电脑为首的智能产品严重挤压了上网本甚至整个笔记本电脑市场。目前，多家 PC 厂商已明确表示停售上网本并将重心向平板电脑领域转移。

而在价格方面，平板电脑也开始大打价格战，更是出现了几百元的价格，这更是让上网本处于非常尴尬的境地。

有关专家指出，当初上网本的爆红，一方面是由于众多厂商、分析机构炒概念将其捧红，另一方面也是因为当时确实缺少一种可以吸引消费者的"新概念"产品。在电子产品市场更新换代速度极快的大前提下，由于上网本和平板电脑的主打概念类似，因此更新更好的"平板设备"概念取代旧的"上网本"概念属于优胜劣汰。

3.6 平板电脑

平板电脑（Tablet Personal Computer，简称 Tablet PC、Flat PC、Tablet、Slates），是一种小型、方便携带的个人计算机。它以触摸屏作为基本的输入设备，触摸屏允许用户通过触控笔或数字笔来进行作业而不是传统的键盘或鼠标。用户可以通过内建的手写识别功能、屏幕上的软键盘、语音识别功能或者一个真正的键盘（如果该机型配备的话）输入数据和信息。

平板电脑如图 3-9 所示。

图 3-9 平板电脑

3.6.1 平板电脑的发展简史

平板电脑最早来自施乐的艾伦·凯（Alan Kay）在 20 世纪 60 年代末提出的一种可以用笔输入信息的叫做 Dynabook 的新型笔记本电脑的构想。然而，帕洛阿尔托研究中心没有对该构想提供支持。第一台平板电脑是 1989 年 9 月上市的 GRiDPad，它的操作系统基于 MS-DOS。1991 年，另外一台由 Go Corporation 制造的平板电脑 Momenta Pentop 上市。1992 年，Go Corporation 推出了一款专用操作系统，命名为 PenPoint OS，同时微软公司也推出了 Windows for Pen Computing。

2000 年 6 月，微软在".NET 战略"发布会上首度展示了还处在开发阶段的 Tablet PC。接下来在当年 11 月份的 Comdex Fall 2000 大展上，比尔·盖茨进行了有关 Tablet PC 的专题演讲，将 Tablet PC 定义为"基于 Windows 操作系统，集成纸笔体验的全能 PC"。因为微软公司大力推广，Windows XP Tablet PC Edition 渐渐变得流行起来。

2009 年 8 月 18 日，《商业周刊》网络版载文称，在新的平板电脑潮流中，苹果股份有限公司将成为领军公司。通过更低的价格和更有吸引力的软件，使平板电脑成为主流产品。但苹果还面临其他障碍，例如数据输入及如何刺激需求。

直到 2010 年，iPad 的出现，平板电脑才突然火爆起来。iPad 由苹果公司首席执行官史蒂夫·乔布斯于 2010 年 1 月 27 日在美国旧金山欧巴布也那艺术中心发布，让各 IT 厂商将目光重新聚焦在了"平板电脑"上。iPad 重新定义了平板电脑的概念和设计思想，取得了巨大的成功，从而使平板电脑真正成为一种带动巨大市场需求的产品。iPad 的成功让 iPad 被很自然地归为"平板电脑"一族。

2011 年 9 月，随着微软的 Windows 8 系统发布，平板电脑阵营再次扩充。2012 年 6 月 19 日，微软在美国洛杉矶发布 Surface 平板电脑，Surface 平板电脑可以外接键盘。微软称，这款平板电脑接上键盘后可以变身"全桌面 PC"。

2012 年 6 月，我国的平板电脑厂商乐凡推出乐凡 F1，为国内首款支持 Windows 8 的平板电脑。

2012 年 10 月，微软的 Windows 8 平板电脑发布，这次发布是决定 Windows 8 发展方向的关键事件。

在 2013 年，平板电脑达到与传统 PC 的总销量相当，在操作系统方面，传统 PC 主要以 Windows 系列操作系统为主，而平板电脑的操作系统则是 Windows 8、Android 和 iOS 三足鼎立的局面。

3.6.2 平板电脑的发展前景

1．国际因素

从国际因素看，全球平板显示产业的发展重心正在向我国转移。为了继续抢占中国市场，海外企业陆续改变原先不肯向中国输出技术的策略，通过在中国投资建厂，设立生产基地与本土企业展开竞争。目前，国外企业进一步在平板显示领域开放，放宽对我国输出生产线和技术的限制，通过与国内面板、材料和装备企业开展合作，加大市场拓展力度。同时，先进国家和地区的产能向我国转移势必会给国内企业带来一定冲击，因此，如何采取正确的战略合作和竞争方式就显得尤为重要。

2．国内因素

从国内因素看，在 2012 年以前，我国平板显示产业已进入高速发展阶段，但是关键材料和设备在很大程度上依赖国外进口，与国外差距明显。到了 2013 年，我国持续加大对关键材料和设备的政策扶持力度，平板显示产品配套能力有望获得提升，对国外进口的依赖有所减少。而在新型显示技术方面，尤其是 AMOLED、新型背板技术、超高解析度显示技术等领域的竞争中，国内平板随着新的产业激励政策的出台，已逐步缩小了与国外先进技术间的差距。

3.6.3 平板电脑的操作系统

现在很多平板电脑运行 Windows XP Tablet PC Edition。而 Windows Vista 系统在 Windows 系列操作系统里地位比较尴尬，这个系统高于 XP 但是并未能取代 XP，不过在短暂的存活期内家庭高级版（Home Premium），商业版（Business），旗舰版（Ultimate）中均加入了对平板电脑的支持，甚至还专门为之设计了名为"墨球"的自带游戏。

Windows 8 的出现，市场的接受能力明显提升，可以预见 Windows 8 将在未来的操作系统中起到主导地位，平板电脑方面也开始有品牌介入开发并取得成功。如英国福盈氏、中国台湾华硕等。

运行 Linux 操作系统是平板电脑的另一个选择。Linux 天生就缺乏平板电脑专用程序，但随着带有手写识别功能的 Emperor Linux Raven X41 Tablet 的出现，Linux 平板电脑的功能已经改善了许多。

来自 Novell 公司的 open SUSE Linux 也对平板电脑有着部分的支持。作为定制性很强的操作系统，包括 ubuntu Linux，也有人自己动手修改使其支持平板电脑，甚至有人提出发行 tabuntu 的 ubuntu 派生版本。

2011 年 Google 推出 Android 3.0 蜂巢（Honey Comb）操作系统。Android 是 Google 公

司推出的基于 Linux 核心的软件平台和操作系统，2011 年 5 月 Google 正式推出了 Android 3.1 操作系统，2011 年 8 月份由海尔公司推出的 haiPad 将搭载我国的核心操作系统，这款平板电脑搭载的核心操作系统是基于 Android 开发的，更符合中国人的使用习惯。到 2013 年 9 月，平板电脑的 Android 操作系统已经发展到了 Android 4.4。

但是，Android 操作系统也有着自身的商务缺陷：Android 目前为止并没有针对平板电脑进行专门的开发，微软 Office 文档不能直接使用，需要借助安装繁琐的第三方插件来实现，很多载有 Android 系统的平板电脑在商务文档处理方面不够便捷。

2011 年 9 月，随着微软 Windows 8 系统的发布，平板阵营再次扩充，Windows 8 操作系统在 PC 和平板电脑上开发和运行的应用程序分为两个部分，第一个部分是 Metro 风格的应用，这就是当前流行的场景化应用程序，方便用户进行触控，操作界面直观简洁。第二个部分叫做"桌面"应用，用户可以通过点击桌面图标来执行程序，跟传统的 Windows 应用类似。Metro 应用将成为 Windows 8 的主流。

2011 年 12 月，平板电脑厂商发布了两款搭载 Ubuntu 11.04 的平板电脑，分别用 PERL、Python 作为产品代号。

2012 年 10 月 23 日，微软在上海 1933 老场坊召开 Windows 8 亮相发布会，10 月 26 日在全球召开了 Windows 8 正式发布会。微软 surface 分为 Windows RT 与 Windows Pro 两个版本，在中国的苏宁易购进行了首发，在当时，其价格方面与国内苹果新 iPad 16GB 及 32GB Wi-Fi 版价格持平。在那次发布会上，有多款 Windows 8 设备首次亮相，包括华硕、东芝、宏碁、KUPA 等厂商的众多平板产品。它们的外观各具特色，大部分产品都配有一个全尺寸键盘底座不仅可以为平板电脑充电，方便文字录入，而且外形酷似超极本。

3.6.4 平板电脑的特点

平板电脑都是带有触摸识别的液晶屏，可以用电磁感应笔手写输入。平板电脑集移动商务、移动通信和移动娱乐为一体，具有手写识别和无线网络通信功能，被称为上网本的终结者。

平板电脑按结构设计大致可分为两种类型，即集成键盘的"可变式平板电脑"和可外接键盘的"纯平板电脑"。平板电脑本身内建了一些新的应用软件，用户只要在屏幕上书写，即可将文字或手绘图形输入计算机。

平板电脑按其触摸屏的不同，一般可分为电阻式触摸屏和电容式触摸屏。电阻式触摸一般为单点触摸，而电容式触摸屏可分为 2 点触摸，5 点触摸及多点触摸。随着平板电脑的普及，在功能追求上也越来越高，传统的电阻式触摸已经满足不了平板电脑的要求，特别是在玩游戏方面，要求越来越高，所以平板电脑必然需要用多点式触摸屏才能令其功能更加完善。

平板电脑在外观上，具有与众不同的特点。有的就像一个单独的液晶显示屏，只是比一般的显示屏要厚一些，其中配置了硬盘等必要的硬件设备。

平板电脑像笔记本电脑一样体积小而轻，可以随时转移它的使用场所，具有移动灵活性。

平板电脑的最大特点是，数字墨水和手写识别输入功能，以及强大的笔输入识别、语音识别、手势识别能力，且具有移动性。

特有的 Table PC Windows XP 操作系统，不仅具有普通 Windows XP 的功能，普通 XP 兼容的应用程序都可以在平板电脑上运行，增加了手写输入，扩展了 XP 的功能。

扩展使用 PC 的方式，使用专用的"笔"，在平板电脑上操作，使其像纸和笔的使用一样简单。同时也支持键盘和鼠标，像普通 PC 一样的操作。

数字化笔记，平板电脑就像 PDA、掌上电脑一样，做普通的笔记本，随时记事，创建自己的文本、图表和图片。同时集成电子"墨迹"，在核心 Office XP 应用中使用墨迹，在 Office 文档中留存自己的笔迹。

方便的部署和管理，Windows XP Tablet PC Edition 包括 Windows XP Professional 中的高级部署和策略特性，极大简化了企业环境下 Tablet PC 的部署和管理。

全球化的业务解决方案，支持多国家语言。Windows XP Tablet PC Edition 已经拥有英文、德文、法文、日文、中文（简体和繁体）和韩文的本地化版本，不久还将有更多的本地化版本问世。

对关键数据最高等级的保护，Windows XP Tablet PC Edition 提供了 Windows XP Professional 的所有安全特性，包括加密文件系统，访问控制等。Tablet PC 还提供了专门的〈Ctrl+Alt+Del〉键，方便用户的安全登录。

平板电脑有以下的一些缺点：

1）因为屏幕旋转装置需要空间，平板电脑的"性能体积比"和"性能重量比"就比不上同规格的传统笔记本电脑。

2）针对程序开发的应用，编程语言采用手写识别比较困难。

3）打字速度不如普通笔记本电脑快，如学生写作业、编写 E-mail，采用手写输入同高达 30 至 60 个单词每分钟的打字速度相比太慢了。

4）一个没有键盘的平板电脑（纯平板型）不能代替传统笔记本电脑，并且会让用户觉得较难使用，因此纯平板型电脑只是人们经常用来做记录或教学工具的第二台个人计算机。

3.6.5 平板电脑的分类

1. 具有通话功能的平板电脑

具有通话功能的平板电脑通过内置的信号传输模块：Wi-Fi 信号模块，SIM 卡模块（即 3G 信号模块）实现打电话功能。按不同拨打方式分为 Wi-Fi 版和 3G 版。

平板电脑 Wi-Fi 版，是通过 Wi-Fi 连接宽带网络对接外部电话实现通话功能，操作中还要安装 HHCall（HHCall 属于纳信方网络科技有限公司旗下的产品服务，可拨打全球 300 余国家/地区的固定与移动电话，资费低廉）网络电话这类网络电话软件，通过网络电话软件将语音信号数字化后，再通过公众的 Internet 对接其他电话终端，实现打电话功能。

平板电脑 3G 版，其实就是在 SIM 卡模块插入支持 3G 高速无线网络的 SIM 卡，通过 3G 信号接入运营商的信号基站，从而实现打电话功能。国内的 3G 信号技术分别有 CDMA，WCDMA，TD-CDMA。通常 3G 版具备 Wi-Fi 版所有的功能。

2. 双触控平板电脑

双触控平板电脑的定义：双触控平板电脑指同时支持"电容屏手指触控及电磁笔触控"的平板电脑。简单来说，iPad 只支持电容的手指触控，但是不支持电磁笔触控，无法实现原笔迹输入，所以商务性能相对是不足的。电磁笔触控主要是解决原笔迹书写。

3. 滑盖型平板电脑

滑盖平板电脑的好处是带全键盘，同时又能节省体积，方便随身携带。合起来就跟直板平板电脑一样，将滑盖推出后能够翻转。它的显著优势就是方便操作，除了可以手写触摸输入，还可以像笔记本一样键盘输入，输入速度快，尤其适合炒股、网银操作时输入账号和密码。

4. 纯平板电脑

是将电脑主机与数位液晶屏集成在一起，将手写输入作为其主要输入方式，更强调在移动中使用，当然也可随时通过 USB 端口、红外接口或其他端口外接键盘/鼠标（有些厂商的平板电脑产品可外接键盘/鼠标）。

5. 商务平板电脑

平板电脑初期多用于娱乐，但随着平板电脑市场的不断拓宽及电子商务的普及，商务平板电脑凭其高性能高配置迅速成为平板电脑业界中的高端产品代表。一般来说，商务平板用户在选择产品时看重的是：处理器、电池、操作系统、内置应用等常规要求，特别是 Windows 之下的软件应用，对于商务用户来说更是选择标准的重点。

6. 学生平板电脑

平板电脑为移动教学也提供了多种可能性。比如 MINI 学习吧平板电脑，以及好记星平板电脑，就是专为学生精心打造的智能学习机。触摸式学习和娱乐型教学平台，可让孩子在轻松、愉悦的氛围中高效提高学习成绩。此类平板电脑一般集成了多种课程和系统学习功能两大学习版块。一般囊括了"幼儿、小学、初中、高中"多学科优质教学资源。系统学习功能则提供了全面、快捷的学习应用软件和益智游戏下载功能，实现了良好的可扩充性。

7. 工业用平板电脑

简单地说，工业用平板电脑就是工业上常说的一体机，整机性能完善，具备市场常见的商用电脑的性能。多数针对工业方面的产品都选择工业主板，它与商用主板的区别在于非量产，产品型号比较稳定。因此工业主板的价格也较商用主板价格高。另外就是 RISC 架构。工业方面的应用要求比较简单单一，性能要求也不高，但要求性能非常稳定，散热量要小，无风扇散热。

可见，工业平板电脑的要求较商用平板电脑的要求，高出很多。工业平板电脑的另一个特点就是多数都配合组态软件一起使用，实现工业控制。随着商用机的性能愈来愈好，很多工业现场已经开始采用成本更低廉的商用机，而商用机的市场也发生着巨大的变化，人们开始更倾向于比较人性化的触控平板电脑。

3.6.6 发展趋势

1. 平板操作系统发展趋势

Windows 将成主流，移动办公是未来的必然趋势，平板电脑需要高性能的操作系统，Windows 以良好的系统兼容性和可扩展性在企业领域得以广泛使用。而目前的平板电脑在办公方面的性能，还未真正满足商务人士的需求。

软件因素，在针对平板电脑的操作系统中，其重要的一大因素就是能够得到第三方软件的稳定支持，也就是能得到其他应用的支持。

2. 平板硬件系统发展趋势

在 2014 年初，平板电脑的处理器部分共有五大类处理器：高通骁龙处理器、苹果 A5/A7 处理器、NVIDIATegra2 Tegra3 Tegra4 处理器、intel ATOM 处理器和通用 ARM 处理器。而 ATOM 处理器在兼容性上的优势使其在 2014 年初仍被作为 Windows 系统的最佳配置。

实用功能增强，与鼠标和键盘连接是其必不可少的标准配置，现在的 Windows 系统专为鼠标和键盘而设计。

对于个人终端产品，更轻更薄将是必然趋势，消费者对于便携性的标准要求将会不断提升。8～10in 将是未来的主流尺寸，这样既能保持平板电脑的便携性，又能提供更加舒适的操作性。

在平板电脑领域，移动应用将发挥重要的作用，让人们每时每刻都与世界保持紧密的联系。

平板电脑配件发展趋势：

1）采用平板电脑盒，可将各个组成部分灵活合理地整合在一起，既可单独使用又可整合在一起使用，减少了重量和体积，控制了成本，增加了可扩展性，增加了平板电脑应用功能的多样性。

当单独使用平板电脑时，可以将平板电脑从平板电脑盒中取出，充分发挥平板电脑重量轻、体积小、可手持、随身携带的优点。

当要进行大量文字处理时使用可拆卸的无线键盘，可以像使用笔记本电脑一样，能让人们使用已经非常习惯的"键盘+鼠标"的人机交流模式。

平板电脑盒转轴的右边为外部设备的接口（USB），可以连接各种外设（即插即用），进行功能的扩展和电力的补充。这种平板电脑盒还有效地克服了折叠平板电脑在重量、体积和成本方面的缺点。

2）使用外接音箱，能够提供更优秀的音响效果。

3）使用外接电池，能够提供更长的续航时间。

3.6.7　平板电脑的选购

平板电脑的选购主要从以下几方面着手：

1. 首先查看文字部分

这主要是为了检查是否是原装新品。使用过后的产品，这些图片和图形的表面都会出现不同程度的磨损，最典型的就是颜色变暗，或与其他同款产品相比色泽不同。

2. 查看接口部分

接口部分主要看应用比较多的 USB 接口和耳机接口。对 USB 接口，翻新过的产品会有明显的处理痕迹。

3. 外壳螺钉

通过查看螺钉的情况来进行产品新旧的判断，因为螺钉的表面上都会采用一些防锈的处理。使用过的产品防锈层多少都会受到一切破坏。

4. 外壳边缘

除了一些低成本产品外，现在很多产品的外壳磨具都采用了无螺丝的设计。这种外壳在维修的过程中，需要用工具撬动接缝，因此经过翻新过后的产品可能会出现一些明显的痕迹。

5. 内凹式屏幕

针对式内凹屏幕，在选择的时候就要仔细观察产品屏幕的右上角和产品屏幕的左下角等位置。因为这几个位置都是安卓屏幕触控按键的主要对应位置，如果是使用过的产品，就会出现或多或少地与其他边缘位置不同的情况。

6. 摄像头

平板电脑的摄像头是比较容易出现灰尘积存的地方。全新机的镜头边框十分干净，没有污渍与划痕，而且表面还能看到明显的金属光泽。

7. 屏幕常按部位

一些平板电脑，尤其是软屏的平板电脑，在翻新过程中，虽然工人清理掉了翻新的一些痕迹，但有些痕迹通过试用还是可以分辨出来的。比如说屏幕经常触碰的位置。我们可以通过在多个角度观看的方式来找到。

另外还可检查音响功能。以上这些注意事项都是从外观方面入手的，是双眼可辨的，也是比较适合广大普通的消费者选购时采用的注意事项。

3.7 超极本

超极本（Ultrabook）是英特尔继 UMPC、MID、netbook、Consumer Ultra Low Voltage 超轻薄笔记本之后，所定义的又一全新品类的笔记本电脑产品（如图 3-10 所示）。Ultra 的意思是极端的，Ultrabook 指极致轻薄的笔记本电脑产品，即我们常说的超轻薄笔记本电脑，中文翻译为超"极"本。超极本拥有极强性能、极度纤薄、极其快捷、极长续航、极炫视觉五大特性，是性能和便携性的最佳结合。

图 3-10 一款联想的超极本

3.7.1 超极本的发展背景及特点

超极本（Ultrabook）是英特尔公司为与苹果笔记本电脑 MBA（Macbook Air），iPad 竞争，为维持现有 Wintel 体系，提出的新一代笔记本电脑概念，旨在为用户提供低能耗，高效率的移动生活体验。

根据英特尔公司对超极本的定义，Ultrabook 既具有笔记本电脑性能强劲、功能全面的优势，又具有平板电脑响应速度快、简单易用的特点。

2013 年 10 月，Intel 全新诠释了新一代超极本"2 合 1"，即"PC 平板二合一"，该产品结合智能吸附键盘使用，就是超极本，而与智能吸附键盘分开使用，就是平板电脑。

2013 年推出的触控超极本，屏幕可以 360°旋转，采用 Windows 8 操作系统，用户使用更方便。简单地说，超极本与之前的笔记本电脑相比有几大创新：

1）启用 22nm 低功耗 CPU，电池续航达 12 小时；

2）休眠后快速启动，启动时间约为 10 多秒，最快的超极本启动时间仅为 4 秒；

3）具有手机的 AOAC 功能（Always online always connected，一直在线连接），这一功能目前 PC 无法达到，PC 在休眠时是与 Wi-Fi/3G 断开的，而手机休眠时则会一直在线进行下载工作，超极本引入了手机的 AOAC 功能；

4）触摸屏和全新界面，触摸屏超极本如三星 Series5 和华硕 UX21A，这两款超极本已经预装 Windows 8。

5）超薄，加上各种 ID 设计，根据屏幕尺寸不同，厚度至少低于 20mm。在超极本的展示会上有厂商展示厚度仅 13mm 的超极本。

6）安全性，支持防盗和身份识别技术。

7）部分品牌的超极本还可以变形成平板电脑，实现两用。

8）超极本的外观设计，作为笔记本电脑的一种延伸和创新，在外设方面必然会有一定的不同。要想让超极本发挥出超高性价比，必备的周边产品必不可少。在超极本推出之后，各大配件厂商针对超极本不同特点和不足，纷纷推出了有各自特色的外设产品。像 USB 网卡、蓝牙无线鼠标、超极本音箱等等。例如超极本在追求极致的轻、极致的薄的同时，在接口上就有点考虑不周，能内置的当然就内置了，但忽略了对一些常用端口的设计，例如 LAN 口。蓝牙功能在超极本中是比较常见。这时候蓝牙鼠标就显得比普通无线鼠标更加的方便及不占用端口。

另外超极本因为追求极致的厚度设计，所以超极本的音响单元通常是非常简陋的，而超极本的市场消费人群通常对声音的要求普遍比较高，所以对超极本音箱的需求自然而然地就提高了不少。超极本音箱应该跟超极本的档次匹配；在外形方面，也要与超极本匹配，以简约时尚为上；而且应该有好的音质，而市场上专门针对超极本研发的产品非常少，大部分厂商都是在研发之中，像惠威 S3W、BOSE-Computer Music Monitor 虽说是普通的小型音箱，但勉强可以算作超极本音箱的范畴，而麦博通过采用系统化的设计理念之后，完美地解决了以上三点，率先发布了首款超极本音箱 FC10，在超极本成为市场主流之后，超极本音箱必然会得到大的发展。

3.7.2 发展趋势

1．价格越来越低

随着微软 Windows 8 操作系统的发布，为了与之配合产生更大的效应，英特尔将会与笔记本电脑厂商一起推出多款超极本，而且具有 Windows 8 操作系统触控功能的超极本也将会出现。与英特尔合作的 PC 厂商包括了惠普、宏碁、华硕、联想、戴尔等顶级 PC 厂商，而相关的超极本价格从 3000 元起，最高的达万元以上，中国台湾的超极本零配件厂商从 2012 年 5 月份已经开始为第二代超极本全力供货，英特尔全力推动超极本的决心也是非常之大，由于采用了新的材料和制造技术，英特尔新一代的超极本 Ultrabook 在价格上持续下降，2013 年下半年市场上主流的超极本在 4000 多元，少数超极本的价格已降到了 3000元以下，例如深圳的神舟电脑公司的超极本。可以断定，在随后的时间里，超极本的整体销售量将会大幅提升。

2．更新的设计标准

英特尔提出了第三代超极本设计标准，新标准中包括超薄、超低耗电、触控、变形等多个特性，该标准已经在华硕等大 PC 厂商的新产品中逐步使用。

具备变形、触控功能的笔记本电脑将成为未来 PC 的主流，Windows 8 触控体验带来的影响将波及 PC、平板电脑及智能手机市场，未来 5 年内，所有公司都将面临三合一市场竞争。如果没有触控技术，PC 行业也很容易会被淘汰，双屏幕、拔插式等变形特征将成为未来 PC 的多种形态。

3．硬盘加速

英特尔推出三个解决方案，通过硬件和软件结合的手法，跳过系统因素，帮助笔记本电脑节省开机和待机时间。首先是 SRT（Smart Response Technology 混合硬盘加速功能），可以将 SSD 作为机械硬盘的缓存以提高整体性能；第二是 Smart Connect Technology 可使 PC 在睡眠状态也能定期访问邮件服务器和 SNS 取得更新，从睡眠状态恢复后即可看到同步后的状态；第三是 Rapid Start Technology 利用高速闪存，使 PC 从休眠状态中快速恢复的功能。通过这三个快速响应技术，在 Windows 7 系统下，Ultrabook 笔记本从休眠状态唤醒只需 7秒（正常是 30 秒以上），并且几乎不消耗任何电量。这意味着 Ultrabook 产品可以像手机一样实现长效待机，使用时可瞬间唤醒，再也不用关机。

4．数据安全性

在 Ultrabook 数据安全防护方面，英特尔也准备了两个方案，主要是 Inentify Protection Technology 和 Anti-Theft Technology 两项技术，前者主要是生成一个一次性的数字密码，输入正确才可使用 PC；后者则是当 PC 被盗时远程擦除数据和位置追踪等保护 PC 的手段。

5．性能方面

英特尔对于 Ultrabook 产品寄予厚望，这与该公司未来一段时间的产品发布蓝图关系密切。在 ARM 架构产品的袭击下，英特尔在未来两年，会加速研究低功耗产品，用于应对移动互联网时代用户对于计算设备的需求。Ultrabook 所使用的 CPU，首批将采用基于 Sandy Bridge 的第二代 Core 处理器，明年将逐渐过渡到基于新 Ivy Bridge 的第三代 Core 处理器使 Ultrabook 的概念名符其实。

6．续航能力

不管外观如何轻薄，Ultrabook 都可提供长达 5 小时的续航时间，某些系统甚至能提供 8小时或更长时间的续航能力，覆盖全天工时。

3.8　笔记本电脑

本章讲的是移动互联网终端，移动互联网终端就是指通过无线技术上网接入互联网的终端设备，而超极本和普通的笔记本电脑虽然其主要功能并非全部体现在无线上网技术方面，但由于其同样可以使用 3G 技术作为移动互联网的终端上网，因此，本书对其相关的知识和特性在此一并给予讲解。

笔记本电脑 NoteBook，俗称笔记本电脑，又被称为"便携式电脑"，其最大的特点就是机身小巧，相比台式 PC 而言携带更加方便。虽然笔记本电脑的机身十分轻便，但完全不用怀疑其应用性，在日常操作和基本商务、娱乐操作中，笔记本电脑完全可以胜任。在全球市场上有多种品牌，排名前列的有联想、华硕、戴尔（DELL）、ThinkPad、惠普（HP）、苹果（Apple）、宏基（Acer）、索尼、东芝、三星等。

图 3-11　笔记本电脑

笔记本电脑的外观与前面讲述的超极本差不多，主要区别是其厚度和重量有所增加，如图 3-11 所示。

3.8.1　笔记本电脑简介

笔记本电脑与台式机相比，笔记本电脑有着类似的结构组成（显示器、键盘/鼠标、CPU、内存和硬盘），但是笔记本电脑的优势还是非常明显的，其主要优点是体积小、重量轻、携带方便。一般说来，便携性是笔记本电脑相对于台式机的最大优势，一般的笔记本电脑的重量只有 2.3kg 左右，无论是外出工作还是旅游，都可以随身携带，非常方便。

超轻超薄是笔记本电脑的主要发展方向，但这并没有影响其性能的提高和功能的丰富。同时，其便携性和备用电源使移动办公成为可能。由于这些优势的存在，笔记本电脑越来越受用户推崇，市场容量迅速扩展。

不同的笔记本电脑型号适合不同的人，通常，厂商会对其产品进行型号的划分以满足不同的用户需求。

1．从用途上看

笔记本电脑一般可以分为 4 类：商务型、时尚型、多媒体应用、特殊用途；

商务型笔记本电脑的特征一般为移动性强、电池续航时间长；

时尚型外观特异也有适合商务使用的时尚型笔记本电脑；

多媒体应用型的笔记本电脑是结合强大的图形及多媒体处理能力又兼有一定的移动性的综合体，市面上常见的多媒体笔记本电脑拥有独立的较为先进的显卡，较大的屏幕等特征；

特殊用途的笔记本电脑是服务于专业人士，可以在酷暑、严寒、低气压、战争等恶劣环境下使用的机型，多较笨重。

2．从使用人群看

学生的笔记本电脑主要用于教育和娱乐；发烧友级笔记本电脑不仅追求高品质，而且对设备接口的齐全要求很高。

3.8.2　笔记本电脑的组成

1．外壳

笔记本电脑的外壳不但用于保护机体，也是影响其散热效果、重量、美观度的重要因素。笔记本电脑常见的外壳用料有：合金外壳，一般是铝镁合金与钛合金材料；塑料外壳有碳纤维、聚碳酸酯（简称 PC）和 ABS 工程塑料等材料。

2．显示屏

显示屏是笔记本电脑的关键硬件之一，约占成本的四分之一左右。显示屏主要分为 LCD（Liquid Crystal Display，液晶显示屏）与 LED（Light Emitting Diode）。

LCD 主要有 TFT、UFB、TFD、STN 等几种类型的液晶显示屏。

笔记本电脑液晶屏常用的是 TFT，TFT 屏幕是薄膜晶体管，是有源矩阵类型液晶显示器，在其背部设置特殊光管，可以主动对屏幕上的各个独立的像素进行控制，这也是所谓的主动矩阵 TFT 的来历，这样可以大大缩短响应时间（约为 80 毫秒），有效改善了 STN（STN 响应时间为 200 毫秒）闪烁模糊的现象，有效的提高了播放动态画面的能力。和 STN 相比，TFT 有出色的色彩饱和度，还原能力和更高的对比度，即使在太阳下依然能看得很清楚，缺点是比较耗电，而且成本也较高。

LED 可分为两大类：一是 LED 单管应用，包括背光源 LED，红外线 LED 等；另外就是 LED 显示屏，LED 显示屏是由发光二极管排列组成的显示器件。它采用低电压扫描驱动，具有耗电少、使用寿命长、成本低、亮度高、故障少、视角大、可视距离远等特点。

LCD 与 LED 的主要区别：

LED 显示器与 LCD 显示器相比，LED 在亮度、功耗、可视角度和刷新速率等方面，都更具优势。LED 与 LCD 的功耗比大约为 1:10，而且更高的刷新速率使得 LED 在视频方面有更好的性能表现，能提供宽达 160°的视角，可以显示各种文字、数字、彩色图像及动画信息。而且 LED 显示屏的单个元素反应速度是 LCD 液晶屏的 1000 倍，在强光下也可以照看不误，并能适应-40℃的低温。利用 LED 技术，可以制造出比 LCD 更薄、更亮、更清晰的显示器，拥有广泛的应用前景。

简单地说，LCD 与 LED 是两种不同的显示技术，LCD 是由液态晶体组成的显示屏，而 LED 则是由发光二极管组成的显示屏。LED 显示器与 LCD 显示器相比，LED 在亮度、功耗、可视角度和刷新速率等方面，都更具优势。

3．处理器

处理器是笔记本电脑最核心的部件，一方面它是许多用户最为关注的部件，另一方面它也是笔记本电脑成本最高的部件之一（通常占整机成本的 20%）。笔记本电脑的处理器，基本上是由 4 家厂商供应的：Intel、AMD、VIA 和 Transmeta，其中 Transmeta 已经逐步退出笔记本电脑处理器的市场。在剩下的 3 家中，Intel 和 AMD 又占据着绝对领先的市场份额。

不过，同样是 Intel 和 AMD 的处理器，由于产品新旧更替和不同定位的原因，也存在多个不同的系列。

4．硬盘

硬盘的性能对系统整体性能有至关重要的影响。

尺寸：笔记本电脑硬盘的尺寸一般是 2.5in，而台式机为 3.5in，笔记本电脑的硬盘是笔记本电脑中为数不多的通用部件之一，基本上所有笔记本电脑硬盘都是可以通用的。

厚度：笔记本电脑硬盘有个台式机硬盘没有的参数，就是厚度，标准的笔记本电脑硬盘有 9.5mm，12.5mm，17.5mm 三种厚度。9.5mm 的硬盘是为超轻超薄机型设计的，12.5mm 的硬盘主要用于厚度较大的光软互换和全内置机型，至于 17.5mm 的硬盘是以前单碟容量较小时的产物，已经基本没有机型采用了。

转数：笔记本电脑硬盘由于采用的是 2.5in 盘片，即使转速相同时，外圈的线速度也无法和 3.5in 盘片的台式机硬盘相比，笔记本电脑硬盘现在是笔记本电脑性能提高的最大瓶颈。主流台式机的硬盘转速为 7200r/min，但是笔记本电脑硬盘转速仍以 5400r/min 为主。

接口类型：笔记本电脑硬盘一般采用 3 种形式和主板相连，用硬盘针脚直接和主板上的插座连接，或是用特殊的硬盘线和主板相连，或是采用转接口和主板上的插座连接。不管采用哪种方式，效果都是一样的，只是取决于厂家的设计。

容量及采用技术：由于应用程序越来越庞大，硬盘容量也有愈来愈高的趋势，对于笔记本电脑的硬盘来说，不但要求其容量大，还要求其体积小。为解决这个矛盾，笔记本电脑的硬盘普遍采用了巨磁阻磁头（GMR）技术或扩展磁阻磁头（MRX）技术，GMR 磁头以极高的密度记录数据，从而增加了磁盘容量、提高了数据吞吐率，同时还能减少磁头数目和磁盘空间，提高磁盘的可靠性和抗干扰、震动性能。它还采用了诸如增强型自适应电池寿命扩展器、PRML 数字通道、新型平滑磁头加载/卸载等高新技术。

5．内存

笔记本电脑的内存可以在一定程度上弥补因处理器速度较慢而导致的性能下降。一些笔记本电脑将缓存内存放置在 CPU 上或非常靠近 CPU 的地方，以便 CPU 能够更快地存取数据。有些笔记本电脑还有更大的总线，以便在处理器、主板和内存之间更快传输数据。

由于笔记本电脑整合性高，设计精密，对于内存的要求比较高，笔记本电脑内存必须符合小巧的特点，需采用优质的元件和先进的工艺，拥有体积小、容量大、速度快、耗电低、散热好等特性。出于追求体积小巧的考虑，大部分笔记本电脑最多只有两个内存插槽。

现在主流的笔记本内存是 DDR II 和 DDR III 内存，其中 DDR III 内存是 DDR II 的升级版，更加省电、更快速以及单条容量更大，新出品的笔记本大多配 DDR III 内存。

6．电池

笔记本电脑和台式机都需要电流才能工作。它们都配备了小型电池来维持实时时钟（在有些情况下还有 CMOS RAM）的运行。但是，与台式机不同，笔记本电脑的便携性很好，单单依靠电池就可以工作。

镍镉（NiCad）电池是笔记本电脑中常见的第一种电池类型，较早的笔记本电脑可能仍在使用它们。它们充满电后的持续使用时间大约在两小时左右，然后就需要再次充电。但是，由于存在记忆效应，电池的持续使用时间会随着充电次数的增加而逐渐降低。

镍氢（NiMH）电池是介于镍镉电池和后来的锂离子电池之间的过渡产品。它们充满电后的持续使用时间更长，但是整体寿命则更短。它们也存在记忆效应，但是受影响的程度比镍镉电池轻。

锂电池是当前笔记本电脑的标准电池。它们不但重量轻，而且使用寿命长。锂电池不存在记忆效应，可以随时充电，并且在过度充电的情况下也不会过热。此外，它们比笔记本电脑上使用的其他电池都薄，因此是超薄型笔记本电脑的理想选择。锂离子电池的充电次数在 950～1200 次之间。

许多配备了锂离子电池的笔记本电脑宣称有 5 小时的电池续航时间，但是这个时间与笔记本电脑的使用方式有密切关系。硬盘驱动器、其他磁盘驱动器和 LCD 显示器都会消耗大量电池电量。甚至通过无线连接浏览互联网也会消耗一些电池电量。许多笔记本电脑型号安装了电源管理软件，以延长电池使用时间或者在电量较低时节省电能。

7. 声卡

大部分的笔记本电脑还带有声卡或者在主板上集成了声音处理芯片，并且配备小型内置音箱。但是，笔记本电脑的狭小内部空间通常不足以容纳顶级音质的声卡或高品质音箱。游戏发烧友和音响爱好者可以利用外部音频控制器（使用 USB 或火线端口连接到笔记本电脑）来弥补笔记本电脑在声音品质上的不足。

8. 显卡

显卡主要分为两大类：集成显卡和独立显卡，性能上独立显卡要好于集成显卡。

集成显卡是将显示芯片、显存及其相关电路都做在主板上，与主板融为一体；集成显卡的显示芯片有单独的，但大部分都集成在主板的北桥芯片中；一些主板集成的显卡也在主板上单独安装了显存，但其容量较小，集成显卡的显示效果与处理性能相对较弱，不能对显卡进行硬件升级，但可以通过 CMOS 调节频率或刷入新 BIOS 文件实现软件升级来挖掘显示芯片的潜能；集成显卡的优点是功耗低、发热量小、部分集成显卡的性能已经可以媲美入门级的独立显卡，所以不用花费额外的资金购买显卡。

独立显卡是指将显示芯片、显存及其相关电路单独做在一块电路板上，自成一体而作为一块独立的板卡存在，它需占用主板的扩展插槽（ISA、PCI、AGP 或 PCI-E）。独立显卡单独安装有显存，一般不占用系统内存，在技术上也较集成显卡先进得多，比集成显卡能够得到更好的显示效果和性能，容易进行显卡的硬件升级；其缺点是系统功耗有所加大，发热量也较大，需额外花费购买显卡的资金。

独立显卡主要分为两大类：Nvidia 通常说的"N"卡和 ATI 通常说的"A"卡。

通常，"N"卡主要倾向于游戏方面，"A"卡主要倾向于影视图像方面。但是，在非专业级别的测试上，这种差别是较小的。随着画面的特效进入 DX10.1 时代，随之显卡也进行相应的升级。两大显卡厂商 Nvidia 和 ATI 相继推出新型显卡，Nvidia 100M 系列和 ATI 4000系列，它们全部有效支持 DX10.1 的特效处理。

显卡的性能辨别主要看型号、性能标示、显存大小、显存频率这几个方面。

9. 内置变压器

一般笔记本电脑因为具有可携带性，所以有内置变压器，尤其是出国时国内外的电器额定电压不相同，所以为了满足这一点笔记本电脑一般都内置了一个变压器，使笔记本电脑的适用范围和寿命都大大增加。

3.8.3 选购

笔记本电脑主要的品牌及制造商有：华硕（ASUS）、IBM（国际商用机器公司）、惠普（HP）、戴尔（Dell）、东芝（Toshiba）、索尼（Sony）、宏碁（Acer）、神舟（Hasee）、明基（Benq）、三星（Samsung）、莲花数码（Lotus Digital）、联想（Lenovo）、苹果（Apple）、松下（Panasonic）、福盈氏（Fozens）。这些品牌都属于国际国内知名品牌，用户可根据自身的需求及所掌握的信息选购适合自己的笔记本电脑。

在购买时先对包装箱、机器外观进行检验，然后进入实质性的硬件配置检测环节。通过查看 Windows 的系统属性能够简单了解相关的硬件情况。但是为了更加严谨、准确，还需要使用一些优秀的检测程序，这就需要在购机的时候，要事先准备好检测软件、U 盘，以及相关资料。最后办理好保修卡，开好发票以及确立售后服务的保障。

3.9 智能手机

智能手机（Smart phone），是指"像 PC 一样，是一种安装了相应开放式操作系统的手机，通常使用的操作系统有：Symbian、Windows Mobile、Windows Phone、iOS、Linux（含Android、Maemo、MeeGo 和 WebOS）、Palm OS 和 BlackBerry OS。可以由用户自行安装软件、游戏等第三方服务商提供的程序，通过此类程序来不断对手机的功能进行扩充，并可以通过移动通信网络来实现无线网络接入的这样一类手机的总称"。

移动互联时代的到来，智能手机的流行已成为手机市场的一大趋势。这类移动智能终端的出现改变了很多用户的生活方式及对传统通信工具的需求，人们不再满足于手机的外观和基本功能的使用，而开始追求手机强大的操作系统给人们带来更多、更强、更具个性的社交化服务。智能手机也几乎成了这个时代不可或缺的代表配置。如今，越来越多的消费者已经将购机目标定位在智能手机身上。与传统功能手机相比，智能手机以其便携、智能等的特点，使其在娱乐、商务、时讯及服务等应用功能上能更好地满足消费者对移动互联网的体验。

智能手机如图 3-12 所示。

图 3-12　智能手机

3.9.1　智能手机的发展

智能手机是由掌上电脑（Pocket PC，PPC）演变而来的。最早的掌上电脑不具备手机的通话功能，但是随着用户对于掌上电脑的个人信息处理方面功能的依赖的提升，又不习惯于随时都携带手机和 PPC 两个设备，所以厂商将掌上电脑的系统移植到了手机中，于是才出现了智能手机这个概念。智能手机比传统的手机具有更多的综合性处理能力功能，比如Symbian 操作系统的 S60 系列、Windows Mobile 操作系统的 Windows Mobile Smartphone 系列；也可以是传统 PDA 加上手机通信功能，比如 Windows Mobile 操作系统的 Windows

Mobile Pocket PC Phone 系列、Palm 操作系统的 Treo 系列；也可是其他独立类型，比如 Symbian 操作系统的 Symbian 3，以及一些 Linux 操作系统的智能手机。然而，就新近的发展来看，这些智能手机的类型有相互融合的趋势。

智能手机同传统手机外观和操作方式类似，不仅包含触摸屏也包含非触摸屏数字键盘手机和全尺寸键盘操作的手机。但是传统手机使用的是生产厂商自行开发的封闭式操作系统，所能实现的功能非常有限，不具备智能手机的扩展性。

"智能手机（Smart Phone）"这个说法主要是针对"功能手机（Feature phone）"而来的，本身并不意味着这个手机有多"智能（Smart）"；从另一个角度来讲，所谓的"智能手机（Smart Phone）"就是一台可以随意安装和卸载应用软件的手机（就像 PC 那样）。"功能手机（Feature phone）"是不能随意安装卸载软件的，JAVA 的出现使后来的"功能手机（Feature phone）"具备了安装 JAVA 应用程序的功能，但是 JAVA 程序的操作友好性，运行效率及对系统资源的操作都比"智能手机（Smart Phone）"差很多。

智能手机处理器=CPU（数据处理芯片）+GPU（图形处理芯片）+其他。智能手机处理器的架构的底层都是 ARM 公司的，就像我们说的 PC 的架构是 x86 的道理相同。

ARM 公司是一家知识产权（IP）供应商，它与一般的半导体公司最大的不同就是不制造芯片且不向终端用户出售芯片，而是通过转让设计方案，由合作伙伴生产出各具特色的芯片，总共有超过 100 家公司与 ARM 公司签订了技术使用许可协议，其中包括 Intel、IBM、LG、NEC、SONY、NXP 和 NS 这样的大公司。ARM 提供各种嵌入式系统架构给一些厂商，比如现在流行的 Cortex-A8 架构就是 ARM 公司推出的，目前很多高端旗舰智能手机的处理器都是基于这个架构的。常见的智能手机处理芯片厂商主要有高通（QUALCOMM）、MTK、德州仪器（TI）、三星、苹果、展讯、英伟达、华为等。

3.9.2 智能手机的特点

智能手机具有五大特点：

1．具备无线接入互联网的能力

智能手机需要能支持 GSM 网络下的 GPRS 或者 CDMA 网络的 CDMA 1X 或 3G（WCDMA、CDMA-evdo、TD-SCDMA）网络，甚至 4G（HSPA+、FDD-LTE、TDD-LTE）。

2．具有 PDA 的功能

包括 PIM（个人信息管理），日程记事，任务安排，多媒体应用，浏览网页。

3．开放的操作系统

智能手机具有开放性的操作系统，拥有独立的核心处理器（CPU）和内存，可以安装更多的应用程序，使智能手机的功能可以得到无限扩展。

4．人性化

智能手机可以根据个人需要扩展机器功能。根据个人需要，实时扩展机器内置功能，以及软件升级，智能识别软件兼容性，实现了软件市场同步的人性化功能。

5．功能丰富

智能手机的功能强大，扩展性能强，第三方软件支持多。但这些第三方应用软件互不兼容。因为可以安装第三方软件，所以智能手机有丰富的功能。

智能手机的不足之处是价格普遍较高，易用性较差，新手需要慢慢适应。那些对电脑以及手机不是很熟悉的用户，如果想玩转一个智能手机，不花点时间好好钻研钻研是不行的，毕竟如今的智能手机就好比是一台缩小版的 PC。

3.9.3　智能手机的基本功能

智能手机除了具备手机的通话功能外，还具备了 PDA 的大部分功能。

1．通话功能

这是作为手机的最基本的功能，如果失去此项功能，就不能称为手机；

2．个人信息管理功能

具有像 PDA 那样的个人信息管理功能以及基于无线数据通信的浏览器，GPS 和电子邮件等功能的手机才算得上智能，才能称为"智能手机"。智能手机为用户提供了足够的屏幕尺寸和带宽，既方便随身携带，又为软件运行和内容服务提供了广阔的舞台，很多增值业务可以就此展开，如：股票、新闻、天气、交通、商品、应用程序下载、音乐图片下载等等。结合 3G 通信网络的支持，智能手机的发展趋势，势必将成为一个功能强大，集通话、短信、网络接入、影视娱乐为一体的综合性个人手持终端设备。

虽然"智能"没有标准的行业定义，但是可以通过以下的几个功能，界定是否属于智能手机。

1）操作系统：一般来说，智能手机都配有一个操作系统，就像传统 PC 一样，在操作系统的支持下运行程序，比如谷歌公司的 Android、苹果公司的 iOS、诺基亚公司的 Symbian、微软公司的 Windows Phone 等就是智能手机的操作系统。

2）软件：几乎所有的手机都包括某种形式的软件，最基本的模型是包括一个地址簿或某种形式的联系助理。智能手机有能力做更多的工作，它可让用户创建和编辑微软 Office 文档或至少能查看档案；它可能允许用户下载应用，如个人和企业财务助理；它可让用户编辑照片，通过全球定位系统规划行车路线等。

3）Web 访问：更多智能手机可以进入网站，能连接 3G 数据网络，并增加了 Wi-Fi 的支持。不过，并不是所有的智能手机都能提供高速上网，但是他们都提供某种形式的访问。用户可以使用手机浏览您最喜爱的网站。

4）QWERTY 键盘：根据定义，智能手机包括一个 QWERTY 键盘，这种键盘就是与台式机或笔记本电脑键盘顺序一致的键盘，而不是按字母顺序排列顶部的数字键盘，该键盘可用硬件（物理键盘）或软件（和触摸屏一样，如 iPhone）来实现。

5）消息：所有的手机都可以发送和接收文字信息，而一个智能手机除了能处理电子邮件，还可以同步用户的个人信息，以及访问流行的即时通信服务，如 QQ、MSN 以及 AOL 的 AIM 和 Yahoo 等。

6）邮件：商务人士对智能手机的邮件功能应用非常普遍，而目前全球商务最主要的联络方式不是电话、短信而是邮件，尤其是在贸易公司或全球性公司中邮件是一个商务人士一天主要处理的工作内容，而智能手机第一需要支持的就是邮件。一些手机可以支持多个电子邮件账户。

智能手机可以通过 Push Mail 服务来随时随地处理 Email，Push Mail 服务能做到无线同步，它能释放出智能手机的所有功能，使一部手机成为时间的管理工具、移动办工的平台。Push Mail 系统能够将电子邮箱中刚刚收到的新邮件在第一时间，快速地推送到用户手中。

Push Mail 的推出，将打破传统电子邮件收发物理平台的限制，即使脱离 Internet 及 PC，同样也可以通过手机及时地处理 Email。

7）联系人：除了邮件，在通话的过程中都需要调用联系人电话簿，一般人都是将电话簿只保存在手机上，手机丢失或更换手机后，要找回庞大的地址簿相当的不方便，聪明一点的人是使用数据线与 PC 同步，但真正正确的使用方法是通过无线同步，无论在 PC 上或手机上进行了联系人的更改都可以得到有效的同步。

8）日历：商务手机日程安排是一个很好的功能。

9）支持文档查看和编写：商务手机还能够处理日常工作中的文档，以保证手机成为一个移动的工作平台。

3．智能手机与非智能手机的区别

区分是智能手机还是非智能手机时，常存在以下一些误区。

误区一：可以手写输入的手机就是智能手机。

很多用户都认为可以手写输入的手机一般都是智能手机。其实不然，这两者并没有直接的因果联系。如市面上非常热销的山寨机几乎全都具有手写功能，因为没有操作系统，所以我们给它们定义为智慧型手机。

误区二：内置功能丰富的手机。

是不是功能越多的手机就是智能手机呢？答案是否定的。例如早期的 CECT 的 T868 内置的功能也非常多，也集成了 PIM 功能。但它却不是智能机。例如：以前 386、486 PC 开始在中国大陆销售的时候，市面上就出现了一款与 PC 功能相仿的"小霸王"学习机。因为当时涉及 PC 的软件非常少，而学习机里内置的学习软件比 PC 软件还多，但这不能说明小霸王学习机就是 PC。但随着 PC 技术的发展，应用和游戏软件越来越多地被开发出来，学习机的市场就逐渐萎缩。

同理，虽然现在许多生产智慧型手机的厂商，可以提供在线升级软件等功能，可是供用户选择的面毕竟很少。因为软件的更新需要手机厂商花费更多的精力，在如今这个群雄混战的手机市场，新产品的上市时间才是手机厂商最关心的问题。

反过来说，智能手机的功能就一定很丰富。为什么呢？因为其自身的操作系统在其中发挥了很大的作用。iOS，Android，Symbian，Windows Phone 等操作系统相对应的智能手机都会在网上找到相当可观的免费资源。

误区三：支持 3G 的是智能手机。

所谓 3G，其实它的全称为 3rd Generation，中文含义是第三代数字通信。1995 年问世的第一代数字手机只能进行语音通话；1996 到 1997 年出现的第二代数字手机便增加了接收数据的功能，如接受电子邮件或网页；第三代与前两代的主要区别是在传输声音和数据的速度上的提升，它能够处理图像、音乐、视频流等多种媒体形式，提供包括网页浏览、电话会议、电子商务等多种信息服务。

3G 只是一种通信技术标准，符合这个标准的技术做出来的就是 3G 手机，而手机智能与否，与这个毫无关系。

3.9.4 配置要求

智能手机之所以智能，它必须要满足以下的一些基本要求：

1．高速度处理芯片

智能手机不仅要支持打电话、发短信，它还要处理音频、视频，甚至要支持多任务处理，这需要一颗功能强大、低功耗、具有多媒体处理能力的芯片。这样的芯片才能让手机不经常死机，不发热，不会让系统慢得如蜗牛。

2．大存储芯片和存储扩展能力

如果要实现 3G 的大量应用功能，没有大存储就完全没有价值，一个完整的 GPS 导航图，要超过 1GB 的存储空间，而大量的视频、音频和多种应用都需要存储。因此要保证足够的内存存储或扩展存储，才能真正满足 3G 的应用。

3．面积大、标准化、可触摸的显示屏

只有面积大和标准化的显示屏，才能让用户充分享受 3G 的应用。

4．支持播放式的手机电视

以现在的技术，如果手机电视完全采用电信网的点播模式，网络很难承受，而且为了保证网络质量，运营商一般对于点播视频的流量都有所控制，因此，广播式的手机电视是手机娱乐的一个重要组成部分。

5．支持 GPS 导航

GPS 系统不但可以帮助你很容易找到你想找的地方，而且可以帮助你找到你周围的兴趣点，未来的很多服务，也会和位置结合起来，这是智能手机特有的特点。

6．操作系统必须支持新应用的安装

能安装各种新的应用，使用户的手机可以安装和定制自己的应用。

7．配备大容量电池，并支持电池更换

3G 无论采用何种低功耗的技术，电量的消耗都是一个大问题，必须要配备高容量的电池，随着 3G 的流行，外接移动电源也可能会成为一个标准配置。

8．良好的人机交互界面

智能手机的人机交互界面显示并利用了声、光、震动等用户感知功能，起到对用户进行信息的输出和认知提醒，良好的人机交互界面能大大地提高人们对智能手机的使用舒适度和满意度。

3.9.5　智能手机面临的困境

1．移动支付发展遇瓶颈

移动支付已经成为 2012 年智能手机的一大主流功能。2012 年电子钱包、Square 读卡器以及近场通信技术都成为智能手机在移动支付中的亮点。

1）电子钱包：是电子商务购物活动中常用的一种支付工具，适于小额购物。在电子钱包内存放着电子货币，如电子现金、电子零钱、电子信用卡等。使用电子钱包购物，通常需要在电子钱包服务系统中进行。

2）Square 读卡器：利用 Square 提供的移动读卡器，配合智能手机使用，可以在任何3G 或 Wi-Fi 网络状态下，通过应用程序匹配刷卡消费，它使得消费者、商家可以在任何地方进行付款和收款，并保存相应的消费信息，从而大大降低了刷卡消费支付的技术门槛和硬件需求。

3）近场通信技术：指近距离无线通信技术。是一种短距离的高频无线通信技术，允许电子设备之间进行非接触式点对点数据传输（在 10cm 内），交换数据。

2012 年内移动支付已经发展到在实体商店中安装使用移动支付设备的层面，由此也涌现出了一批以移动支付为主营业务并因此而名声大噪的企业。然而由于现在的消费者已经习惯了使用银行卡进行消费交易，因此移动支付在短时间内还不能被广大消费者所接受。

2．手机安全状况令人担忧

截至 2013 年末，全球智能手机（仅包含 Android 智能手机）用户达到 17 亿，其恶意软件感染率约为 1.2%，已有 1800 万部 Android 智能手机感染恶意软件，但庆幸的是，据微软发布的报告显示，中国恶意软件感染率仅为全球平均水平的十分之一，是恶意软件感染率最低的国家之一，但这同样也值得广大智能手机用户高度重视。

3．专利权之争

智能手机专利权之争，智能手机制造商之间的诉讼索赔、申请禁售令等等事件数不胜数。苹果公司无疑是 2012 年所有专利权之争中的主角，它与韩国三星之间的纷争点燃了全球专利大战的导火索。此外，HTC、摩托罗拉移动、RIM、诺基亚等等手机业巨头也陷入了十分复杂的专利之争中。

3.9.6 智能手机的硬件架构

智能手机的硬件系统由手机系统、CPU、GPU、ROM、RAM、外部存储器、手机屏幕分辨率、触摸屏、话筒、听筒、摄像头、重力感应、蓝牙和无线连接（Wi-Fi）组成。

1．CPU

CPU（Central Processing Unit，中央处理器）是一台计算机的运算核心和控制核心。CPU、内部存储器和输入/输出设备是电子计算机三大核心部件。CPU 的功能主要是解释计算机指令以及处理计算机软件中的数据。CPU 由运算器、控制器和寄存器及实现它们之间联系的数据、控制及状态的总线构成。差不多所有的 CPU 的运作原理可分为四个阶段：提取（Fetch）、解码（Decode）、执行（Execute）和写回（Writeback）。CPU 从存储器或高速缓冲存储器中取出指令，放入指令寄存器，并对指令译码，并执行指令。所谓的计算机的可编程性主要是指对 CPU 的编程，手机 CPU 在日常生活中是被购物者所忽略的手机性能之一，其实一部性能卓越的智能手机最为重要的肯定是它的"芯"也就是 CPU，如同计算机的 CPU 一样，它是整台手机的控制中枢系统，也是逻辑部分的控制中心。微处理器通过运行存储器内的软件及调用存储器内的数据库，达到对手机整体监控的目的。

目前智能手机一般采用双 CPU 或四 CPU 架构。CPU 用于运行开放式操作系统、负责整个系统的控制、完成语音信号的 A/D 转换、D/A 转换、数字语音信号的编解码、信道编解码和无线调制解调器部分的时序控制。各 CPU 之间通过串口进行通信。

从硬件电路的系统架构可见，功耗最大的部分包括主处理器、无线调制解调器、LCD 和键盘的背光灯、音频编解码器和功率放大器。因此设计中如何降低它们的功耗是一个重要的问题。

智能手机的硬件架构如图 3-13 所示。

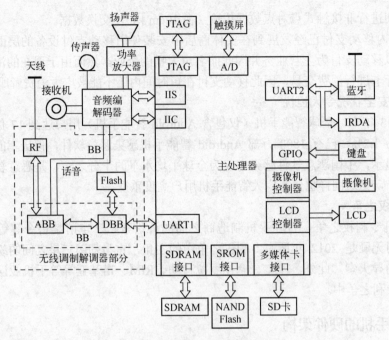

图 3-13　智能手机的硬件架构

智能手机 CPU 各型号比较如下。

（1）德州仪器

一些高端机型上都会配有这家厂商的 CPU，高性能且耗能少是它主要的特点，但因为造价昂贵，多应用在高端旗舰产品上，而且德州仪器的 CPU 与 GPU 也无法达成较好的协调，总会加强了一方面，而减弱了另外一方面的实力。

优点：低频高能且耗电量较少，是高端智能机必备的 CPU。

缺点：价格不菲，对应的手机价格也很高，OMAP3 系列 GPU 性能不高，但 OMAP4 系列有了明显改善。

（2）Intel

无论从 PC 市场还是手机市场，Intel 在 CPU 上都占有较大的份额，众所周知 Intel 计算机平台的 CPU 讲究的是高性能低功耗，屡次创新制造技术，在手机 CPU 上 Intel 也很好地贯彻了这一理念，它的缺点就是每频率下来性能比较低。

优点：CPU 主频高，速度快。

缺点：耗电，在相同频率下，性能较其他品牌低。

（3）高通

高通的 CPU 在市场上占据了相当一部分的份额，市面上中低端安卓智能手机 CPU 都会有它的身影，主频比较高，运算能力强，且定位十分准确，让它在这个强手如林的市场上有了自己的一席之地，但处理能力强也导致了它的图形处理相对偏弱，且耗能较高。

优点：主频高，性能表现出色，功能定位明确。

缺点：对功能切换处理能力一般，功耗过高，GPU 兼容性不佳，实际表现与官方参数差距大。

（4）三星

单核之王，后来研发的 Exynos 猎户座 CPU 也有高效的性能表现，在对数据和图形运算方面均表现优异，但也就因为这点，导致猎户座的散热偏大，而且目前市场上对三星猎户座的优化并不是太好，兼容性是它的鸡肋，但随着三星将猎户座 CPU 不断推广，兼容性问题总有一天会得到完美的解决。

优点：耗电量低，三星蜂鸟 S5PC110 单核最强，DSP 搭配较好，GPU 性能较强。

缺点：三星猎户双核发热问题大，搭载 MALI400GPU 构图单一，兼容性不强。

（5）Marvell

Marvell 的 CPU 的优点是最大发挥了 PXA 的性能，缺点就是功耗大，从而也就引发一定的散热问题。

2．GPU

GPU（Graphic Processing Unit，图形处理器）。GPU 是相对于 CPU 的一个概念，由于在现代的计算机中（特别是家用系统，游戏的发烧友）图形的处理变得越来越重要，需要一个专门的图形的核心处理器。GPU 是显示卡的"大脑"，它决定了该显卡的档次和大部分性能，同时也是 2D 显示卡和 3D 显示卡的区别依据。2D 显示芯片在处理 3D 图像和特效时主要依赖 CPU 的处理能力，称为"软加速"。3D 显示芯片是将三维图像和特效处理功能集中在显示芯片内，也即所谓的"硬件加速"功能。显示芯片通常是显示卡上最大的芯片（也是引脚最多的）。现在市场上的显卡大多采用 NVIDIA 和 AMD-ATI 两家公司的图形处理芯片。

3．ROM+RAM

ROM（Read Only Memory，只读存储器），是一种只能读出事先所存数据的固态半导体存储器。其特性是一旦储存资料就无法再将之改变或删除。通常用在不需经常变更资料的电子或电脑系统中，所存资料不会因为电源关闭而消失。而 ROM 在手机中使用时，则可用于存放手机固件代码的存储器，比如手机的操作系统、一些应用程序如游戏等，这些应用程序可随时根据需要增删，这与在计算机中的特性有所区别，现在的智能手机大多配有 4GB、8GB、16GB 或更高容量的 ROM。一般来说，ROM 越大越好。

RAM（random access memory，随机存储器），存储单元的内容可按需随意取出或存入，且是存取的速度与存储单元的位置无关的存储器。这种存储器在断电时将丢失其存储内容，故主要用于存储短时间使用的程序。按照存储信息的不同，随机存储器又分为静态随机存储器（Static RAM，SRAM）和动态随机存储器（Dynamic RAM，DRAM）。在手中使用的 RAM 同在计算机中使用的 RAM 一样，里在存放的都是正在运行的程序，现在智能手机大多配有 512MB、1GB 或 2GB 以上的 RAM。一般来说，RAM 越大，运行程序越流畅。

4．屏幕分辨率

手机相当重要的一个参数就是屏幕分辨率，因为几乎所有手机的绝大多数操作都需要通过屏幕，所以屏幕的大小、材质以及分辨率都是需要考虑的因素。

要掌握手机屏幕分辨率，需要掌握这样一些概念：像素、分辨率比值、手机屏幕分辨率等，了解这些对于选购到用户合适的手机非常有帮助。

（1）像素

手机画面都是由一个个的小点组成的，这些小点称为像素。一块方形的屏幕横向有多少个点，竖向有多少个点，相乘之后的数值就是这块屏幕的像素。为了方便表示屏幕的大小，通常用横向像素×竖向像素的方式来表示。

（2）分辨率比值

而所谓的 4:3、16:9、16:10、21:9 这些比值其实就是分辨率中横向像素与竖向像素的比值。4:3 是我们最初所用的分辨率尺寸比，以前的电脑屏幕几乎都是 4:3；随着宽屏显示器的出现，16:10 和 16:9 开始流行。

（3）手机屏幕分辨率

分辨率就是屏幕图像的精密度，是指显示器所能显示的像素的多少。由于手机屏幕上的点、线和面都是由像素组成的，因此手机屏幕上可显示的像素越多，画面就越精细，同样的屏幕区域内能显示的信息也越多，所以分辨率是一个非常重要的性能指标。可以把整个图像想象成是一个大型的棋盘，而分辨率的表示方式就是所有经线和纬线交叉点的数目，如 960×640 像素、1920×1080 像素等。一般分辨率在 1028×720 像素以上才可称之为高清分辨率。

5．触摸屏

触摸屏（Touch panel）又称为触控面板，是一个可接收触摸等输入信号的感应式液晶显示装置，当接触了屏幕上的图形按钮时，屏幕上的触觉反馈系统可根据预先编程的程式驱动各种连接装置，可用来取代机械式的按钮面板，并借助液晶显示画面，制造出生动的影音效果。

（1）电阻式触摸屏

电阻式触摸屏有是一种对外界完全隔离的工作环境，不怕灰尘、水汽和油污；可以用任何物体来触摸，可以用来写字画画，这是电阻式触摸屏比较大的优势。

（2）电容式触摸屏

电容式触摸屏是利用人体的电流感应进行工作的。电容式触摸屏是一块四层复合玻璃屏，玻璃屏的内表面和夹层各涂有一层 ITO，最外层是一薄层矽土玻璃保护层，夹层 ITO 涂层作为工作面，四个角上引出四个电极，内层 ITO 为屏蔽层以保证良好的工作环境。当手指触摸在金属层上时，由于人体电场，用户和触摸屏表面形成一个耦合电容，对于高频电流来说，电容是直接导体，于是手指从接触点吸走一个很小的电流。这个电流分别从触摸屏的四角上的电极中流出，并且流经这四个电极的电流与手指到四角的距离成正比，控制器通过对这四个电流比例的精确计算，得出触摸点的位置。

（3）电容式触摸屏与普通电阻式触摸屏的区别

电容式触摸屏支持多点触摸的人机交互方式，普通电阻式触摸屏只能进行单一点的触控。例如，Apple iPhone、Nokia N8 为电容式触摸屏，可以用双手同时接触屏幕进行操作，网页图片浏览放大等操作；HTC d600 s90、Nokia 5800/n97/5230 等为电阻式触摸屏，只能单点操作。

6．重力感应

手机重力感应主要利用压电效应实现，简单来说是测量内部一片重物（重物和压电片做成一体）重力正交两个方向的分力大小，来判定水平方向。

在一些游戏中，智能手机常常可以实现自动旋转屏幕等，这是如何实现的呢？这就要依靠加速传感器也就是重力感应器了。加速度传感器能够测量加速度，可以监测手机的加速度的大小和方向。因此能够通过加速度传感器来实现自动旋转屏幕，以及应用于一些游戏中。

7. 智能手机的其他感应器

1）应用距离感应器，能够通过红外光来判断物体的距离。当将距离感应器应用于智能手机中时，手机将会具备多种功能，如接通电话后自动关闭屏幕以节省能耗，此外还可以实现"快速一览"等特殊功能。

2）气压传感器，能够对大气压变化进行测量，应用于手机中则能够实现大气压检测、当前高度检测以及辅助 GPS 定位等功能。

3）光线感应器在手机中也普遍应用，主要用来根据周围环境光线，调节手机屏幕的亮度，以提升电池续航能力。

4）三轴陀螺仪、磁力计等也是智能手机中常见的传感器。三轴陀螺仪是基于角动量守恒原理，用于测量角度以及维持方向的传感器。三轴陀螺仪检测手机的各种动作，当然最主要的还是测量角速度，对于游戏应用有着很好帮助。磁力计即电子罗盘，能够检测磁场强度，主要用于电子指南针、帮助 GPS 定位等。

传感器的广泛使用，使得智能手机的精度越来越高，智能手机给用户带来了很多的方便，充实了用户的生活，相信在不久的将来，因为传感器技术的提高，智能手机的功能也会越来越高，用户的满意程度也会逐渐增加。

8. 蓝牙

蓝牙是一种支持设备短距离通信（一般 10m 内）的无线电技术。能在包括移动电话、PDA、无线耳机、笔记本电脑、相关外设等众多设备之间进行无线信息交换。利用"蓝牙"技术，能够有效地简化移动通信终端设备之间的通信，也能够成功地简化设备与因特网 Internet 之间的通信，从而使数据传输变得更加迅速高效，为无线通信拓宽道路。

9. Wi-Fi

Wi-Fi 是一种可以将个人计算机、手持设备（如 PDA、手机）等终端以无线方式互相连接的技术。Wi-Fi 是一个无线网路通信技术的品牌，由 Wi-Fi 联盟（Wi-Fi Alliance）所持有。目的是改善基于 IEEE 802.11 标准的无线网路产品之间的互通性。具有 Wi-Fi 功能非常重要，用户可以在被 WLAN 所覆盖的地方使用无线网络，这当然需要有访问权限，即 WLAN 的密码，一般在家庭里或在单位中就非常实用，使用 Wi-Fi 功能可以极大地减少数据流量的使用。

10. 话筒与听筒

手机的话筒和听筒是通话时必不可少的手机部件，是智能手机作为手机功能的必要功能部件。

11. 摄像头

手机摄像头分为内置与外置，内置摄像头是指摄像头在手机内部；外置是指手机通过数据线或者手机下部接口与数码相机相连，来完成数码相机的拍摄功能。外置数码相机的优点是可以减轻手机的重量。外置数码相机重量轻，携带方便，使用方法简单。

（1）分辨率

分辨率主要由图像传感器决定，分辨率越高，图像就越细腻，效果也越好，但图像所占存储空间更大。通常所说的摄像头像素是拍照模式下的最大像素，摄影（拍视频）时的像素通常会比较小，例如 N97 摄像头有 500 万像素，但摄影模式下的最大分辨率只有 640×480 像素。

（2）传输速率

传输速率就是每秒拍摄的帧数，该参数主要由数字信号处理芯片（DSP）决定，该参数主要对连拍和摄像有影响。传输速率越高，视频越流畅。常见的传输速率有 15fps，30fps，60fps，120fps 等。

传输速率与图像的分辨率有关，图像分辨率越低，传输速率越高，例如某摄像头在 CIF（352×288）分辨率下可实现 30fps 传输速率，则在 VGA（640×480）分辨率下就只有 10fps 左右，因此当商家说传输速率时一定要清楚对应的分辨率。一般 30fps 的流畅度已经足够了，关键看此时对应的分辨率有多高。

（3）自动对焦（Auto Focus）

通常用于相机和手机的摄像头拍照，但可不是所有手机都支持自动对焦，一般是 320 万像素到 1400 万像素的手机才支持自动对焦。当镜头靠近一件物品拍摄时，使用"自动对焦"功能，可以让图片的模糊、斑点现象消除，而且能把图片变得清晰、明亮。通常对焦状态是轻轻按住快门键，这时图片会出现一个光标，白色变成绿色，就说明对焦已对准。如果光标为黄色、红色或者橙色，就表示对焦失败。

有些手机或者数码相机会根据场景自动对焦。例如，远拍风景照，是不能对焦的；如果把镜头靠近一件物品（2～3cm）就可以自动对焦。

3.9.7 常见智能手机系统

1．Android

Android（安卓）是基于 Linux 平台的开源手机操作系统的名称。该平台由操作系统、中间件、用户界面和应用软件组成，号称是首个为移动终端打造的真正开放和完整的移动软件。

支持厂商：美国摩托罗拉、中国台湾 HTC、中国台湾 Acer、韩国三星、韩国 LG、日本索尼，中国大陆联想、华为、中兴、魅族、GLX 手机、Oppo、酷比（koobee）和 cafe 手机等。

到 2013 年底，Android 的市场占有率从 2012 年底的 68.8%上升到 78.9%，从数据上看，Android 平台占据了市场的主导地位。

2．iOS

iOS（iPhone OS）由苹果公司为 iPhone 开发的操作系统，它主要是给 iPhone、iPod touch 以及 iPad 使用。最新版本为 iOS 6，该系统的 UI（User Interface，用户界面）设计及人机操作前所未有的优秀，软件极其丰富。苹果完美的工业设计配以 iOS 系统的优秀操作感受，就靠仅有的几款机型，已经赢得可观的市场份额。

支持厂商：苹果公司。

到 2013 年底，iOS 的市场占有率为 15.5%，是第二大智能操作系统。

3．BlackBerry OS

BlackBerry OS 是 RIM 公司独立开发出的与黑莓手机配套的系统，目前在全世界颇受欢迎，在此系统基础上，黑莓的手机更是独树一帜地在智能手机市场拼搏，目前也已在中国形成了大量粉丝。

支持厂商：RIM。

据国外调查机构 NetMarketShare 公布，2013 年，BlackBerry 操作系统的整个市场占有率为 1.86%。

4．Symbian

Symbian（中文名：塞班）是一个实时性、多任务的纯 32 位操作系统，具有功耗低、内存占用少等特点，非常适合手机等移动设备使用。该操作系统虽然在智能型手机市场取得过很大的成功，并长期居于首位，但是 Symbian S60、Symbian 3、UIQ 等（尤其是 S60）系统近两年也遭遇到显著的发展瓶颈，比如最近一年诺基亚（Nokia）在智能手机市场市占有率的滑落。需要注意的是，并不是所有的 Symbian 系统都是智能系统，比如 S40 系统，就不属于智能手机系统。

2011 年 12 月 21 日，诺基亚官方宣布放弃塞班（Symbian）品牌，由于对新兴技术支持欠佳，塞班的市场份额日益萎缩。同时也威胁了诺基亚在手机市场的地位。

新的塞班 Belle 系统支持最高 6 个可横向切换的主屏幕，用户可以在上面随意创建、删除和拖拽 Widget 插件，和 Android 非常类似。动态 Widget 可将聊天、电子邮件以及社交更新的最新信息在桌面实时展现，非常吸引人。全新的通知查看系统也是一个亮点——下拉通知菜单中甚至包含了蓝牙、Wi-Fi、移动网络、以及声音模式的快速开关，所有通知都将在这里出现，这是 Symbian 系统的一个重大更新。借助于 1.2GHz 的标配级别处理器，Symbian Belle 的动态多任务切换相当顺畅。其实 Symbian Belle 系统最大的亮点，是对 NFC 技术的完美运用：用户可以通过轻松触碰手机来共享内容，轻轻一碰即可连接 NFC 音箱，甚至可以轻触 NFC 区域来共享内容到社交网络。新的塞班 Belle 系统的确"all-new"（焕然一新），诺基亚的改变让人们对它多了几分期待，相信 Belle 系统能够让 Symbian 手机焕发新生。

支持 Symbian 操作系统的厂商有：芬兰诺基亚、韩国三星、韩国 LG、日本索尼和爱立信等。

2013 年 1 月 24 日晚间，诺基亚宣布，今后将不再发布塞班系统的手机，意味着塞班这个智能手机操作系统，在长达 14 年的历史之后，终于迎来了谢幕。2014 年 1 月 1 日，诺基亚正式停止 Nokia Store 应用商店内的塞班和 MeeGo 应用的更新，也禁止开发人员发布新应用。

5．Windows Phone 和 Windows Mobile

WP（Windows Phone）作为软件巨头微软的掌上版本操作系统，在与桌面 PC 和 Office 办公的兼容性方面具有先天的优势，而且 WP 具有强大的多媒体性能，办公娱乐两不误，让他成为最有潜力的操作系统之一。以商务用机为主，最新版本为 Windows Phone 8，几乎对旧有的 Windows Mobile 系统全盘推翻再造，其应用机型已逐渐上市，不过价格不菲。

支持厂商：中国台湾 HTC、中国台湾 Acer、韩国三星电子、韩国 LG、英国索尼爱立信、诺基亚于 2011 年初正式宣布与微软合作，采用 WP7 操作系统。

WM（Windows Mobile）作为 PDA 专用系统 Windows CE 在手机上的一个延伸，WM 系统的推出可以看出微软对于智能手机操作系统市场的重视。WM 系统有很多先天的优势，比如拥有强大的内建软件，WORD，EXCEL，IE，MSN MESSENGER，OUTLOOK，Media Play 等，其他系统上的同类软件很难做到如此完善和统一。由于对硬件的要求极高，使价格也高，耗电比较大，与 SP 系统一样，稳定性相对较差。

代表机型：多普达 S1、P800，夏新、联想均有涉及。

6. Palm

这种系统对硬件的要求较低，因此在价格上能很好地控制，耗电量也很小。Palm 系统最大的优势在于出现较早，有独立的 Palm 掌上电脑经验，所以其第三方软件极为丰富，商务和个人信息管理方面功能出众，并且系统十分稳定。缺点在于娱乐性较差，操作比较困难，新手难于上手。

代表机型：Treo 系列智能手机，680，650 等。

7. MeeGo

MeeGo 是诺基亚和英特尔宣布推出的一个免费手机操作系统，中文昵称米狗，该操作系统可在智能手机、笔记本电脑和电视等多种电子设备上运行，并有助于这些设备实现无缝集成。这种基于 Linux 的平台被称为 MeeGo，融合了诺基亚的 Maemo 和英特尔的 Moblin 平台。如诺基亚新品 N9 就是采用 MeeGo1.2 系统的。2011 年 9 月 28 日，继诺基亚宣布放弃开发 MeeGo 之后，英特尔也正式宣布将 MeeGo 与 LiMo 合并成为新的系统：Tizen。2012 年 7 月 8 日一群前诺基亚员工和热衷于 MeeGo 操作系统的爱好者创立了一家名为 Jolla 的移动初创公司，并且打算开发和推出一些基于 MeeGo 系统的新产品。

支持厂商：诺基亚。代表机型：诺基亚 N9。

8. Web OS

Web OS（又称 Palm OS）以其独特的外形，另类的系统吸引了无数人的眼球，但与其配套的应用软件太少。Web OS 系统目前仍有很多的计算机编程爱好者，在努力的钻研。惠普收购 Palm 公司后，于 2011 年 8 月 19 日正式宣布放弃 Web OS 手机和平板电脑。惠普在一次会议的新闻稿中称："我们计划取消 Web OS 设备的运营，特别是 Web OS 手机和 TouchPad 平板电脑，但我们会继续探索优化 Web OS 软件的价值"。由此看出 Web OS 并未被取消，惠普可能会将 Web OS 授权给其他的厂商，或者将 Web OS 用于其他的非手机/平板电脑设备中。

支持厂商：Palm，惠普。

9. 三星 Bada

Bada 是韩国三星公司自行开发的智能手机平台，支持丰富功能和用户体验的软件应用，于 2009 年 11 月 10 日发布。Bada 在韩语里是"海洋"的意思。Bada 的设计目标是开创人人能用智能手机的时代。它的特点是配置灵活、用户交互性好、面向服务，非常重视 SNS 集成和地理位置服务应用。Bada 系统由操作系统核心层、设备层、服务层和框架层组成。支持设备应用、服务应用和 Web 与 Flash 应用。

支持厂商：三星。

3.9.8 智能手机的发展趋势

中国智能手机市场发展态势良好，但增长速度较为缓慢。各大操作系统之间的争夺将更加突出，并逐渐以联盟阵营的方式来推动智能手机的普及。

品牌分布：诺基亚无论是品牌影响力还是单款产品的竞争力均是最高的，但正面临苹果这一大潜在劲敌。

产品结构：3G 手机最具有发展潜力，单款产品在市场关注度的贡献值，高于 GPS 手机和音乐手机。而音乐手机虽然数量丰富，普及程度高，但是产品竞争力匮乏。

智能手机市场主要分布在 2000~3000 元这个价格段，但是最具竞争力的产品却停留在中高端市场。并且，500 万像素及以上的高端手机竞争力突出。

苹果 iPhone 手机的上市给智能手机市场注入了一针"兴奋剂"，而 Palm 的大力推广也使得智能手机越来越普及。目前，电子邮件可能是智能手机用户最主要的功能之一，但随着网络连接性的提高，智能手机的功能将更加强大。

目前，智能手机市场已进入"四核时代"，各大手机生产厂商从 2012 年开始发布了品牌旗下的四核（CPU）手机，拥有全新架构的处理器，更快的操作速度，更强的游戏体验。

智能手机市场正在大规模升温，下面介绍智能手机的主流趋势：

1．4G LTE

LTE 是 3G 无线通信的演进技术，其性能很接近 4G 要求，也被称为准 4G。LTE 网络具有高速率高带宽的特点，对于用户日益增长的流量需求，如大视频、大图片、游戏等大流量业务，用户使用 LTE 网络体验效果会更佳。

目前全球各地运营商正在开展或者部署 LTE 网络，其中美国的 Verizon、AT&T 和欧洲的运营商都已于 2009 年之后开始部署。中国移动正在部署 TD-LTE，目前已在几个城市有试点，如深圳、厦门、南京等。

2．4 寸或更大显示屏

目前各大厂商都各自推出 4 寸、5 寸或更大尺寸的显示屏，甚至连苹果也计划生产出大显示屏的手机。

3．更新的智能操作系统

各大智能操作系统开发商都在不断的发布更新版本的操作系统，以便支持持续更新的手机硬件设备，从而优化手机性能，增加更多、更强、更新的功能、纠正一些前面版本存在错误以及提高手机安全性等。

4．取消物理键盘

由于推出配置物理键盘的手机对于许多消费者来说是已经没有吸引力，所以现在智能手机的物理键盘基本上都已被广大手机生产商所放弃，取而代之的是触控屏，这样可在不增加手机体积的条件下，尽可能地将可显示屏幕放大，从而满足广大用户对大屏幕的需求。

5．更低廉的价格

随着时间的推移，智能手机的价格正在不停的下调之中。

6．四核处理器

2012 年各大厂商开始推出四核处理器，2013 年逐渐普及四核处理器配置，而到 2014 年初，有的厂商甚至推出了八核的处理器，这使用智能手机的反应速度越来越快。

7．更大的内存

目前，智能手机的运行内存一般都是 1GB 或 2GB 以上，而存储内存，多数一流手机将配置 32GB 内置存储。

8．改善的照相机功能

随着数码相机功能日益强大，内置在智能手机中的数码相机的功能也将日益强大，包括 800 万像素、1300 万像素及以上的堆栈式摄像头，具有自动调焦功能。高性能的拍摄功能已成为很多用户选择手机的一个非常重要的因素。

3.9.9 定位跟踪能力

1. GPS

GPS（全球定位系统）是由美国国防部开发的，最早在 20 世纪 90 年代出现在手机中，它现在仍然是进行户外定位最知名的方法。GPS 通过卫星直接将位置和时间数据发送到用户手机。如果手机能够获取三个卫星的信号，就能够显示用户在平面地图上的位置，如果是四个卫星，还能够显示你的高度。

其他国家也开发了与 GPS 类似的系统，但并不与 GPS 相冲突，实际上这些系统可以让室外定位变得更容易。俄罗斯的 GLONASS 已经投入使用，中国的 Compass 也正在试用阶段。欧洲的 Galileo 和日本的 Quasi-Zenith 卫星系统也正在开发中。手机芯片制造商正在开发可以利用多个卫星以更快获取定位信息的处理器。

2. 辅助 GPS 技术

GPS 虽然运作良好，但是可能需要很长时间，并且当你在室内或者反射卫星信号的建筑群中时将无法精确定位。Assisted GPS 就是帮助解决这个问题的工具组合。GPS 等待时间较长的原因之一，是当发现卫星后，手机需要下载卫星未来四小时的位置信息，以跟踪卫星。

这些信息到达手机后，才会启动完整的 GPS 服务。现在运营商可以通过蜂窝网络或者无线网络来发送这些数据，这要比卫星链接快得多。定位技术公司 RX Networks 公司首席执行官 GuylainRoy-MacHabee 表示，这能帮助将 GPS 启动时间从 45 秒缩短到 15 秒或者更短。

3. Synthetic GPS

由于辅助 GPS 技术仍然需要一个可用的数据网络和传递卫星信息的时间。Synthetic GPS 使用计算能力来提前几天或几周预测卫星的定位。通过缓存的卫星数据，手机旺旺（一款手机软件）能够在两秒内识别卫星位置。

4. Cell ID

上述加速 GPS 的技术仍然需要找到三个卫星才能定位。运营商已经知道如何在没有 GPS 的情况下定位手机，运营商通过被称为 Cell ID 的技术来确定用户正在使用的 Cell（基站），以及他们与相邻基站的距离。确定手机正在使用的基站后，使用基站识别号码和位置的数据库，运营商就可以知道手机的位置。这种技术更适用于基站覆盖面广的城市地区。

5. Wi-Fi

Wi-Fi 与 Cell ID 定位技术有些类似，但更精确，因为 Wi-Fi 接入点覆盖面积较小。实际上有两种方法可以通过 Wi-Fi 来确定位置，最常见的方法是 RSSI（接受信号强度指示），利用用户手机从附近接入点检测到的信号，并反映到 Wi-Fi 网络数据库。使用信号强度来确定距离，RSSI 通过已知接入点的距离来确定用户距离。

6. 惯性传感器

如果你在一个没有无线网络的地方，惯性传感器仍然可以追踪你的位置。目前大多数智能手机配有三个惯性传感器：罗盘（或者磁力仪）来确定方向;加速度计来报告你朝那个方向前进的速度；以及陀螺仪来确定转向动作。这些传感器可以在没有外部数据的情况下确定你的位置，但是只能在有限时间内，例如几分钟内。

经典实例就是行驶到隧道时：如果你的手机知道你进入隧道前的位置，它就能够根据你的速度和方向来判断你的位置，这些工具通常与其他定位系统结合使用。

7．气压计

在人行道或者街道上的室外导航要么是直行，要么是向左转或者向右转。但是对于室内，GPS 很难做出正确定位。确定高度的方法之一就是气压计，气压计利用了高度越高空气越稀薄的原理。

一些智能手机已经具备可以检测气压的芯片，但是，要使用气压功能，手机需要下载当地天气数据作为测量气压的基准数字，而且建筑物内的空调气流也会影响传感器的精准度。气压计最好与其他工具结合使用，例如 GPS、Wi-Fi 和短程系统。

8．超声波

有时候检测某人是否进入某一地区可以说明他们在做什么。这可以通过短距离无线系统来实现，例如 RFID（射频识别）。NFC（近场通信）开始出现在手机中，可用于检查点，但是厂商安装 NFC 的主要目的是为了支付。

顾客忠诚度公司 Shopkick 已经开始使用短距离系统来确定客户是否走进一家商店。Shopkick 不是使用射频，而是使用商店门内的超声波装置。如果客户运行着 Shopkick 应用程序，当他们进入商店大门时，应用程序就会告诉 Shopkick。购物者进入商店后，手机就会立即显示可以赚取积分、兑换礼品卡和其他奖品。

9．蓝牙信号

使用通过蓝牙发出信号的信标在特定区域（例如在零售商店内）可以实现非常精确的定位。这些比手机要小的信标每隔几米就放置了一个，能够与所有装有 Bluetooth 4.0（最新版本）的移动设备进行通信。

Broadcom 公司的 Abraham 表示，场地所有者可以使用来自传送器密集网络的信号来确定该空间的位置，例如商店可以确定客户在接近货架上的特定产品，并提供优惠。

10．地面传送器

澳大利亚初创公司 Locata 正在试图将 GPS 带到地面来克服 GPS 的限制。该公司制作了与 GPS 原理相同的定位传送器，不过是安装在建筑物和基站塔上。因为这种传送器是固定的，并且提供比卫星更强的信号，Locata 可以提供非常精准的定位，该公司首席执行官 Nunzio Gambale 表示，Locata 网络比 GPS 更可靠。

3.9.10　智能手机在军事领域中的应用

自智能手机问世以来，许多国家军队就意识到其军事价值，并积极开发配套的作战应用系统。2011 年 6 月，美国陆军在新墨西哥州白沙训练基地和德克萨斯州比利斯堡训练基地，分别对包括 iPhone 在内的 300 多部不同型号智能手机进行了为期 6 周的战场环境测试。

1．用于战场通信和侦察

通过 3G、4G 等无线通信系统，智能手机能迅速建立起军用通信网络，实现作战指令、情报传输。作战人员可利用智能手机对重点目标及周围环境进行拍照、摄像，并自动搭配 GPS 信息上传给作战单元或指挥部，后者可据此迅速进行巡航导弹目标区匹配制导，进一步缩短从发现目标到打击目标的时间，提高作战效能。

2．用作战场态势感知终端

作战人员可以通过智能手机接收各种侦察系统获得的情报信息，形成综合、全面的战场态势感知。美国某公司开发了"雷神智能战术系统"，只要在智能手机里输入查询要求，就能获得周围 2km 范围内所有卫星图像，及空中、地面的侦察情报资料。作为友军跟踪系统终端，这款军用智能手机还可将 10 至 20 名战友列入"好友名单"，实时显示己方态势，更好协调作战行动。

3．充当微型火控系统

智能手机上的部某些应用软件，可以精确测算风速、重力、地球转速等微小因素对弹道的影响，修正射击诸元，提高射击精度。2009 年 8 月，驻阿富汗英军在 1853m 远处击毙一名塔利班指挥官，创英军最远狙杀记录，枪上配套的智能手机功不可没。美国一家公司也为 M110 狙击步枪配置了类似的智能手机，通过在机上安装"苹果播放器"系统和相关软件实现上述功能。

4．进行无线遥控

通过智能手机的无线信号，可对自己发射的微型无人机和机器人进行遥控，也可接管其他无人机和机器人，完成侦察、监视任务。法国某公司开发的一款微型无人机，通过智能手机便可实时观看显示屏上无人机拍摄的视频图像。

当然，智能手机大规模装备部队也面临诸多问题：智能手机的战场适应性不够强，尚不能完全适应高温、严寒、潮湿、沙尘等恶劣战场环境；保密性不够高，容易受到黑客入侵，造成情报泄密；稳定性不够好，抗干扰能力有待提高。针对这些问题，可根据作战需要，充分利用已有技术改造民用智能手机，大力推进智能手机装备部队的步伐。

3.9.11 智能手机的使用建议

手机和 PC 一样，一般在两个阶段最易出现死机。一个是刚买的时候，另一个是对手机的系统已有一定了解，开始进行 DIY 和猛装软件的那几天。因为刚买的时候，新手用户对智能手机不太了解，通常会出现许多误操作，自然会出现死机和重启；然后在熟悉操作系统之后，用户了解到智能手机的功能是依靠海量的软件实现的，于是就开始猛装软件和游戏，同时又不注意管理，死机就无法避免了。

经常死机一般都发生在智能手机，如果将智能手机当做普通手机使用，不安装任何软件，那么它也就不容易死机。为了尽量减少死机、白屏或自动重启的发生，应注意以下建议：

1）初购智能手机后，在使用前应该去网络上的一些智能手机论坛看看。一般来说这些论坛都会有相关系统和相关机型的使用注意事项，了解这些知识可以让你少走很多弯路。

2）使用智能手机不要同时打开几个程序，一般以 3 个以下为宜，大型程序只能一次运行一个。程序的退出尽量依靠菜单依次退出，不要直接用挂机键。那样的话，程序是仍然在后台运行的，如果你再打开一个较大的程序，是很容易死机的。

3）尽量不要安装来历不明的软件。

4）注意存储卡的保护，存储卡损坏和存储在卡内的数据有误均会造成循环开机或无法开机的故障。遇到该类故障，首先应该格式化存储卡试试，如果不行，就只能更换存储卡了。

5）做好对手机上程序的管理，不要胡乱删除自己认为不必要的文件。一些死机故障正是由于用户误删除了系统文件而导致的。

6）智能手机和 PC 一样，使用久了文件系统就会变得紊乱，从而使整机运行速度变慢，出现容易死机的情况。PC 上出现这种情形时的解决办法是重装系统，智能手机则是硬格式化。硬格式化后，手机上的所有数据都会被清空，文件系统恢复到出厂状态，所以我们在硬格式化前需要做好相关资料的备份。

7）手机出现问题的原因：

一是硬件问题：一般是由于硬件本身的设计缺陷、硬件的受损、操作不当等对于硬件本身的设计缺陷导致的手机经常死机，这种情况只能将手机送进客服中心进行检修。

硬件如果受损，也有可能导致经常性的死机。手机是精密的电子产品，其中的电路必须在较稳定的环境中才能正常工作，如果手机经常在潮湿的环境中工作或者受到外界的强烈震动，就有可能死机。

例如：不小心将手机掉到了地上，手机就可能死机。所以要尽量轻拿轻放，另外不要在潮湿的环境中使用手机。平时如果操作手机不当，也会导致手机死机，尤其是在发短信的时候，如果按键操作的速度过快或者在短时间内连续受到短信息轰击，造成手机 CPU 负载过大，短时间内 CPU 产生的热量不能散发出去，就会造成死机。由于硬件的问题导致的死机还有其他因素，如硬件的老化、手机的使用环境过于恶劣等。

二是软件问题：主要是因为手机的软件设计上存在致命的 BUG 导致的死机。

例如：当手机运行一个程序的时候，如果在子程序和主程序之间存在一个逻辑上的错误的话，每当手机在运行到该程序的时候就会发生指令错误，有点像电脑中的非法操作，这时就有可能出现死机。由于软件的 BUG 导致的死机一般都具有这样的特征，每当运行到某一命令时，即每次进行同样的操作的时候就出现死机。如果手机老是这样死机，就可以初步断定是由于软件的问题引起的死机。解决这样的死机一般进行软件升级就可以解决。

但如果手机经常死机，就应该把手机送到客服中心进行检修。

8）病毒。智能手机和台式计算机、笔记本电脑一样，也会受到病毒的攻击鉴于此，随时备份重要资料，是使用智能手机时必须要做的工作。

9）耗电。智能手机的 CPU、屏幕等硬件的耗电量都是不可忽视的，这些硬件很容易就将电量耗尽，再加之现在的智能手机也越来越追求时尚轻薄，电池容量也不可能做很大，手机使用时间越多，耗电越快。

10）刷机。手机刷机是一种改变手机操作系统或是更新软件的行为，刷机需要特别小心，手机刷机后不能保修，因此在特别有必要的时候，如修正手机的 BUG，汉化、原系统不稳定，有缺陷等才去刷机。能刷的手机一般都是比较知名的品牌，一些小牌子不支持刷机，同时刷机是有风险的，最好在风险可控的前提下刷机。刷机前需要把手机中的数据备份好。同时，在刷机前先去网上查一下同型号的机型，看看是否已有人成功刷机，或者是否有别人介绍的经验可供借鉴。

目前 DIY 的版本都是基于原版的，有的改了一些核心部分，只要方法对，没有什么不良影响，只要做好自己手机软件的备份，按步骤操作，刷机风险是基本上可以杜绝。

第4章　智能终端操作系统

移动互联网智能终端包括 PDA、掌上电脑、MID、UMPC、上网本、平板电脑、超极本、笔记本电脑、智能手机等多种类型，而现在最为流行的移动互联网智能终端就是平板电脑和智能手机。本章主要介绍这两类智能终端的操作系统，包括谷歌公司的 Android、苹果公司的 iOS、诺基亚公司的 Symbian、RIM 公司的 BlackBerry OS、微软公司的 Windows Phone 和 Windows Mobile、Palm 公司的 Palm OS、诺基亚和英特尔的 MeeGO、三星的 Bada 等。

通过对本章的学习，读者应能对各智能终端操作系统的特点有一定的了解，对有意从事移动互联网终端应用软件开发的读者，在选择开发哪种操作系统下的应用软件时，提供一个较全面的帮助。

4.1　Android

Android 是一种基于 Linux 的自由及开放源代码的操作系统，主要使用于便携设备，如智能手机和平板电脑。目前尚未有统一中文名称，中国大陆地区较多人称其为"安卓"。Android 操作系统最初由 Andy Rubin 开发，主要支持手机。2005 年由 Google 收购注资，并组建开放手机联盟开发改良，随后逐渐扩展到平板电脑及其他领域上。2008 年 10 月第一部 Android 智能手机发布。2011 年第一季度，Android 在全球的市场份额首次超过塞班系统，跃居全球第一。到 2013 年底，Android 的市场占有率从 2012 年底的 68.8%上升到 78.9%，从数据上看，Android 平台占据了市场的主导地位。

图 4-1 是一款三星的 Android 系统智能手机。

4.1.1　系统简介

Android 一词的本义指"机器人"，同时也是 Google 于 2007 年 11 月 5 日宣布的基于 Linux 平台的开源手机操作系统的名称，该平台由操作系统、中间件、用户界面和应用软件组成。

2012 年 7 月美国科技博客网站 Business Insider 评选出二十一世纪十款最重要电子产品，Android 操作系统和 iPhone 等榜上有名。

1．Android 发展历程

2003 年 10 月，Andy Rubin 等人创建 Android 公司，并组建 Android 团队。

2005 年 8 月 17 日，Google 低调收购了成立仅 22 个月的

图 4-1　Android 系统智能手机

高科技企业 Android 及其团队。Andy Rubin 成为 Google 公司工程部副总裁，继续负责 Android 项目。

2007 年 11 月 5 日，谷歌公司正式向外界展示了这款名为 Android 的操作系统，并且在这天谷歌宣布建立一个全球性的联盟组织，该组织由 34 家手机制造商、软件开发商、电信运营商以及芯片制造商共同组成，并与 84 家硬件制造商、软件开发商及电信营运商组成开放手持设备联盟（Open Handset Alliance）来共同研发改良 Android 系统，这一联盟将支持谷歌发布的手机操作系统以及应用软件，Google 以 Apache 免费开源许可证的授权方式，发布了 Android 的源代码。

2008 年，在 Google I/O 大会上，谷歌提出了 Android HAL 架构图，在同年 8 月 18 日，Android 获得了美国联邦通信委员会（FCC）的批准，在 2008 年 9 月，谷歌正式发布了 Android 1.0 系统，这也是 Android 系统最早的版本。

2009 年 4 月，谷歌正式推出了 Android 1.5 这款手机，从 Android 1.5 版本开始，谷歌开始将 Android 的版本以甜品的名字命名，Android 1.5 命名为 Cupcake（纸杯蛋糕）。该系统与 Android 1.0 相比有了很大的改进。

2009 年 9 月份，谷歌发布了 Android 1.6 的正式版，并且推出了搭载 Android 1.6 正式版的手机 HTC Hero（G3），凭借着出色的外观设计以及全新的 Android 1.6 操作系统，HTC Hero（G3）成为当时全球最受欢迎的手机。Android 1.6 也有一个有趣的甜品名称，它被称为 Donut（甜甜圈）。

2010 年 2 月份，Linux 内核开发者 Greg Kroah-Hartman 将 Android 的驱动程序从 Linux 内核"状态树"上除去，从此，Android 与 Linux 开发主流将分道扬镳。在同年 5 月份，谷歌正式发布了 Android 2.2 操作系统。谷歌将 Android 2.2 操作系统命名为 Froyo，翻译名为"冻酸奶"。

2010 年 10 月份，谷歌宣布 Android 系统达到了第一个里程碑，即电子市场上获得官方数字认证的 Android 应用数量已经达到了 10 万个，Android 系统的应用增长非常迅速。在 2010 年 12 月，谷歌正式发布了 Android 2.3 操作系统 Gingerbread（姜饼）。

2011 年 1 月，谷歌称每日新增的 Android 设备新用户数量达到了 30 万部，到 2011 年 7 月，这个数字增长到 55 万部，而 Android 系统设备的用户总数达到了 1.35 亿，Android 系统已经成为智能手机领域占有量最高的系统。

2011 年 8 月 2 日，Android 手机已占据全球智能手机市场 48%的份额，并在亚太地区市场占据统治地位，终结了 Symbian（塞班系统）的霸主地位，跃居全球第一。

2011 年 9 月份，Android 系统的应用数目已经达到了 48 万，而在智能手机市场，Android 系统的占有率已经达到了 43%。继续排在移动操作系统首位。在 9 月 19 号，谷歌发布全新的 Android 4.0 操作系统，这款系统被谷歌命名为 Ice Cream Sandwich（冰激凌三明治）。

2012 年 1 月 6 日，谷歌 Android Market 已有 10 万开发者推出超过 40 万活跃的应用，大多数的应用程序为免费。Android Market 应用程序商店目录在新年首周周末突破 40 万基准，距离突破 30 万应用仅 4 个月。在 2011 年早些时候，Android Market 从 20 万增加到 30 万应用也花了四个月。

据 2014 年 1 月 13 日国外媒体调查机构 Strategy Analytics 数据显示，Android 产品（包

括智能手机和平板电脑）全球市场占有率高达 60%，而在中国，Android 系统市场占有率突破 80%。

2．Android 发行版本

Android 在正式发行之前，最开始拥有两个内部测试版本，并且以著名的机器人名称来对其进行命名，它们分别是：阿童木（Android Beta），发条机器人（Android 1.0）。后来由于涉及版权问题，谷歌将其命名规则变更为用甜点作为它们系统版本的代号的命名方法。甜点命名法开始于 Android 1.5 发布的时候。作为每个版本代表的甜点的尺寸越变越大，然后按照 26 个字母数序：纸杯蛋糕（Android 1.5），甜甜圈（Android 1.6），松饼（Android 2.0/2.1），冻酸奶（Android 2.2），姜饼（Android 2.3），蜂巢（Android 3.0），冰激凌三明治（Android 4.0），果冻豆（Jelly Bean，4.1 和 Android 4.2）。

现在很多智能手机都在使用 Android 4.X 操作系统，下面我们来看 Android 4.X 操作系统具有哪些特色功能。

2011 年 10 月 19 日，Android 4.0 Ice Cream Sandwich（冰激凌三明治）在香港发布。该版本具有：

全新的 UI（User Interface 用户界面），全新的 Chrome Lite 浏览器，有离线阅读，16 标签页，隐身浏览模式等，截图功能，更强大的图片编辑功能，自带照片应用堪比 Instagram，可以加滤镜、加相框，进行 360°全景拍摄，照片还能根据地点来排序、Gmail 加入手势、离线搜索功能，UI 更强大；新功能 People：以联系人照片为核心，界面偏重滑动而非点击，集成了 Twitter、Linkedin、Google+等通信工具。有望支持用户自定义添加第三方服务；新增流量管理工具，可查看每个应用产生的流量，限制使用流量，到达设置标准后自动断开网络。

2012 年 6 月 28 日，Android 4.1 Jelly Bean（果冻豆）发布。该版本具有以下的新特性：

更快、更流畅、更灵敏；特效动画的帧速提高至 60fps，增加了三倍缓冲；增强通知栏；全新搜索；搜索将会带来全新的 UI、智能语音搜索和 Google Now 三项新功能；桌面插件自动调整大小；加强无障碍操作；语言和输入法扩展；新的输入类型和功能；新的连接类型。

2012 年 10 月 30 日，Android 4.2 Jelly Bean（果冻豆）发布。Android 4.2 沿用"果冻豆"这一名称，以反映这种最新操作系统与 Android 4.1 的相似性，但 Android 4.2 推出了一些重大的新特性，具体如下：

Photo Sphere 全景拍照功能；键盘手势输入功能；改进锁屏功能，包括锁屏状态下支持桌面挂件和直接打开照相功能等；可扩展通知，允许用户直接打开应用；Gmail 邮件可缩放显示；Daydream 屏幕保护程序；用户连点三次可放大整个显示屏，还可用两根手指进行旋转和缩放显示，以及专为盲人用户设计的语音输出和手势模式导航功能等；支持 Miracast 无线显示共享功能；Google Now 允许用户使用 Gmail 作为新的数据来源，如改进后的航班追踪功能、酒店和餐厅预订功能以及音乐和电影推荐功能等。

2013 年底，Android 发行了最新操作系统 Kitkat Android 4.4 版本。其用户界面相比以前版本有一定的变化，最主要是从省电、反应速度和稳定性等几个方面进行了较大的改进。

4.1.2　系统架构

Android 的系统架构和其操作系统一样，采用了分层的架构。从架构图看，Android 分为四个层，从高层到低层分别是应用程序层、应用程序框架层、系统运行库层和 Linux 内核层。

1. 应用程序层

Android 会同一系列核心应用程序包一起发布，该应用程序包括客户端，SMS 短消息程序，日历，地图，浏览器，联系人管理程序等。所有的应用程序都是使用 JAVA 语言编写的。

2. 应用程序框架层

开发人员也可以完全访问核心应用程序所使用的 API 框架。该应用程序的架构设计简化了组件的重用；任何一个应用程序都可以发布它的功能块并且任何其他的应用程序都可以使用其所发布的功能块（不过得遵循框架的安全性）。同样，该应用程序重用机制也使用户可以方便地替换程序组件。隐藏在每个应用后面的是一系列的服务和系统，其中包括：

1）丰富而又可扩展的视图（Views），可以用来构建应用程序，它包括列表（Lists），网格（Grids），文本框（Text boxes），按钮（Buttons），甚至可嵌入的 Web 浏览器。

2）内容提供器（Content Providers）使得应用程序可以访问另一个应用程序的数据（如联系人数据库），或者共享它们自己的数据。

3）资源管理器（Resource Manager）提供非代码资源的访问，如本地字符串，图形，和布局文件（Layout files）。

4）通知管理器（Notification Manager）使得应用程序可以在状态栏中显示自定义的提示信息。

5）活动管理器（Activity Manager）用来管理应用程序生命周期并提供常用的导航回退功能。

3. 系统运行库层

Android 包含一些 C/C++库，这些库能被 Android 系统中不同的组件使用。它们通过 Android 应用程序框架为开发者提供服务。

4. 系统内核

Android 运行于 Linux kernel 之上，但并不是 GNU/Linux。因为在一般 GNU/Linux 里支持的功能，Android 大都没有支持，包括 Cairo、X11、Alsa、FFmpeg、GTK、Pango 及 Glibc 等都被移除掉了。

4.1.3　Android 系统平台优势

1. 开放性

开源操作系统，有 Google 强大的专业团队支持，与 iPhone 相似，Android 采用 Web Kit 浏览器引擎，具备触摸屏、高级图形显示和上网功能，用户能够在手机上查看电子邮件、搜索网址和观看视频节目等，与 iPhone 等其他手机相比具有更强搜索功能，界面更强大，可以说是一种融入全部 Web 应用的单一平台。

Android 手机系统最大的优点在于开放性和服务免费。开放的平台允许任何移动终端厂商加入到 Android 联盟中来。显著的开放性可以使其拥有更多的开发者，随着用户和应用的日益丰富，一个崭新的平台也将很快走向成熟。Android 是一个对第三方软件完全开放的平台，开发者在为其开发程序时拥有更大的自由度，突破了 iPhone 等只能添加为数不多的固定软件的限制；同时与 Windows Mobile、Symbian 等厂商不同，Android 操作系统免费向开发人员提供，这样可节省近三成成本。

开放性对于 Android 的发展而言，有利于积累人气，这里的人气包括消费者和厂商，而对于消费者来讲，最大的受益正是丰富的软件资源。开放的平台也会带来更大竞争，这样，消费者将可以用更低的价位购得心仪的手机。

2．挣脱运营商的束缚

在过去很长的一段时间内，特别是在欧美地区，手机应用往往受到运营商制约，使用什么功能接入什么网络，几乎都受到运营商的控制。自从 2007 年 iPhone 上市后，用户可以更加方便地连接网络，运营商的制约减少了。

互联网巨头 Google 推动的 Android 终端天生就有网络特色，将让用户离互联网更近。

3．丰富的硬件选择

这一点也与 Android 平台的开放性相关，由于 Android 的开放性，众多的厂商会推出千奇百怪，功能特色各具的多种产品。功能上的差异和特色，却不会影响到数据同步、甚至软件的兼容，如同从诺基亚 Symbian 风格手机一下改用苹果 iPhone，同时还可将 Symbian 中优秀的软件带到 iPhone 上使用、联系人等资料更是可以方便地转移。

4．不受任何限制的开发商

Android 平台提供给第三方开发商一个十分宽泛、自由的环境，不会受到各种条条框框的阻挠，可想而知，会有多少新颖别致的软件会诞生。但也有其两面性，血腥、暴力、情色方面的程序和游戏如何控制正是留给 Android 的难题之一。

Android 项目目前正在从手机运营商、手机厂商、开发者和消费者那里获得大力支持。谷歌移动平台主管安迪·鲁宾（Andy Rubin）表示，与软件开发合作伙伴的密切接触正在进行中。从 2011 年 11 月开始，Google 开始向服务提供商、芯片厂商和手机销售商提供 Android 平台，并组建"开放手机联盟"，其成员超过 30 家。

5．无缝结合的 Google 应用

在互联网的 Google 已经走过 10 年的历史，从搜索巨人到全面的互联网渗透，Google 服务如地图、邮件、搜索等已经成为连接用户和互联网的重要纽带，而 Android 平台手机将无缝结合这些优秀的 Google 服务。

早期的 Android 系统平台有以下缺点：

①仅支持一个 Google 账号；②没有桌面同步软件；③T-Mobile G1 支持 Youtube 视频播放，但没有支持其他视频的播放器，需要等待第三方软件开发商的作品诞生；④没有装备耳机接口；⑤所有音乐和视频媒体文件存储在扩展卡中，而不能存于机身内存；⑥通过亚马逊音乐网站购买下载的音乐居然只能通过 Wi-Fi 接入网络下载，而不可利用 3G 网络下载；⑦所有文字输入都只能通过全键盘输入，T-Mobile G1 的全键盘虽然设计不错，但不是所有人都需要的，也不是任何时候都希望打开滑盖打字，但当时 Android 还不能在屏幕上直接输入，同样需要补充第三方软件实现；由于 T-Mobile 对网络的限制，届时肯定也会有黑客破解固件的解锁版手机流入市场，随着 Android 平台产品的不断丰富，Android 的发展主动权将在很大程度上受制于开发商。

但是，随着高版本的 Android 系统，如 Android 4.X 操作系统的发布，这些缺点正逐步快速的消除。

我们可以得出这样的结论：Android 系统是目前应用最广的智能终端操作系统，同时也是最有发展潜力的操作系统。

4.2 iOS

苹果 iOS 是由苹果公司开发的手持设备操作系统。苹果公司最早于 2007 年 1 月 9 日的 Macworld 大会上公布这个系统，最初是设计给 iPhone 使用的，后来陆续套用到 iPod touch、iPad 以及 Apple TV 等苹果产品上。iOS 与苹果的 Mac OS X 操作系统一样，也是以 Darwin 为基础的，因此同样属于类 UNIX 的商业操作系统。原本这个系统名为 iPhone OS，直到 2010 年 6 月 7 日 WWDC 大会上宣布改名为 iOS。截止 2011 年 11 月，根据 Canalys 的数据显示，iOS 占据了全球智能手机系统市场份额的 30%，在美国的市场占有率为 43%，而在 2013 年的 10 月，据 Canalys 调查显示，iOS 的全球市场份额已下降到了 12.9%。这一市场份额虽然不如 Android 系统的大，但是，这仅是苹果公司一家的手机使用 iOS，而 Android 系统则是几十家手机制造商都在使用的操作系统，并且众所周知，iOS 的苹果设备从售价和利润方面而言也是使用 Android 系统的设备无法比拟的。因此，光从市场占有率来分析智能系统的优劣是没有太大意义的。

苹果 2011 年在全球市场的 iPhone 出货量为 9300 万部，同比接近翻番。在进入手机市场 5 年后，苹果 2012 年的手机出货量超过 1 亿部。中国成为苹果的关键市场，iPhone 产品 2012 年首季度营收为 227 亿美元。

Objective-C 是 iOS 的开发语言。Objective-C 是 C 的升级版。对初学者来说，Objective-C 存在很多令人费解的写法，但实际上它们是非常优雅的。有 C 语言基础的程序员在专业老师的指导下，用 1 个月的时间就可以完全掌握 Objective-C 这门编程语言了。

图 4-2 是一款苹果 iPhone 5 智能手机，其操作系统是 iOS 6。

图 4-2　苹果 iPhone 5 智能手机

4.2.1 iOS 的发展历史

iOS 最早于 2007 年 1 月 9 日的苹果 Macworld 展览会上公布，随后于同年的 6 月发布第一版 iOS 操作系统，当初的名称为"iPhone 运行 OS X"。最初，由于没有人了解"iPhone 运行 OS X"的潜在价值和发展前景，导致没有一家软件公司、没有一个软件开发者给"iPhone 运行 OS X"开发软件或者提供软件支持。于是，苹果公司时任 CEO 的斯蒂夫·乔布斯说服各大软件公司以及开发者可以先搭建低成本的网络应用程序（WEB APP）来使得它们能像 iPhone 的本地化程序一样来测试"iPhone runs OS X"平台。

2007 年 10 月 17 日，苹果公司发布了第一个本地化 iPhone 应用程序开发包（SDK），并且计划在 12 月发送到每个开发者以及开发商手中。

2008 年 3 月 6 日，苹果发布了第一个测试版开发包，并且将“iPhone runs OS X”改名为“iPhone OS”。

2008 年 9 月，苹果公司将 iPod touch 的系统也换成了“iPhone OS”。

2010 年 2 月 27 日，苹果公司发布 iPad，iPad 同样搭载了“iPhone OS”。这年，苹果公司重新设计了“iPhone OS”的系统结构和自带程序。

2010 年 6 月，苹果公司将“iPhone OS”改名为 iOS，同时还获得了思科 iOS 的名称授权。

2010 年第四季度，苹果公司的 iOS 占据了全球智能手机操作系统 26%的市场份额。

2011 年 10 月 4 日，苹果公司宣布 iOS 平台的应用程序已经突破 50 万个。

2012 年 2 月，应用总量达到 552,247 个，其中游戏应用最多，达到 95,324 个，比重为 17.26%；书籍类以 60,604 个排在第二，比重为 10.97%；娱乐应用排在第三，总量为 56,998 个，比重为 10.32%。

2012 年 6 月，苹果公司在 WWDC 2012 上宣布了 iOS 6，提供了超过 200 项新功能。

2014 年 3 月 11 日（北京时间），苹果公司发布了 iOS 7.1 正式版。

4.2.2　iOS 的特性

下面以 iOS 7 为例，介绍 iOS 的特性。

iOS 7 在用户界面上有着与之前版本完全不同的视觉设计，iOS 7 的画面采用类 3D 的效果，在锁定画面及桌面会有 3D 的效果。所有的内置程序、解锁画面与通知中心也经过重新设计。此外，iOS 7 也新增了控制中心（Control Center）界面，让用户能够快速控制各种系统功能的开关（包括飞行模式、蓝牙、无线网络以及调整屏幕亮度、手电筒、播放或暂停音乐等）。后台多任务处理（Multitasking）功能也经过了强化，已经能够支持每一种应用程序，切换程序时也有了新的用户界面。

iOS 7 系统支持的设备包括 iPhone 4、iPhone 4S、iPhone 5、iPhone 5s、iPhone 5c、iPad 2、配备 Retina 屏幕的 iPad、iPad Air、iPad mini、配备 Retina 屏幕的 iPad mini 和 iPod touch 5，其他 iOS 设备并不兼容，用户在升级之前需要提前将 iTunes 升级至 iTunes 11.1，才能够为设备安装 iOS 7 系统。

iOS 7 系统有以下的特色功能：

1．全新设计的界面

苹果在重新思考 iOS 的设计时，更希望围绕 iOS 中深受人们喜爱的元素，打造一种更加简单实用而又妙趣横生的用户体验。iOS 7 是 iOS 面世以来在用户界面上做出改变最大的一个操作系统。iOS 7 抛弃了以往的拟物化设计，而采用了扁平化设计。

2．新的安全功能

从用户打开设备的那一刻起，iOS 7 就能为用户提供内置的安全性。iOS 7 专门设计了低层级的硬件和固件功能，用于防止恶意软件和病毒；iOS 7 新的安全功能使 iPhone 在丢失之后能够被找回。即使不能找回，iOS 7 中新的安全功能也可以增加其他人使用或卖掉设备的难度。关闭查找我的 iPhone 或擦除设备，都需要原来的 Apple ID 和密码。即使设备上的信息已被擦除，查找我的 iPhone 仍能继续显示自定义信息，无论谁想重新激活设备，都需要原来的 Apple ID 和密码。

3．智能多任务处理

多任务处理是在 app 之间切换的捷径。而 iOS 7 会了解用户喜欢何时使用 app，并在启动 app 之前更新其内容。假如用户经常在上午 9 点查看最喜爱的新闻网络，那么用户所关注的相关内容到时将准备就绪，以便随时取用。这就是 iOS 7 的智能多任务处理功能，它会预先为用户准备就绪，提高生活效率。iOS 中的多任务处理变成卡片式，只需向上轻扫便可以关闭程序。

4．增强的通知中心

通知中心可让用户随时掌握新邮件、未接来电、待办事项和更多信息。名为"今天"的新功能可为用户总结今日的动态信息，十分便捷。扫一眼 iPhone，就知道今天是否是谁的生日，是否需要雨伞，或交通状况会否影响上下班出行，同时还能收到关于明天的提醒。用户可以从任何屏幕 (包括锁定屏幕) 访问通知中心。这个功能是 iOS 7 的通知中心较以往 iOS 所增强的功能，其格式变成了三栏——"今天"、"全部"、"未读"通知。

5．智能相册

iOS 7 能根据时间和地点智能地分组管理用户的照片和视频。单击"年度"，所有的照片即会充满屏幕。单击"地点"，则会将用户拍摄照片的场所记录下来。这样，用户就能快速找到任何时间、任何地点拍摄的内容。

6．控制中心

控制中心为用户建立起快速通路。使用随时急需的控制选项和 app，只需从任意屏幕 (包括锁定屏幕) 向上轻扫，即可切换到飞行模式、打开或关闭无线局域网、调整屏幕亮度等，甚至还可以使用全新的手电筒进行照明。

7．改进的 Safari

iOS 7 中的 Safari 令浏览更强大、更出色、更美观。按钮和工具栏（如综合智能搜索栏）会隐藏起来，并可通过滚动操作将其调出。因此，用户能在屏幕上看到比以往更多的内容。只要轻扫一下，就能向前或向后翻动页面。

8．更强大的相机

iOS 7 的相机功能将所有的拍摄模式置于显要位置，包括照片、视频、全景模式和新增的 Square 模式。轻扫一下，就能以你喜欢的方式拍摄你想拍的画面，瞬间即成。而全新滤镜可让用户更好地享受每张照片带来的乐趣。用户可为照片增添复古味道，提升对比度等。

9．AirDrop 文件共享

进入适用于 iOS 的 AirDrop，能让用户通过共享按钮，快速、轻松地共享照片、视频、通信录，以及任何 app 中的一切。只需轻点共享，然后选择共享对象，AirDrop 会使用无线网络和蓝牙进行传输，不仅无需设置，而且传输经过加密，可严格保障共享内容的安全。

10．iCloud 钥匙串

现在在网上做许多事情都需要密码。但 iCloud 可以为用户记住账户名称、密码和信用卡号码。无论何时需要登入网站或在线购买，Safari 都能自动输入这些信息，并在所有经过用户许可的 iOS 7 设备上使用。256 位的加密令也很安全。

11．正式版 Siri

iOS 7 中的 Siri 拥有新外观、新声音和新功能。它的界面经过重新设计，以淡入视图浮现于任意屏幕画面的最上层。Siri 回答问题的速度更快，还能查询更多信息源，如维基百科。它可以承担更多任务，如回电话、播放语音邮件、调节屏幕亮度等。

12．车载 iOS

如果汽车配备车载 iOS，你就能连接 iPhone，并使用汽车的内置显示屏和控制键，或 Siri 免视功能与之互动。用户可以轻松、安全地拨打电话、听音乐、收发信息、使用导航等。

13．全新铃声

在 iOS 7 中，苹果提供了新的默认铃声。像往常一样，这些图像仍分为自然景象和计算机合成的两大类，也与新系统更加的匹配。以往的提示音主要基于实体乐器，而新的声音可以是纯粹的电子音，也可以选择"经典"的铃声。

14．应用商店

iOS 7 推出的 App Store（应用商店） 新功能，能够显示与当前位置相关的一系列热门 app。另外，如果用户觉得 App Store 的精彩内容太多而难以取舍，欲购清单可给用户一些思考的时间。用户可以随时将 app 保存在欲购清单里，稍后做好决定再来购买。iOS 7 还能让用户的 app 自动保持更新。

15．iOS 7.1 正式版

iOS 7.1 是继苹果发布 iOS 7 系统以来的首个重要更新。除了包含一系列有关安全性和稳定性的更新修复外，还对用户界面再次进行优化，并改进了部分机型的运行速度问题。所有可安装运行 iOS 7 系统的设备均可升级至 7.1 版本。

4.3　Symbian

Symbian 系统是塞班公司为手机而设计的操作系统。2008 年 12 月 2 日，塞班公司被诺基亚收购。2011 年 12 月 21 日，诺基亚官方宣布放弃塞班（Symbian）品牌。由于缺乏新技术支持，塞班的市场份额日益萎缩。到 2012 年 2 月，塞班系统的全球市场占有量仅为 3%，中国市场占有率则降至 2.4%，均被安卓超过。2012 年 5 月 27 日，诺基亚宣布，彻底放弃继续开发塞班系统，取消塞班 Carla 的开发，最早在 2012 年底，最迟在 2014 年彻底终止对塞班的所有支持。

Symbian 是一个实时性、多任务的纯 32 位操作系统，具有功耗低、内存占用少等特点，在有限的内存和外存情况下，非常适合手机等移动设备使用，经过不断完善，可以支持 GPRS、蓝牙、SyncML 以及 3G 技术。最重要的是它是一个标准化的开放式平台，任何人都可以为支持 Symbian 的设备开发软件。与微软产品不同的是，Symbian 将移动设备的通用技术，也就是操作系统的内核，与图形用户界面技术分开，能很好地适应不同方式输入的平台，也可以使厂商为自己的产品制作更加友好的操作界面，符合个性化的潮流，这也是用户能见到不同样子的 Symbian 系统的主要原因。现在为这个平台开发的 java 程序已经开始在互联网上盛行。用户可以通过安装这些软件，扩展手机功能。

图 4-3 是一款使用 Symbian 系统的诺基亚手机。

在 Symbian 发展阶段，出现了三个分支：分别是 Crystal、Pearl 和 Quarz。前两个主要针对通信器市场，也是出现在手机上最多的，是今后智能手机操作系统的主力军。第一款基于 Symbian 系统的手机是 2000 年上市的某款爱立信手机。而真正较为成熟的同时引起人们注意的则是 2001 年上市的诺基亚 9210，它采用了 Crystal 分支的系统。而 2002 年推出的诺基亚 7650 与 3650 则是 Symbian Pearl 分系的机型，其中 7650 是第一款基于 2.5G 网的智能手机产品，他们都属于 Symbian 的 6.0 版本。索尼爱立信推出的一款机型也使用了 Symbian 的 Pearl 分支，版本已经发展到 7.0，是专为 3G 网络而开发的，可以说代表了当今最强大的手机操作系统。此外，Symbian 从 6.0 版本就开始支持外接存储设备，如 MMC，CF 卡等，这让它强大的扩展能力得以充分发挥，使存放更多的软件以及各种大容量的多媒体文件成为可能。

图 4-3　使用 Symbian 系统
的诺基亚手机

到 2006 年，全球 Symbian 手机总量达到一亿部。2008 年，诺基亚收购塞班公司，塞班成为诺基亚独占系统。2009 年，LG、索尼爱立信等各大厂商纷纷宣布退出塞班平台，转而投入谷歌 Android 领域。2010 年，三星电子宣布退出塞班转向 Android，塞班仅剩诺基亚一家支持。

2011 年 8 月诺基亚官方宣布放弃 Symbian 名称，下一版本操作系统更名为诺基亚 Belle，并且塞班 Anna 系统也同样更改为诺基亚 Anna，这意味曾经辉煌的塞班系统的名称就此与我们告别，在诺基亚将来推出的塞班系统手机中，不会再出现"塞班"这个名字，一个时代的终结似乎就这样悄然来临了。2011 年 11 月，塞班在全球的市场占有率降至 22.1%，霸主地位已彻底被 Android 取代，中国市场占有率则降为 23%。2011 年 12 月 21 日，诺基亚宣布放弃 Symbian 品牌。2012 年根据用户反映，Symbian 系统手机仍然使用 Symbian 的名称。2012 年 2 月 7 号，诺基亚 N8、诺基亚 E7、诺基亚 X7、诺基亚 C6-01、诺基亚 C7、诺基亚 500、诺基亚 E6、诺基亚 Oro 已经可以通过套件或者当地诺基亚售后升级全新的塞班贝拉（Symbian Belle）。

2012 年 04 月 12 日，诺基亚 603、诺基亚 700、诺基亚 701 以及诺基亚 808 获得更新 Symbian Belle Feature Pack 1（版本号为 112.010.1404）的同时，诺基亚也给以上的机型（不包括诺基亚 500）带来精简版本的 Belle FP1 更新。

2012 年 08 月 27 日，Belle Refresh 的更新已经被推送至 NOKIA N8、E7、C7、C6-01、X7 以及 Oro，版本号为 111.040.1511。NOKIA E6（版本号 111.140.0058）。

4.4　BlackBerry OS

BlackBerry OS 的中文意思是"黑莓"操作系统。

首先，什么是黑莓呢？

从技术上来说，黑莓是一种采用双向寻呼模式的移动邮件系统，兼容现有的无线数据链路。它出现于 1998 年，RIM 的品牌战略顾问认为，无线电子邮件接收器挤在一起的小小的标准英文黑色键盘，看起来像是草莓表面的一粒粒种子，就起了这么一个有趣的名字。

在"911 事件"中，美国通信设备几乎全线瘫痪，但美国副总统切尼的手机有黑莓功能，成功地进行了无线互联，能够随时随地接收关于灾难现场的实时信息。之后，在美国掀起了一阵黑莓热潮。美国国会因"911 事件"休会期间，就配给每位议员一部"Blackberry"，让议员们用它来处理国事。

随后，这个便携式电子邮件设备很快成为企业高管、咨询顾问和每个华尔街商人的常备电子产品。迄今为止，RIM 公司已卖出超过 1.15 亿台黑莓手机，占据了近一半的无线商务电子邮件业务市场。

BlackBerry OS 由 RIM（Research In Motion）公司为其智能手机产品 BlackBerry 开发的专用操作系统。这一操作系统具有多任务处理能力，并支持特定的输入装置，如滚轮、轨迹球、触摸板以及触摸屏等。BlackBerry 平台最著名的莫过于它处理邮件的能力。该平台通过MIDP 1.0 以及 MIDP 2.0 的子集，在与 BlackBerry Enterprise Server 连接时，以无线的方式激活并与 Microsoft Exchange，Lotus Domino 或 Novell GroupWise 同步邮件、任务、日程、备忘录和联系人。该操作系统还支持 WAP 1.2。

第三方软件开发商可以利用应用程序接口（API）以及专有的 BlackBerry API 写软件。但任何应用程式，如需使它限制使用某些功能，必须附有数码签署（digitally signed），以便用户能够联系到 RIM 公司的开发者的账户。这次签署的程序能保障作者的申请，但并不能保证它的质量或安全代码。

2010 年 9 月 27 日，RIM 公布了一款基于 QNX 的平板电脑系统，BlackBerry Tablet OS。这一系统在平板电脑 BlackBerry PlayBook 上运行。QNX 将作为 BlackBerry 7 取代现有的 BlackBerry OS。

就智能手机市场及平板电脑市场而言，在美国市场 BlackBerry OS 的市场份额已从 2010年的 27.4%跌落至 19%，市场份额前两位分别是 Android 40%以及苹果 iOS 28%。很明显，在智能手机市场 Google 已经占得了先机。在中国市场，主流的操作系统也是 Android，iOS和 Symbian，Blackberry 因为主打商务高端市场，在普通消费市场大多为水货，而真正在市场上流行的 Android 除了 Google 原生的操作系统外，还包括了基于 Android 二次开发的操作系统，主要有创新工场点心公司的点心 OS，小米科技 MIUI，阿里云 OS 等等。Blackberry OS 需要抢占市场还需要更多的终端及厂商的合作。

2013 年 2 月，黑莓公司宣布，使用 BlackBerry 10 取代原有的 BlackBerry OS。

据国外调查机构 NetMarketShare 公布，2013 年，BlackBerry 操作系统的整个市场占有率为 1.86%。

4.5　Windows Phone

Windows Phone 是微软发布的一款手机操作系统，它将微软旗下的 Xbox Live 游戏、Zune 音乐与独特的视频体验整合至手机中。2010 年 10 月 11 日，微软公司正式发布了智能手机操作系统 Windows Phone，同时将谷歌的 Android 和苹果的 iOS 列为主要竞争对手。2011 年 2 月，诺基亚与微软达成全球战略同盟并深度合作共同研发。2012 年 3 月 21 日，Windows Phone 7.5 登录中国。6 月 21 日，微软正式发布最新手机操作系统 Windows Phone 8，Windows Phone 8 采用和 Windows 8 相同的内核。

Windows Phone 具有桌面定制、图标拖拽、滑动控制等一系列前卫的操作体验。其主屏幕通过提供类似仪表盘的体验来显示新的电子邮件、短信、未接来电、日历约会等，让人们对重要信息保持时刻更新。它还包括一个增强的触摸屏界面，更方便手指操作；以及一个最新版本的 IE Mobile 浏览器——该浏览器在一项由微软赞助的第三方调查研究中，和参与调研的其他浏览器和手机相比，可以执行指定任务的比例高达并超过 48%。很容易看出微软在用户操作体验上所做出的努力，而史蒂夫·鲍尔默也表示："全新的 Windows 手机把网络、个人电脑和手机的优势集于一身，让人们可以随时随地享受到想要的体验。"

Windows Phone，力图打破人们与信息和应用之间的隔阂，提供适用于人们包括工作和娱乐在内完整生活的方方面面，最优秀的端到端体验。

图 4-4 是一款使用 Windows Phone 8 系统的智能手机。

2013 年 8 月 2 日，市场研究公司 Strategy Analytics 发布了 2013 年第二季度全球智能手机调查报告，其中 Windows Phone 在 2013 年第二季度出货量为 890 万台，而 2012 年同期为 560 万台，涨幅超过 77%，在各大智能手机平台中增幅是最高的。已经稳坐第三大手机操作系统的宝座，在第二季度的 Windows Phone 手机出货量中，诺基亚占了 82%。

图 4-4　使用 Windows Phone 8 系统的智能手机

4.5.1　发展历史

2010 年 2 月，微软正式向外界展示 Windows Phone 操作系统。2010 年 10 月，微软公司正式发布 Windows Phone 智能手机操作系统的第一个版本 Windows Phone 7，简称 WP7，并于 2010 年底发布了基于此平台的硬件设备。

主要生产厂商有：诺基亚，三星，HTC 等，从而宣告了 Windows Mobile 系列彻底退出了手机操作系统市场。全新的 WP7 完全放弃了 WM5 6X 的操作界面，而且程序互不兼容，并且微软完全重塑了整套系统的代码和视觉，但由于其担心移动产品和整体品牌的连续性，一开始才将其命名为"WP7"。Windows Phone 7 曾于 2010 年 2 月 16 日更名为"Windows Phone 7 Series"，其后，在 2010 年 4 月 2 日取消"Series"，改回"Windows Phone 7"。

2011 年 9 月 27 日，微软发布了 Windows Phone 系统的重大更新版本"Windows Phone 7.5"，首度支持中文。Windows Phone 7.5 是微软在 Windows Phone 7 的基础上大幅优化改进后的升级版，其中包含了许多系统修正和新增的功能，以及包括了繁体中文和简体中文在内的 17 种新的显示语言。

2012 年 6 月 21 日，微软在美国旧金山召开发布会，正式发布全新操作系统 Windows Phone 8（以下简称 WP8）。Windows Phone 8 放弃 WinCE 内核，改用与 Windows 8 相同的 NT 内核。Windows Phone 8 系统也是第一个支持双核 CPU 的 WP 版本，宣布 Windows Phone 进入双核时代，同时宣告着 Windows Phone 7 退出历史舞台。由于内核变更，WP8 将不支持目前所有的 WP7.5 系统手机升级，而现在的 WP7.5 手机只能升级到 WP7.8 系统。

2012 年 10 月 30 日凌晨 1 点，微软正式召开 WP8 新品发布会，同期发布的 WP8 机型为诺基亚 Lumia 920，Lumia 820，Lumia 822，Lumia 810，HTC 8X，HTC 8S，三星 Ativ S，还有华为的 Ascend W1 等。

4.5.2　Windows Phone 的主要特色

1．功能组件

增强的 Windows Live 体验，包括最新源订阅，以及横跨各大社交网站的 Windows Live 照片分享等。

更好的电子邮件体验，在手机上通过 Outlook Mobile 直接管理多个账号，并使用 Exchange Server 进行同步。

Office Mobile 办公套装，包括 Word、Excel、PowerPoint 等组件。

在手机上使用 Windows Live Media Manager 同步文件，使用 Windows Media Player 播放媒体文件。

重新设计的 Internet Explorer 手机浏览器，不支持 Adobe Flash Lite。

Windows Phone 的短信功能集成了 Live Messenger（俗称 MSN）。

应用程序商店服务 Windows Marketplace for Mobile 和在线备份服务 Microsoft My Phone 也已同时开启，前者提供多种个性化定制服务，比如主题。

2．动态磁贴

Live Tile（动态磁贴）是出现在 WP 的一个新概念，这是微软的 Metro（美俏，是微软在 Windows Phone 7 中正式引入的一种界面设计语言，也是 Windows 8 的主要界面显示风格）概念，与微软已经中止的 Kin 很相似。Metro 是长方图形的功能界面组合方块，是 Zune 的招牌设计。Metro UI 要带给用户的是 glance and go 的体验。即便 WP7 是在 Idle 或是 Lock 模式下，仍然支持 Tile 更新。Mango（也就是 WP7.5）中的应用程序可以支持多个 Live Tiles。在 Mango 更新后，Live Tile 的扩充能力会更明显，Deep Linking 既可以用在 Live Tiles 上也可以用在 Toast 通知上。目前 Live Tile 只支持直式版面，也就是你将手机横拿，Live Tile 的方向仍不会改变。

Metro UI 是一种界面展示技术，和苹果的 iOS、谷歌的 Android 界面最大的区别在于：后两种都是以应用为主要呈现对象，而 Metro 界面强调的是信息本身，而不是冗余的界面元素。显示下一个界面的部分元素在功能上的作用主要是提示用户"这儿有更多信息"。同时在视觉效果方面，这有助于形成一种身临其境的感觉。

该界面概念首先被运用到 Windows Phone 系统中，如今同样被引入 Windows 8 操作系统中。

3．中文输入法

Windows Phone 的中文输入法可以说是目前为止各大智能手机操作系统中最舒服的。首先它继承了英文版软键盘的自适应能力，根据用户输入习惯自动调整触摸识别位置。您打字要是总偏左，所有键的实际触摸位置就稍微往左边挪一点，反之亦然。自带词库的丰富性在手机输入法中也是难得一见的。网络流行词汇全都在列，常见品牌如"沃尔玛、家乐福、京客隆、京东、大中、国美"等也一应俱全，更值得一提的是，在系统自带的中文输入法中，您不需要输入任何东西就可以选择"好、嗯、你、我、在"等几个最常用的简短回复，可以说是在每一个细节上提高您的打字效率。最后，输入法还有全键盘、九宫格、手写等三种模式可选。需要说明的是输入法到目前为止并没有笔画模式，这对于有些习惯笔画输入的人来说稍有不便。

4．人脉（People Hub）

People Hub 虽然被称作"人脉"，但其基本功能就相当于传统意义上的"联系人"，只不过功能强化了几十倍，带各种社交更新，还实时云端同步。在芒果（Mango，也就是WP7.5）里面 People Hub 的首页 tile 有了一点变化。之前它的 live tile 分成 9 个小块，里面轮番显示联系人头像。芒果里面则引入了占 4 个小格子的大号头像，让每个联系人都有充分展示自己的机会。其次就是联系人分组的引入。除了已经说过的功能以外，分组在人性化方面也很值得一提。比如自带的 Family（家人）分组，里面默认是空的，并且自动摘取联系人中所有与您同姓的，建议加入该组。

5．市场（Marketplace）

采用了类似 iOS 的方式，在 Marketplace 里选择下载某款应用之后立即返回到应用列表界面（若下载游戏则跳到 Xbox Live 界面），立即在里面显示图标，下面是下载进度。从前进度条只表示下载，到达 100%之后进入漫长的"Installing"阶段，无其他提示。现在下载和安装各占一半，到 50%时下载完毕，100%时安装完毕。微软应用商店中还会为 WindowsPhone 系统手机的用户提供一些手机厂商专有的应用，这些应用只有你和与你相同使用此品牌手机的用户所拥有，别人无法使用！诺基亚和微软为了进一步推动 Windows Phone 平台手机的发展可谓尽心尽力。目前诺基亚已经和全球领先的互动娱乐软件公司 EA 合作，将多款人气游戏引进 Windows Phone 平台上。微软和诺基亚联合注资 2400 万美元，用于新Windows Phone 应用程序的研发。

6．同步管理

Zune 软件好比 iOS 用户常用的桌面端管理软件 iTunes，作为一款与 Windows Phone 手机搭配的桌面端管理软件，用户可以通过 Zune 为 Windows Phone 手机安装最新的系统更新，下载应用和游戏，以及管理并同步音乐、视频和图片等内容。同时 Zune 也是一款界面优雅、功能强大的桌面端媒体管理播放系统，而且拥有许多媒体播放软件不具备的图片幻灯片浏览功能，用户可以用 Zune 统一管理 PC 端的多媒体文件。

Windows Phone 8 取消 Zune 桌面客户端，取而代之的是 Windows Phone 桌面同步应用，Xbox Music 音乐服务也将取代现有的 Zune 在 Windows 8、Windows Phone、Xbox 上推出。微软已发布了针对传统桌面下的最新同步工具，名字也叫做：Windows Phone。条件：PC 运行 Windows 7，Windows 8 操作系统，只支持 Windows Phone 8 设备。

7．软件管理

Windows Phone 对安装的所有应用程序进行首字母分类。每类前面有一个大字母，单击一下呼出全屏字母表，选择一个字母就跳到相应的组，不管装多少东西，寻找一个应用程序只要单击三四次即可。目前我们发现字母分组视图是根据安装的应用数量自动出现的。如果您只装了十几二十个应用，那么应用列表就和以前一样，没什么特别的，上下滚动寻找，反正也不费事。一旦应用超过一定数量就自动激活分组视图。除了方便以外，这一视图还有个比较人性化的亮点。有些类似的系统把不支持的语言文字统统扔到"Z"组最底下。WP7 里面"Z"之后还有一组，标志是个地球，表示"其他语种"。纯中文名字的应用都归在这里面。

8．语言支持

2010 年 2 月发布时，Windows Phone 只支持五种语言：英语、法语、意大利语、德语和西班牙语。Windows Phone Store 在 200 个国家及地区允许购买和销售应用程序：澳大利亚、奥地利、比利时、加拿大、法国、德国、香港、印度、爱尔兰、意大利、墨西哥、新西兰、新加坡、西班牙、瑞士、英国和美国。

微软在发行这个操作系统时，主要的销售对象是一般的消费市场，而非以前版本所瞄准的企业市场。它首先于 2010 年 10 月 21 日在欧洲、新加坡以及澳大利亚发行，接着则是于同年的 11 月 8 日在美国及加拿大、11 月 24 日在墨西哥发行。亚洲地区则是预计于 2011 年的第一季发行。在 Windows Phone 中，微软将其使用接口套用了一种称为"Metro"的设计语言（曾被使用于 Zune 中），并将微软以及其他第三方的软件集成到了操作系统中，以严格控制运行它的硬件。如今，随着 Windows Phone 的更新，已支持 125 种语言。

9．解锁工具

Windows Phone 不是一个开放的操作系统，但对待 Windows Phone 的破解，微软的态度是肯定的。

Chevron WP7 团队与微软达成一致发布的 Windows Phone 解锁工具能帮助用户解锁自己的 WP 手机，安装、运行、调试来自 Windows Phone Store 之外的应用程序。这款工具使得所有人都能参与 Windows Phone 的开发，各个国家、各种水平的用户、开发人员只需花费 9 美元就可以获取 Windows Phone 解锁服务（限一台机器），安装自制程序（homebrew）。2012 年 1 月 1 日，按照规定，Chevron WP7 团队在售卖完 10000 个 Unlock 代用卷后，宣布正式停止向其他用户提供 Unlock 服务。

4.5.3 Windows Phone 8 系统新增特色

Windows Phone 8（WP8）采用与 Windows 8 相同的 NT 内核，这就意味着 WP8 可能兼容 Windows 8 应用，开发者仅需很少改动就能应用在两个平台上运行。

1．硬件提升

此次 WP8 系统首次在硬件上获得了较大的提升，处理器方面 WP8 将支持双核或多核处理器，而 WP7.5 时代只能支持单核处理器。WP8 支持三种分辨率：800×480（15:9）、1280×720（16:9）和 1280×768（15:9），WP8 屏幕支持 720P 或者 WXGA。WP8 将支持 MicroSD 卡扩展，用户可以将软件安装在数据卡上。同时所有 Windows Phone 7.5 的应用将全部兼容 Windows Phone 8。

2．浏览器的改进

WP8 内置的浏览器升级到了 IE 10 移动版。相比 Windows Phone 7.5 时代，JavaScript 性能提升四倍，HTML 5 性能提升 2 倍。

Windows Phone 8 取消 Zune 桌面客户端，取而代之的是 Windows Phone 桌面同步应用，微软表示未来 Zune 音乐将以 Xbox Music 的形式很快在 Windows 8、WP 手机平台、Xbox 上推出。微软已发布了针对传统桌面下的最新同步工具，名字也叫做：Windows Phone。条件：PC 运行 Windows 7，Windows 8 操作系统，只支持 Windows Phone 8 设备。

3．游戏移植更方便

换上新内核的 WP8 开始向所有开发者开放原生代码（C 和 C++），应用的性能将得到提升，游戏更是基于 DirectX，方便移植。由于采用 WIndows 8 内核，WP8 手机可以支持更多 Windows 8 上的应用，而软件开发者只需要对这些软件做一些小的调整。除此以外，WP8 首次支持 ARM 构架下的 Direct3D 硬件加速，同时由于基于相同的核心机制，因此 Windows 8 平台向 WP8 平台移植程序将成为一件轻松的事情。

4．支持 NFC 技术

WP8 将支持 NFC 移动传输技术，这项功能在之前 WP7 时代是没有的。而通过 NFC 技术，WP8 可以更好地在手机、笔记本电脑、平板电脑之间实现互操作，共享资源变得更加简单。

5．实现移动支付等功能

由于 NFC 技术的引进，移动钱包也出现在 WP8 中了，支持信用卡和贷记卡，还有会员卡等，也支持 NFC 接触支付。微软称其为"最完整的移动钱包体验"。同时微软为 WP8 开发了程序内购买服务，也可以通过移动钱包来支付。

6．内置诺基亚地图

Windows Phone 8 将用诺基亚地图来替代 Bing 地图，地图数据将由 NAVTEQ 提供，微软 WP8 内置的地图服务全部具备 3D 导航与硬件加速功能。同时，所有机型都将内置原来诺基亚独占的语音导航功能，而诺基亚的 WP8 手机地图支持离线查看、Turn By Turn 导航等功能。诺基亚与微软的合作正在逐步加深。

7．商务与企业功能

由于 WP7.5 对于商业的支持不够全面，因此在 WP8 时代移动商业这方面将大幅改进，WP8 将支持 BitLocker 加密、安全启动、LOB 应用程序部署、设备管理，以及移动 Office 办公等。

8．新的待机界面

WP8 拥有了新的动态磁贴界面，磁贴可以分为大中小三种，并且每一小方块的颜色可以自定义。需要注意的是，按住磁贴原来只可以调整位置或者删除，而 WP8 中可以通过右下角的箭头调整磁贴大小，甚至可以横向拉宽到整个屏幕。同时 WP8 上实时的地图导航可以在主界面的磁贴块中直接显示。

9．支持 MicroSD 卡

在 Windows Phone7 时代，WP7 手机并不支持 SD 卡扩展，因此此次微软宣布 Windows Phone 8 增加了这个功能，WP8 手机支持 SD 卡扩展，但是在发布会上，微软只示范了如何将文件拷贝到 SD 卡中，并没有说明是否能将应用程序安装在 SD 卡中。

微软公布 Windows Phone 8 的首批合作 OEM 厂商，分别将包含诺基亚、华为、三星与 HTC，深入支持各地本地化发展，并且也将加快版本更新速度。

不过由于内核变更，WP8 将不支持目前所有的 WP7.5 系统手机升级，而微软也为现在的 WP7.5 手机提供了一个 WP7.8 系统，此系统配备了 WP8 的新界面等全新功能。

10．儿童乐园功能

新的 Windows Phone 8 将支持 Kid's Corner（儿童乐园）功能，也就是通常说的家长控制。通过 Kid's Corner，家长可以限定自己的孩子可以接触到的游戏、音乐、应用，避免小孩弄乱手机中的重要数据，同时也可以让孩子远离手机中的不良内容。

11．Data Sense 流量节省

北京时间 2012 年 10 月 30 日，微软于美国旧金山召开发布会，微软在发布会上介绍了

Data Sense 这款应用。Data Sense 可以压缩 Windows Phone 8 应用以及网页浏览数据，减少流量消耗。微软称，根据实际测试，在相同的流量下，使用 Data Sense 的 Windows Phone 8 手机可以多浏览 45%的网页内容。

12．支持动态应用

Windows Phone 8 将会增加动态应用（Live App）的支持。动态应用可以集成于其他的应用程序中。同时，动态应用还可以植入 Windows Phone 的锁屏界面，将应用推送的信息显示在锁屏界面上，让手机变得更加人性化。

4.6　Windows Mobile

Windows Mobile（简称：WM）是微软针对移动设备而开发的操作系统。该操作系统的设计初衷是尽量接近于桌面版本的 Windows，微软按照 PC 操作系统的模式来设计 WM，以便能使得 WM 与 PC 操作系统一模一样。WM 的应用软件以 Microsoft Win32 API 为基础。新继任者 Windows Phone 操作系统出现后，Windows Mobile 系列正式退出手机系统市场。2010 年 10 月，微软宣布终止对 WM 的所有技术支持。

WM 系统的原形是简单的 Windows CE 系统，后来微软在 Win CE 的基础上开发出了 Pocket PC（PPC）和 Smartphone 系列。

图 4-5 是一款 Windows Mobile 系统的天语智能手机。

图 4-5　Windows Mobile
系统的智能手机

4.6.1　Windows Mobile 的发展历史

2003 年，微软发布了 WM 的第一个版本：Windows Mobile 2003。

2005 年 9 月 5 日，微软推出 Windows Mobile 5.0，该版本改进了电源管理和存储模式，并且内置了.net framework 2.0，加入 Office，并且增加了 GPS 以及 Wi-Fi 功能。

2007 年 2 月 12 日，微软在巴塞罗那推出 Windows Mobile 6.0，其系统操作和 Windows Vista 相似，微软期望 WM 能让用户在手机上体验到 PC 般的操作，并且统一手机和 PC，因此将大量 PC 操作系统的元素一次性引进 WM 中，并且导入了微软在 PC 上的自家应用程序，如 MSN、IE 等。但随后苹果公司发布了 iPhone，独特和创新的用户体验，使得 WM 在与 iPhone 的战斗中失败。2009 年 2 月，巴塞罗那世界移动通信大会上，微软发布了 Windows Mobile 6.5，开始和 iPhone 一样支持电容屏技术，并且效仿 iPhone 的 AppStore 模式在 WM 内增加了 "Windows Marketplace" 电子市场。

2010 年 10 月 11 日微软公司正式发布了智能手机操作系统 Windows Phone，并且宣布中止对原有 Windows Mobile 系列的技术支持和开发，从而宣告了 Windows Mobile 系列的退市。

2010 年 10 月，微软宣布终止对 WM 的所有技术支持。如今 Windows Mobile Marketplace 已于 2012 年 5 月 9 日关闭，这将宣告了 Windows Mobile 将无法再从应用商店中下载任何应用。

现在，微软已完全放弃了 WM 平台的支持与开发，全面采用新平台 Windows Phone。

4.6.2 Windows Mobile 系统的功能

1．开始菜单

开始菜单是 Smartphone（智能手机）使用者运行各种程序的快捷方法。类似于桌面版本的 Windows，Windows Mobile for Smartphone 的开始菜单主要也由程序快捷方式的图标组成，并且为图标分配了数字序号，便于快速运行。

2．标题栏

标题栏是 Smartphone 显示各种信息的地方。包括当前运行程序的标题以及各种托盘图标，如电池电量图标，手机信号图标，输入法图标以及应用程序放置的特殊图标。在 Smartphone 中标题栏的作用类似于桌面 Windows 中的标题栏加上系统托盘。

电话功能：Smartphone 系统的应用对象均为智能手机，故电话功能是 Smartphone 的重要功能。电话功能很大程度上与 Outlook 集成，可以提供拨号，联系人，拨号历史等功能。

3．Outlook

Windows Mobile 均内置了 Outlook|Outlook Mobile。包括任务、日历、联系人和收件箱。Outlook Mobile 可以同桌面 Windows 系统的 Outlook 同步以及同 Exchange Server 同步（此功能需要 Internet 连接）Microsoft Outlook 的桌面版本往往由 Windows Mobile 产品设备附赠。

4．Windows Media Player Mobile

WMPM 是 Windows Mobile 的捆绑软件。其起始版本为 9，但大多数新的设备均为 10 版本，更有网友"推出了"Windows Media Player Mobile 11。针对现有的设备，用户可以由网上下载升级到 WMPM10 或者 WMPM11。WMP 支持 WMA，WMV，MP3 以及 AVI 文件的播放。目前 MPEG 文件不被支持，但可经由第三方插件获得支持。某些版本的 WMP 同时兼容 M4A 音频。

5．继任者

Windows Phone：是微软继 WM 发布的手机操作系统。微软公司首席执行官史蒂夫-鲍尔默在北京时间 2010 年 2 月 15 日公布了手机操作系统 Windows Phone，该系统将 Xbox LIVE 游戏、Zune 音乐等整合至手机中。2010 年 10 月 11 日微软公司正式发布了智能手机操作系统 Windows Phone，并且宣布中止对原有 Windows Mobile 系列的技术支持和开发，从而宣告了 Windows Mobile 系列的退市。

4.7 Palm OS

Palm 是流行的个人数字助理（PDA，又称掌上电脑）的传统名字，是一种手持设备，也以掌上电脑而闻名。广义上，Palm 是 PDA 的一种，由 Palm 公司发明，这种 PDA 上的操作系统也称为 Palm，有时又称为 Palm OS。狭义上，Palm 指 Palm 公司生产的 PDA 产品，以区别于 SONY 公司的 Clie 和 Handspring 公司的 Visor/Treo 等其他运行 Palm 操作系统的 PDA 产品。图 4-6 是两款 PALM OS 系统的智能手机。

图 4-6　PALM OS 智能手机

4.7.1　Palm 公司简介

Palm Computing 公司是由杰夫·霍金斯（Jeff Hawkins）于 1992 年 1 月成立于美国硅谷，目标是要成功设计出一个轻巧方便且人性化的笔式随身电脑。但公司起初生产出来的产品由于市场需求定位不准，遭到失败。

重新思考市场需求后三个月，也就是 1994 年 8 月，一个雏形模型做出来了。两颗 4 号小电池就能启动且长时间使用，内建四个应用，包括"时程管理"、"电话簿"、"待办管理"、"记事本"等，售价 300 美元以下。Palm Computing 公司决定将这个革命性的新产品开发专案的代号定名为"Touchdown"。1996 年 4 月，"Touchdown"专案任务完成，终于将其正式名称改为"Pilot"的轻巧随身 PDA 产品。众所周知，这是个非常成功的产品，推出之后的 18 个月内，就卖了一百万台，破天荒地超越了电器史上彩色电视机与录放影机的畅销记录。三年多来，陆续有"Pilot 1000、Pilot 5000、Palm Pilot Personal、Palm Pilot Professional、Palm III"等机型上市，以及 1999 年 3 月开始推出的"PalmIIIx、PalmV、PalmVII、Palm IIIe"等系列产品，累积至今，据悉已经有超过三百万台的惊人销售量。更可贵的是，Palm OS 程序开发平台的开放架构，吸引了众多为 Palm OS 平台开发应用软件的程序师，现今流通的共享软件（shareware）与免费软件（freeware）已经超过 10000 种，各种优良的应用软件还在急速扩增中。

全世界至少有一千万的用户在使用 Palm Pilot，随着 Palm III、Palm IIIx 和 Palm V 几种型号的推出，用户也由较专业的使用者发展到普通用户。讨论有关使用技巧的新闻组中出现新用户的比例剧增。虽然 Microsoft 开发了针对 Palm Pilot 的 Windows CE，并且邀请众多的硬件公司支持生产类似的产品，但 Palm 仍然占有 PDA 市场的六成比例。奔迈 Palm——一部改变人们生活与工作方式的移动化电脑从可联机的 Pilot 万用记事本一直到 TreoTM 智能手机，Palm 依然致力于移动化电脑系统的开发。

过去十年中，Palm 的产品曾被送上太空搜集资料，也一度活跃于珠穆朗玛峰（Mount Everest）探险队中，更帮助商界顺利完成了数以百万计的交易，不论男女老少，大家都爱用，成功赢得全球消费者的心。从医生、地产经纪，一直到学生、名人，甚至各大企业的行政总裁。

这些年来，忠实客户已购买了 3000 万部以上的 Palm 产品，包括 300 万部智能手机。其中最主要的，都是个人消费者，通过 Palm 产品的协助，他们的生活变得井井有条，而且随时都能接收重要信息。对大多数个人消费者而言，Palm V 掌上电脑，造型优雅，且具备高效率功能，是第一部能够吸引新奇事物与流行时尚追求者的产品，同时也成了主流市场的焦点。其他来自商界与服务业界的客户，例如：医生，也可以运用决策支持软件，提升他们对医护站与病人的医疗服务质量。

针对 Palm OS 平台产品提供支持的开发厂商，已超过 29,000 家，他们不仅研发创新的消费类与企业应用软件，同时更推出各类硬件外围，例如：键盘、GPS 装置，以及条形码扫描仪，是 Palm 最强而有力的后盾。当 Palm 将 Windows Mobile 平台纳入，成为其智能手机的平台选择之一时，也意味着它的开发厂商团队，又获得了再一次的成长。

2010 年 4 月 29 日，惠普以 12 亿美元收购 Palm。惠普与 Palm 于 2010 年 4 月 29 日共同宣布，双方已经签署了一份最终协议。根据此协议规定，惠普将以每股 Palm 普通股 5.70 美元的价格收购 Palm，交易将以现金结算。按此计算，此次收购交易价格共计为 12 亿美元。此次交易已经得到了惠普与 Palm 董事会的批准。此次合并将会提高惠普进一步参与快速增长、高利率智能手机市场和移动设备市场的竞争能力，特别是 Palm 公司独特的 Web OS（网络系统）将有助于惠普充分利用诸如多重任务处理和通过应用方案共享最新信息等功能。

4.7.2 Palm 系统从发展到终结

早期 Palm 硬件十分简单，只有黑白显示屏，并全部采用摩托罗拉龙珠处理器。现时 Palm 的最新型号已不再采用龙珠处理器，而是采用与 PPC 相同的 RISC 处理器。采用的处理器厂商包括德州仪器及英特尔。其扩充能力也大为增强，红外线与蓝牙成为基本配备，大部分型号采用彩色显示屏，并设有 SD 卡扩充槽，后期推出用 Windows Mobile 操作系统的智能手机 Treo Pro 更有 AGPS 及 Wi-Fi。

2004 年 11 月 2 日 PalmOne 发布 Tungsten T5 掌上电脑，拥有 256MB 快闪存储器，是当时市场上存储量最大的掌上电脑的两倍。

2005 年 1 月 17 日 PalmOne Tungsten T5 获得业界权威 IT 门户网站硅谷动力"2004 用户最关注 IT 产品评选"铂金奖。

2005 年 5 月 PalmOne 收回了 Palm 商标的使用权同时正式更名回 Palm Inc.，并且发布了新的徽标。

2005 年 5 月，PalmOne 公布采用微型硬盘，拥有 4GB 存储容量的 LifeDrive，企图抢占多媒体播放器市场。

2005 年 10 月 12 日 Palm 公布两部新型号手机：TX 与 Z22，并在未来所有新型号手机不再使用 Tungsten 与 Zire 等名称。

2009 年 1 月 9 日 Palm 于 CES 公布其新一代操作系统 Web OS（之前代号为 Nova）及新机 Palm Pre。北京时间 2009 年 2 月 11 日，Palm 公司 CEO Ed Colligan 宣布：以后将专注于 Web OS 和 Windows Mobile 的智能设备，而将不会再有基于"Palm OS"的智能设备推出，除了 Palm Centro 会在以后和其他运营商合作时继续推出。

此外，Ed Colligan 提到，Palm 公司的新款智能手机 Palm Pre 里的 App Store 可以从其他的非官方的"App Store"里购买程序，相比于 iPhone 更加开放。

2010 年 04 月 29 日，HP 以 12 亿美元，每股 5.7 美元的价钱收购 Palm，于 7 月 31 日完成，Palm 总裁维持不变，惠普更表示除了传统的智能手机外，还会推出使用 Web OS 的平板电脑，上网本等。

2011 年 8 月 19 日，惠普公司宣布，终止运营与 Web OS 相关的手机设备与平板电脑业务，Web OS 将用于授权，或做打印机或汽车相关设备的系统。

美联社报道称，对曾经风靡一时的 Palm 手机来说，这则消息是"压倒骆驼的最后一根稻草"，是无法挣脱的死结。Palm 从苹果挖来的首席董事长乔恩·卢宾斯泰恩在 2010 年时所说，"世界的变化超出了我们的想象，我们已然脱节。"

Palm OS 智能手机的特点和主要功能：

Palm OS 智能手机不仅可以用于产生、存储和处理数据，而且能够从台式机或者笔记本电脑或者从网络上下载数据，处理数据以后再将新数据上传。

Palm OS 平台是一个开放式软件架构，平台由硬件参考设计、Palm OS 操作系统、HotSync 数据同步软件、SDK 工具组件和支持界面这五部份组成。因为是开放的标准，加上 Palm PDA 的成功和 Palm 公司对开发者的大力支持，使得 Palm OS 拥有大量的第三方硬件厂商、数量惊人的开发者和应用软件。Palm OS 操作系统主要特色以简单著称，Palm OS 以简单的图形界面来完成对信息的处理操作，而且 Palm OS 系统运行时占用资源少，处理速度快，由于系统内部结构简单，在软件存储和运行方面都只需要非常少的空间。但是因为 Palm OS 的设计过分地追求了低功耗和低硬件要求的理念，所以在如今智能手机飞速发展的市场中看来有些格格不入，这也是它最终走向落幕的原因。

Palm OS 智能手机的功能大致包括：

1）个人信息管理，包括电话本，速记，要事表，密码；

2）看电子书，包括电子地图，漫画；

3）电子词典；

4）视听，如 mp3；

5）上网收发邮件，简单浏览；

6）杂项，包括日历，家电遥控，公交查询，手机管理，项目管理，表格，字处理，账务管理。

以 Plam 为系统的手机在国内不是很多，比较熟悉的有 Plam Treo 650，Plam treo 680，Plamcentro，三星 I539，托普 G88 等。

4.8　MeeGO

MeeGo（米果）系统是一种基于 Linux 的自由及开放源代码的便携设备操作系统。它于 2010 年 2 月的世界移动通信大会（Mobile World Congress，MWC）上发布，主要推动者为诺基亚与英特尔。MeeGo 融合了诺基亚的 Maemo 及英特尔的 Moblin 平台，并由 Linux 基金会主导。MeeGo 主要定位在移动设备、家电数码等消费类电子产品市场，可用于智能手机、平板电脑、上网本、智能电视和车载系统等平台。2011 年 9 月 28 日，继诺基亚宣布放弃开发 MeeGo 之后，英特尔也正式宣布将 MeeGo 与 LiMo 合并成为新的系统：Tizen。2012 年 7 月，在诺基亚的支持下，Jolla Mobile 公司成立，MeeGo 系统重生，将在华发布新一代

MeeGo 手机。

图 4-7 是一款 MeeGo 系统的智能手机。

4.8.1 MeeGO 系统的开发背景

MeeGO 是英特尔和诺基亚合力推出的一个共同的平台，携手
谋求更大的事业而产生的一个操作系统，在 2010 年巴塞罗那举办
的世界移动通信大会上首次发布，该项目整合英特尔的 Moblin 和
诺基亚的 Maemo 两个系统，可以工作在更广泛的设备上——手
机、PC、笔记本电脑、上网本、平板电脑、智能电视、PTV 机顶
盒等。

MeeGo 是开放源码的 Linux 项目，它把由 Intel 牵头的 Moblin
项目跟 Nokia 领导的 Maemo 项目结合到单一的开源实践中。它包
含了性能优化，可提供面向计算和图形的应用及连接服务的开发的
组件，对互联网标准的支持，基于 Qt 的易于使用的开发环境，以
及面向小型平台及移动设备的优化的最新 Linux 架构。MeeGo 系统

图 4-7　MeeGo 系统的 N9
智能手机

可以适用的平台包括上网本、简易台式机、手持计算和通信设备、车载信息娱乐设备、上网电
视、多媒体电话。

MeeGo 操作系统意在让应用开发商一次性编写程序，随后就可以用于从智能手机到上
网本等一切应用硬件平台；在竞争日益激烈的智能手机领域，这一竞争策略正日益盛行。
Adobe 近期也采用了同一战略，应用开发人员只需编写一次程序，就可以将 Flash 应用用于
台式机和笔记本电脑以及手机等诸多操作系统。

英特尔和诺基亚宣布，此前用于 Maemo 或 Moblin 运算环境的应用也将同样用于新的
MeeGo 操作系统。诺基亚还强调，创建 MeeGo 平台并不是意在取代诺基亚自己的 Symbian
操作系统。相反地，通过 Qt（是一个跨平台的 C++图形用户界面应用程序框架，它提供给
应用程序开发者建立艺术级的图形用户界面所需的所用功能）应用以及 UI 框架，开发商可
以将应用同时用于 MeeGo 以及包括 Symbian 的诸多其他平台。相关应用程序届时将通过诺
基亚的 Ovi Store 发售，面向所有基于 MeeGo 和 Symbian 的诺基亚硬件设备，而英特尔的
AppUp Center 将面向基于 MeeGo 的英特尔设备。

两家公司将新操作系统 MeeGo 定位为一个挑战苹果 iPhone App Store 模式的开源平
台。虽然英特尔和诺基亚并没有指名道姓地提到苹果的 iPhone OS，但 MeeGo 的竞争指向
性非常明显。两家公司表示，通过新操作系统，消费者就可以不必局限于某一制造商的某
种产品系统。

英特尔和诺基亚还计划将新操作系统运用于诸多平板运算产品，挑战苹果新近推出的
iPad。英特尔高级副总裁雷内·詹姆斯（Renee J. James）近期接受采访时证实："新操作系统
还将面向平板运算产品。"

不过，MeeGo 的挑战对手并不只有苹果 iPhone OS，其在上网本领域还将面临谷
歌 Chrome OS 的压力，在手机、平板电脑以及车载系统还将面临来自微软等公司的
竞争。

连诺基亚自己都承认，从 Maemo 第一个版本面世到搭载到第一款智能手机 N900，时

隔有五年。英特尔的 Moblin 可以让开发人员快速开发出相关设备的驱动及 UI，其 Moblin 社区也一直很活跃，但是基于 Linux 的内核似乎没有什么特别优势，遗憾是，目前还没有智能手机硬件厂商支持 Moblin，这对于在计算设备领域前呼后拥的英特尔而言，显然是亟待解决的问题。

2009 年 6 月，英特尔和诺基亚声明了战略合作关系。双方宣布结成长期合作伙伴，研发下一代基于英特尔构架的无线计算设备和芯片组构架，以及 Linux 项目的合作，英特尔还将获得在未来产品中使用诺基亚 HSPA/3G 调制解调器的许可。融合后的 MeeGo 问世，应该算是行动上迈出的重要一步。

4.8.2 MeeGo 系统的特点

MeeGo 平台可基于不同的应用而改变模块，它提供一个核心的开发平台，关键的API都是一样的，这将会帮助开发人员能够在 Intel 平台上进行创新和开发，而且能进一步地降低成本。Intel公司副总裁詹睿妮称 MeeGo 这样一个软件发布的平台，它对开发者来讲是一种革命性的工具，其不同之处在于人们能够嵌入一系列的应用，包括应用于电话、应用于上网本、应用于电视等的开发。

MeeGo 整合英特尔 Moblin 与诺基亚 Maemo 两者的优势，针对多种计算设备的硬件平台而设计，包括便携式笔记本电脑、上网本、平板电脑、多媒体电话、联网电视机和车载信息娱乐系统等。

4.8.3 MeeGo 系统支持的设备与机型

1．手机

2012 年底 MeeGo 手机系统的最新的版本是 1.3，称为 MeeGo Harmattan。在诺基亚与英特尔建立合作关系时，诺基亚就已经在开发 Harmattan 系统了。而在 2011 年初宣布抛弃 MeeGo 之后，英特尔就继续以 Maemo 6 为基础进行开发，并加入了为 MeeGo 而设计的 Handset UX（用户体验）。手机 MeeGo 基于 Qt。并根据不同的设备，提供来自英特尔 AppUp 或诺基亚 Ovi 数字软件发行系统的应用程序。

2．平板电脑

平板电脑 MeeGo 和其他的 MeeGo 项目一样，将成为完全开源的项目，并且使用 Qt 与 MeeGo Touch 框架。英特尔透露 Qt 将结合 Wayland 显示服务器，而不是常见的 Qt/X11 组合在 MeeGo Touch，以便利用 Linux 内核支持的最新图形技术，它可以改善用户体验并降低系统复杂性。

3．车用通信娱乐设备

GENIVI 联盟，由数个汽车制造商和企业合作伙伴组成。使用 Moblin 与 Qt 作为"GENIVI 1.0 参考平台"的基础，用于车用通信娱乐设备（IVI）。

4．支持手机类型

商业化智能手机中只有诺基亚 N9 搭载 MeeGo 系统。诺基亚 N950 等机型也会搭载 MeeGo 系统。

2011 年 6 月 21 日，诺基亚在新加坡举办的 Nokia Connection 上发布了旗下首款 MeeGo 系统手机 N9。N9 是世界上第一款正面没有任何按键的全触摸手机，拥有 3.9in 的 AMOLED

的弧形屏幕和 800 万像素的摄像头。MeeGo 团队为诺基亚 N9 带来了工业设计、软件开发、用户界面的进步以及创造一个更好的方式来使用手机的开发平台。使用诺基亚 N9 所有的这一切，只需要一个简单的手势，一个手指轻轻滑动。这是一种使用所有不同的特性和功能最直观的方式。无论打开任何应用，你只要从屏幕的边缘滑动一下，即可回到主视窗。

诺基亚 N9 是一个完美的整体，一体式机身设计让硬件和软件无缝地融合在一起。3.9inAMOLED 的弧形玻璃屏幕让应用大放异彩，也让用户界面充分受益。得益于创新的夹层屏幕技术，让应用程序看起来好像浮动在屏幕上方。诺基亚 N9 的机身是由聚碳酸酯工程材料制成，与其他竞争对手的智能手机相比它的天线性能更优越。这意味着更强的接收信号、更好的话音质量和更低的掉线率。

诺基亚 N9 的用户界面设计围绕着人们最常用几个功能。这是为什么会有三个循环的主视窗循环的原因。

1）主菜单：打开或管理你的应用；

2）动态更新：社交网络的更新，电话、短信、日历等的提醒；

3）多任务：所有最近打开的应用程序的动态显示及切换。你的手指可以放大或缩小任务窗口去浏览多个打开的应用程序，无论是 4 个还是 9 个都没问题。诺基亚 N9 的多任务管理体验是所有手机里面最棒的。

800 万像素自动对焦、卡尔蔡司光学镜头、双 LED 闪光灯和超宽的 28mm 镜头，从捕捉画面的一开始就比市场上其他任何品牌的智能手机更加快速。支持高清视频和真正 16:9 影像。你可以通过短信、邮件、NFC 或者各种互联网服务分享照片。

快速的网络浏览器是基于最新的 Webkit 2 技术。即使在加载网页时，屏幕也会响应。你可以同时浏览多个动态网页，并可以在多任务管理视窗内轻松管理和切换。最喜爱的网站显示为视觉缩略图，支持完整地浏览历史记录。宽屏 HTML 5 支持提供存取丰富的网络应用和快速视频播放。

4.8.4　MeeGo 系统的现状

1. MeeGo 系统的失落

在 2011 年，诺基亚曾经对 MeeGo 系统寄予了很高的期望，希望借此来重振雄风，并推出了基于 MeeGo 系统的 N9 手机，然而现实是残酷的，在不愠不火了一段时间后，状况不见好转的诺基亚开始转投使用微软的 WP 系统。

诺基亚的如此改变却苦了购买了诺基亚 N9 的用户们，封闭了应用商店，N9 用户得不到最新的软件更新，不得不放弃自己的爱机。

2. MeeGo 系统的重生

一些不甘愿默默退出的原 MeeGo 系统的老员工们，寻求着反击和重新树立地位的机会。Mer 就是原来诺基亚 Maemo 环境的重生，它完全开放，目标和过去一致。Mer 也并非孤身一人，而是一个由诺基亚 MeeGo 项目组原员工组成的神秘组织 jolla mobile。他们表示已经接过了 MeeGo 的枪，或许 MeeGo，仍然还有着属于它自己的未来。

2012 年 7 月 8 日一群前诺基亚员工和热衷于 MeeGo 操作系统的爱好者创立了一家名为 Jolla 的移动初创公司，并且打算开发和推出一些基于 MeeGo 系统的新产品，随后诺基亚给予了一定援助。

Jolla 公司网罗了大批诺基亚 MeeGo N9 部门的主管和核心专业人才，以及 MeeGo 开发者社区的一些人才。Jolla 证明新款 MeeGo 智能手机将由我们的行业和投资者合作伙伴共同研发，并且还会得到 MeeGo 开发者社区的支持。

由于 Jolla 并非诺基亚的附属组织，因此它不会为 N9 智能手机和 N950 开发者手机提供支持和升级服务。Jolla 的领导人是首席运营官马克迪龙（Marc Dillon），他曾在诺基亚工作过 11 年，自 2006 年 1 月开始担任 MeeGo 项目的首席工程师，直到 2012 年 5 月才离开诺基亚。

Jolla 将与国际投资者和合作伙伴一道设计、开发和销售基于 MeeGo 的新智能手机。Jolla 的团队是由一大批 MeeGo 的核心工程师和主管组成的，公司还将积极招募顶级 MeeGo 人才，开发下一代智能手机产品。MeeGo 或将重生。

MeeGo 救世主 Jolla 与迪信通签署手机销售协议，MeeGo 手机将重新在中国发售。2012 年 11 月 21 日，Jolla 在芬兰揭秘最新系统"旗鱼"。

伴随芬兰 Jolla 在赫尔辛基揭开以 MeeGo 为基础研发的操作系统以及用户界面，2012 年 11 月 21 日，Jolla 发布操作系统 Sailfish OS，这是一个开源操作系统。

3. MeeGo 系统更名为 Sailfish OS

Jolla 公司宣布 MeeGo 更名为 Sailfish OS，这让不少手拿诺基亚 N9 的用户看到了新的希望。但是，Jolla 已经明确表示，将不会为这款 MeeGo 旗舰机提供官方的升级服务。为了推进新系统，Jolla 公司表示将尽快推出开发者 SDK，并在 2012 年 12 月推出首款搭载 Sailfish OS 的智能手机。

曾被诺基亚力捧的 MeeGo 遭抛弃后由 Jolla 接盘，外界许多人都猜测缺乏外界支持的 Jolla 面对 Android 和 iOS 甚至是 Windows Phone 的夹击将很快被市场淘汰，但是，Jolla 近日又迎来了新的转机——Jolla CEO Jussi Hurmola 接受芬兰媒体采访时表示，未来 Jolla 将能够兼容 Android 应用。

Jussi Hurmola 称，新的操作系统需要构建新的 App 社群，而 Jolla 决定充分利用现有资源，通过 ACL（应用程序兼容层）技术，让包括 Android 在内的不同平台的应用都能在 MeeGo（Jolla）上运行。因此，除了 Android 以外，MeeGo 还可以执行 QuickTime 和 HTML 5 的应用，以保证平台开放初期不会出现应用不够的情况，从而使用户更容易从其他系统过渡到 MeeGo。

4.9　Bada

Bada 系统是韩国三星电子自行开发的智能手机平台，底层为 Linux 核心。支援丰富功能和用户体验的软件应用，于 2009 年 11 月 10 日发布。Bada 在韩语里是"海洋"的意思。

Bada 的设计目标是开创人人能用的智能手机的时代。它的特点是配置灵活、用户交互性佳、面向服务优。非常重视 SNS 整合和基于位置服务应用。现在已发售的 Bada 系统的三星手机有 Bada 1.0：Samsung Wave S8500，3.3in WVGA 手机；Bada 1.1：Samsung Wave 533/ 723/ 525/ 575，3.2in WQVGA 手机；Bada 1.2：Samsung Wave II，3.7in WVGA 手机；Bada 2.0：Samsung Wave III S8600，4.0in WVGA 手机。

图 4-8 是一款 Bada 系统的三星 S8500 智能手机。

1．Bada 系统的发展过程

第一个基于 Bada 的手机三星 S8500 已于 2010 年 2 月在世界移动通信大会上推出。1GHz 中央处理器，有 TouchWiz 3.0 界面，SUPER AMOLED 屏幕和无缝一体外壳。能够支持社交网络、设备同步、内容管理等，且支援 Java 程序。

此外，三星也将为 Bada 开放应用软件商店，并为第三方开发人员提供支持，截至 2011 年 5 月，已经有超过 5000 款支持 Bada 的软件。

2012 年 1 月 17 日，三星宣布正在将 Bada 整合进入泰泽系统。

2012 年 5 月 17 日，三星表示为了把移动业务进一步向安卓系统发展，决定自 2013 年起终止对 Bada 系统的开发，意味着所有运行 Bada 的设备将会全面停产和淡出市场。

图 4-8　Bada 系统的三星
S8500 智能手机

2．Bada 系统架构

Bada 系统由操作系统内核层、设备层、服务层和框架层组成。支持设备应用、服务应用和 Web 与 Flash 应用。

1）操作系统内核层：根据设备配置不同，可以是 Linux 操作系统或者其他实时操作系统。

2）设备层：在操作系统之上提供设备平台的核心功能，包括系统和安全管理、图形和窗口系统、数据协议、电话和视频音频多媒体管理等。

3）服务层：由应用引擎和 Web 服务组件组成，它们与 Bada 服务器互联，提供以服务为中心的功能。

4）框架层：由应用框架和底层提供的函数组成，不为第三方开发者提供 C++开放应用程序编程接口。

3．Bada 系统的优缺点

1）优点：Bada 系统速度快，操作简便，有 iPhone 的影子，比安卓、WP 7 省电，屏幕靓丽，同样的配置下，性价比很高。

2）缺点：常用软件数量太少，游戏软件挺多的，质优的都收费，还挺贵，基于 Bada 专版的 QQ 还没有，只能用 Java 版的。还有一个主要缺点是，系统更新速度慢，至 2011 年 9 月三星公司推出的 Bada 2.0 版以后，就终止了对 Bada 系统的开发。

第 5 章　移动通信网络

移动互联网就是移动通信网络与互联网络的结合。移动通信网络发展初期的目标，主要是提供有质量保障的语音无线接入服务，其中以 GSM/EDGE 为代表的 2G 标准取得了巨大的成功，建立了一个可以广泛漫游的语音接入平台。在此基础上，从 20 世纪 90 年代开始，为了进一步提高语音服务的质量，同时提供更高能力的分组数据接入，全球移动通信产业逐步发展了以 WCDMA、CDMA2000 和我国的 TD-SCDMA 为主的第三代移动通信网络，数据速率普遍达到了 384bit/s；其后随着互联网应用的快速发展，各种 3G 技术纷纷针对分组接入进行了进一步优化，诞生了 HSPA 等增强型技术，速率普遍达到了 Mbit/s 的级别，以 LTE 为代表的新一代移动通信大幅提高了访问带宽和对数据业务的支持。

全球移动通信系统的发展演进过程如图 5-1 所示。

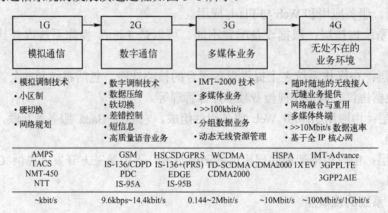

图 5-1　全球移动通信系统的发展演进过程

本章主要讲解第一代移动通信网络到第四代移动通信网络的发展、演变、功能特点以及应用。

5.1　第一代移动通信技术（1G）

5.1.1　1G 概述

第一代移动通信系统是模拟蜂窝移动通信网。1978 年，美国 AT&T 公司通过使用电话技术和蜂窝无线电技术研制了第一套蜂窝移动电话系统，即 AMPS 系统。第一代移动通信的主要特点是采用频分复用，语音信号是模拟调制，每隔 30kHz/25kHz 一个模拟用户信道。第一代系统虽然在商业上取得了巨大的成功，但是其弊端也日渐显露：频谱利用率低、业务种类有限、保密性差，设备成本高且体积笨重，而且仅能提供低速语音业务等。

第一代移动通信技术（1G）是指最初的模拟、仅限语音的蜂窝电话标准。Nordic 移动电话（NMT）就是这样一种标准，应用于北欧国家、瑞士、荷兰、东欧及俄罗斯。其他还包括美国的高级移动电话系统（AMPS），英国的移动通信系统（TACS），在日本，分为不同的制式，分别是 NTT 电话设计的 TZ-801、TZ-802 和 TZ-803 三种制式，及 DDI 公司的 JTACS 标准，德国、葡萄牙及南非的 C-450、C-Netz，法国的 Radiocom 2000 和意大利的 RTMI。

1G 及 2G 网络最主要的区别是 1G 使用模拟调制，而 2G 则是数字调制。虽然两者都是利用数字信号与发射基站连接，不过 2G 系统语音采用数位调制，而 1G 系统则将语音调制在更高频率上，一般在 150MHz 或以上。这时期的通话方式都是蜂窝电话标准，使用模拟调制、频分多址（FDMA），仅限语音的传送。

5.1.2 第一代移动通信网的信令传输过程

一个典型的模拟蜂窝电话系统是在美国使用的高级移动电话系统（AMPS），从根本上说，所有第一代移动通信系统都采用如图 5-2 所示的通信结构。

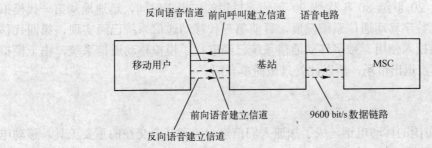

图 5-2　第一代移动通信网中移动终端、基站和 MSC 间的信令传输

AMPS 系统采用 7 小区复用模式，并可在需要时采用扇区化和小区分裂来提高容量。与其他第一代蜂窝系统一样，AMPS 在无线传输中采用了频率调制，在美国，从移动台到基站的传输使用 824MHz 到 849MHz 的频段，而基站到移动台使用 869MHz 到 894MHz 的频段。每个无线信道实际上由一对单工信道组成，他们彼此有 45MHz 分隔。每个基站通常有一个控制信道发射器（用来在前向控制信道上进行广播），一个控制信道接收器（用来在反向控制信道上监听蜂窝电话呼叫建立请求），以及 8 个或更多个 FM 双工语音信道。

当在公共交换电话网（PSTN）中的一个普通电话发起对一个蜂窝用户的一次呼叫并到达移动交换中心（MSC）时，在系统中每个基站的前向控制信道上同时发送一个寻呼消息及用户的移动标志号（MIN）。该用户单元在一个前向控制信道上成功接收到对它的寻呼后，就在反向控制信道上回应一个确认消息。接收到用户的确认后，MSC 指令该基站分配一个前向语音信道（FVC）和反向语音信道（RVC）对给该用户单元，这样新的呼叫就可以在指定语音信道上进行。该基站在将呼叫转至语音信道的同时，分配给用户单元一个监测音（SAT 音）和一个语音移动衰减码（VMAC）。用户单元自动将其频率改至分配的语音信道上。

SAT 音频率使基站和移动站能区分位于不同小区中的同信道用户。在一次呼叫中，SAT 以音频频率在前向和反向信道上连续发送。VMAC 指示用户单元在特定的功率水平上进行发送。在语音信道上，基站和用户单元以空白-突发模式使用宽带 FSK 数据来发起切换时，根据需要改变用户发射功率，并提供其他系统数据。

当一个移动用户发起一次呼叫时，用户单元在反向控制信道（RVC）上发送始发消息。用户单元发送它的 MIN、电子序列号（ESN），基站分类标识和呼叫的电话号码。如果基站正确收到该消息，则送至 MSC，由 MSC 检查该用户是否已经登记，之后将用户连接到 PSTN，同时分配给该呼叫一个前向和反向语音信道对，以及特定的 SAT 和 VMAC，之后开始通话。

在一个典型的呼叫中，随着用户在业务区内移动，MSC 发出多个空白-突发指令，使该用户在不同基站的不同语音信道间进行切换。在 AMPS 中，当正在进行服务的基站的反向语音信道（RVC）上的信号强度低于一个预定阀值，或者 SAT 音受到一定电平的干扰时，则由 MSC 产生切换决定。阀值由业务提供商在 MSC 中进行调制，它必须不断进行测量和改变，以适应用户的增长、系统扩容，以及业务流量模式的变化。MSC 在相邻的基站中利用扫描接收机，即所谓的"定位接收机"来确定需要切换的特定用户的信号水平。这样，MSC 就能找出接受切换的最佳邻近基站。

移动通信网从 20 世纪 80 年代到 90 年代，短短的二十年时间，迅速地从第一代模拟移动通信向第二代数字移动通信系统发展，目前第三代移动通信系统已经实现，第四代移动通信系统已开始投入使用。数字移动通信系统已经取代了模拟移动通信系统，由于模拟移动通信系统已逐步退出市场，所以此处只做简单介绍。

5.1.3　1G 手机

1987 年进入中国的移动电话，成了加速人们信息沟通和社会交往的重要工具。移动电话刚刚进入大陆的时候，有一个奇怪的名称，叫"大哥大"。这便是当时的 1G 手机。

大哥大的出现，意味着中国步入了移动通信时代。1987 年，广东为了与港澳实现移动通信接轨，率先建设了 900MHz 模拟移动电话。这种大哥大移动电话如黑色砖头，重量都在500g 以上。它除了打电话没别的功能，而且通话质量不够清晰稳定，常常要喊，它的一块大电池充电后，只能维持 30 分钟通话。

在 20 世纪 80~90 年代的第一代模拟机时期，诺基亚、摩托罗拉、爱立信世界三大手机生产厂商采用独家经营或合资经营方式，共同占领中国手机市场，而在 20 世纪 90 年代末，中国的科健、厦华、康佳、TCL、厦新、波导、东信等也推出了自己的手机，但这些中国企业生产的模拟机很少，就投入到了第二代手机的生产中去了。

第一代手机如图 5-3 所示。分别是西门子手机和摩托罗拉手机。

图 5-3　第一代手机

模拟移动电话毕竟属于第一代移动通信技术，随着 GSM 等第二代移动通信技术的普及，模拟手机日渐显出其不足之处，技术的先天不足愈来愈暴露出来，比如通话质量差、保密性差（容易被窃听）、安全性差（易被盗打）、漫游功能差、业务功能差（仅有语音通信单一功能）等问题日益突出。

更重要的是，随着无线业务的开展和用户的急剧增长，无线频谱资源的匮乏就成为制约无线信息服务发展的根本"瓶颈"。

全国模拟手机退网工作是从 2001 年 5 月 1 日开始的，截止到 2001 年 11 月 26 日，全国模拟网在网客户数已由最高峰时期的 250.9 万下降到 10.25 万。到 2001 年 12 月 31 日我国关闭了模拟移动网络，第一代手机移动通信从此退出历史舞台。

5.2 第二代移动通信技术（2G）

为了解决模拟系统中存在的这些根本性技术缺陷，数字移动通信技术应运而生，这就是第二代移动通信系统（2G）。80 年代中期，欧洲首先推出了泛欧数字移动通信网体系。随后，美国和日本也制定了各自的数字移动通信体制。第二代移动通信数字无线标准主要有：GSM，D-AMPS，PDC 和 IS-95CDMA 等。第二代移动通信系统具有频谱利用率较高、保密性好、系统容量大、接口标准明确等优点。很好地满足了人们对语音业务以及低速数据业务的需求，因此在世界范围内得以广泛应用。

2012 年 8 月 14 日下午，百度公司发布了《2012 年第二季度百度移动互联网发展趋势报告》。报告指出，2G 网络仍为移动互联网的主流接入方式，在网络分布方面，绝大多数用户还是选择 2G 网络接入移动互联网，但占比持续下降。一年以后，据 2013 年 7 月的统计，我国 3G 用户总数超 3.2 亿户，大大超过 2G 网络接入移动互联网的用户数量。

5.2.1　2G

2G 技术基本可分为两种，一种是基于 TDMA 所发展出来的以 GSM 为代表，另一种则是 CDMA 规格，复用（Multiplexing）形式的一种。

主要的第二代手机通信技术规格标准有以下几种。

GSM：基于 TDMA 发展出来的、源于欧洲、目前已全球化。

IDEN：基于 TDMA 所发展的、美国独有的系统。被美国电信系统商 Nextell 使用。

IS-136（也叫做 D-AMPS）：基于 TDMA 所发展的、美国最简单的 TDMA 系统。用于美洲。

IS-95（也叫做 CDMAOne）：基于 CDMA 所发展的、美国最简单的 CDMA 系统。用于美洲和亚洲一些国家。

PDC（Personal Digital Cellular）：基于 TDMA 所发展的系统。仅在日本普及。

5.2.2　2.5G

2.5G 是一种介于 2G 和 3G 之间的无线技术。2.5G 功能通常与 GPRS 技术有关。与 2G 服务相比，2.5G 无线技术可以提供更高的速率和更多的功能。

2.5G 移动通信技术是从 2G 迈向 3G 的衔接性技术，由于 3G 是个相当浩大的工程，所牵扯的层面多且复杂，要从 2G 迈向 3G 不可能一下就衔接得上，因此出现了介于 2G 和 3G 之间的 2.5G。HSCSD、WAP、EDGE、蓝牙（Bluetooth）、EPOC 等技术都是 2.5G 技术。

2.5G 涉及以下相关技术：

（1）高速电路交换数据服务

这是 GSM 网络的升级版本，HSCSD（High Speed Circuit Switched Data，高速电路交换数据服务）能够透过多重时分同时进行传输，而不是只有单一时分，因此能够将传输速率大幅提升到平常的二至三倍。当时在新加坡 M1 与新加坡电讯的移动电话都采用 HSCSD 系统，其传输速率能够达到 57.6kbit/s。

（2）通用分组无线业务

GPRS（General Packet Radio Service）是封包交换数据的标准技术。由于具备立即联机的特性，对于使用者而言，可以说是随时都在上线的状态。GPRS 技术也让服务业者能够依据数据传输量来收费，而不是单纯的以联机时间计费。这项技术与 GSM 网络配合，传输速率可以达到 115kbit/s。

（3）全球增强型数据提升率

完全以 GSM 标准为架构，EDGE（Enhanced Data rates for Global Evolution）不但能够将 GPRS 的功能发挥到极限，还可以透过无线网络提供宽频多媒体的服务。EDGE 的传输速率可以达到 384kbit/s，可以应用在诸如无线多媒体、电子邮件、网络信息娱乐以及电视会议上。

（4）无线应用通信协议

WAP（Wireless Application Protocol）是移动通信与互联网结合的第一阶段产物。这项技术让使用者可以用手机之类的无线装置上网，透过小型屏幕邀游在各个网站之间。而这些网站也必须以 WML（无线标记语言）编写，相当于国际互联网上的 HTML（超文件标记语言）。

（5）蓝牙

蓝牙是一种短距的无线通信技术，电子装置彼此可以透过蓝牙而连接起来。通过芯片上的无线接收器，配有蓝牙技术的电子产品能够在 10m 的距离内彼此相通，传输速率可以达到 1MB/S。以往红外线接口的传输技术需要电子装置在视线之内的距离，而现在有了蓝牙技术，这样的麻烦也可以消除了。

（6）EPOC

由 Symbian（塞班）所开发的 EPOC 是一种能够让移动电话摇身一变成为无线信息装置（例如智能电话）的操作系统，满足使用者对于数据的需求。它支持信息传送、网页浏览、办公室作业、公用事业以及个人信息管理（PIM）的应用，也有软件可以和个人计算机与服务器作同步的沟通。

5.2.3 2.75G

2.75G 是 2G 和 2.5G 后的更接近 3G 的移动通信标准；如 CDMA2000 1xRTT 或 EDGE 技术，用于移动通信高速传送数据。

CDMA2000 1xRTT（RTT—无线电传输技术）是 CDMA2000 一个基础层，理论上支持最高达 144kbit/s 数据传输速率。尽管获得 3G 技术的官方资格，但是通常被认为是 2.5G 或者 2.75G 技术，因为它的速率只是其他 3G 技术的几分之一。另外较之之前的 CDMA 网络它拥有双倍的语音容量。

之所以称 EDGE 为 GPRS 到第三代移动通信的过渡性技术方案（GPRS 俗称 2.5G，EDGE 俗称 2.75G.），主要原因是这种技术能够充分利用现有的 GSM 资源。因为它除了采用现有的 GSM 频率外，同时还利用了大部分现有的 GSM 设备，而只需对网络软件及硬件做一些较小的改动，就能够使运营商向移动用户提供诸如互联网浏览、视频电话会议和高速电子邮件传输等无线多媒体服务，即在第三代移动网络商业化之前提前为用户提供个人多媒体通信业务。由于 EDGE 是一种介于现有的第二代移动网络与第三代移动网络之间的过渡技术，比 2.5G 的技术 GPRS 更加优良，因此也有人称它为"2.75G"技术。EDGE 还能够与以后的 WCDMA 制式共存，这也正是其所具有的弹性优势。EDGE 技术有效地提高了 GPRS 信道编码效率及其高速移动数据标准，它的最高速率可达 384kbit/s，在一定程度上节约了网络投资，可以充分满足未来无线多媒体应用的带宽需求。从长远观点看，它将逐步取代 GPRS 成为与第三代移动通信系统最接近的一项技术。

5.2.4　2G 手机

第二代 GSM、TDMA 等数字手机，国际电联规定为"IMT-2000"（国际移动电话 2000）标准，欧洲的电信业巨头们则称其为"UMTS"通用移动通信系统。2G 手机具有稳定的通话质量和合适的待机时间，为适应数据通信的需求，一些中间标准也在手机上得到支持，例如支持彩信业务的 GPRS 和上网业务的 WAP 服务，以及各式各样的 Java 程序等。

图 5-4 是两款诺基的 2G 手机。

图 5-4　2G 手机

目前购买智能的 3G 手机的顾客不断增加，不少厂家都在减少 2G 手机的生产，就像当年的大哥大一样，2G 手机被淘汰是迟早的事。

这里需要注意的是，智能手机与 3G 手机不是同一个概念。

下面来区分什么是 3G 手机？什么是智能手机？什么是智慧型手机？

所谓 3G 手机通俗地说就是指第三代（The Third Generation）手机。从第一代模拟制式手机到第二代的 GSM、TDMA 等数字手机，再到现在的第三代手机，手机已经成了集语音通信和多媒体通信相结合，并且包括图像、音乐、网页浏览、电话会议以及其他一些信息服务等增值服务的新一代移动通信系统。

什么是智能手机，可以用一个公式来说明，"掌上电脑＋手机＝智能手机"。从广义上说，智能手机除了具备手机的通话功能外，还具备了 PDA 的大部分功能，特别是个人信息管理以及基于无线数据通信的浏览器和电子邮件功能。智能手机为用户提供了足够的屏幕尺寸和带宽，既方便随身携带，又为软件运行和内容服务提供了广阔的舞台，很多增值业务可以就此展开，如股票、新闻、天气、交通、商品、应用程序下载、音乐图片下载等。

那么智慧型手机呢？其公式是"文曲星＋手机＝智慧型手机"，其实智能手机和智慧型手机最容易区分的一点就是"是否拥有操作系统"。如波导的多易随 E859 和 TCL 的 E757 两款手机，哪怕它们都具有手写功能，因为没有操作系统，所以我们给它们定义为智慧型手机。

下面就让我们来看看成为一部智能手机所必备的几个条件：

1）具备普通手机的全部功能，能够进行正常的通话，发短信等手机应用。

2）具备无线接入互联网的能力，即需要支持 GSM 网络下的 GPRS 或者 CDMA 网络下的 CDMA 1X 或者 3G 网络。

3）具备 PDA 的功能，包括 PIM（个人信息管理），日程记事，任务安排，多媒体应用，浏览网页。

4）具备一个具有开放性的操作系统，在这个操作系统平台上，可以安装更多的应用程序，从而使智能手机的功能可以得到无限的扩充。

5.3 第三代移动通信技术（3G）

第三代移动通信技术，简称 3G（3rd Generation）。1995 年问世的第一代模拟制式手机（1G）只能进行语音通话；1996 到 1997 年出现的第二代 GSM、TDMA 等数字制式手机（2G）便增加了接收数据的功能，如接受电子邮件或网页；第三代与前两代的主要区别是在传输声音和数据的速度上的提升，它能够在全球范围内更好地实现无缝漫游，并处理图像、音乐、视频流等多种媒体形式，提供包括网页浏览、电话会议、电子商务等多种信息服务，同时也要考虑与已有第二代系统的良好兼容性。

5.3.1 3G 概述

3G 是指将无线通信与国际互联网等多媒体通信结合的新一代移动通信系统，未来的 3G 将与社区网站进行结合，WAP 与 WEB 的结合是一种趋势。

3G 与 2G 的主要区别是在传输声音和数据的速度上的提升，它能够在全球范围内更好地实现无线漫游，并处理图像、音乐、视频流等多种媒体形式，提供包括网页浏览、电话会议、电子商务等多种信息服务，同时也要考虑与已有第二代系统的良好兼容性。为了提供这种服务，无线网络必须能够支持不同的数据传输速度，也就是说在室内、室外和行车的环境中能够分别支持至少 2Mbit/s、384kbit/s 以及 144kbit/s 的传输速度（此数值根据网络环境会发生变化）。

3G 是第三代通信网络，目前国内支持国际电联确定三个无线接口标准，分别是中国电信的 CDMA2000，中国联通的 WCDMA，中国移动的 TD-SCDMA，GSM 设备采用的是时分多址，而 CDMA 使用码分扩频技术，先进功率和话音激活至少可提供大于 3 倍 GSM 网络容量，业界将 CDMA 技术作为 3G 的主流技术，国际电联确定三个无线接口标准，分别是美国 CDMA2000，欧洲 WCDMA，中国 TD-SCDMA。原中国联通的 CDMA 已卖给中国电信，中国电信已经将 CDMA 升级到 3G 网络，3G 的主要特征是可提供移动宽带多媒体业务。

其实，3G 并不是 2009 年诞生的，早在 2002 年国外就已经产生 3G 了，而中国也于 2003 年开发出中国的 3G，但 2009 年才正式上市。下行速度峰值理论可达 3.6Mbit/s，上行速度峰值也可达 384kbit/s。

WCDMA 已是当前世界上采用的国家及地区最广泛的，终端种类最丰富的一种 3G 标准，已有 538 个 WCDMA 运营商在 246 个国家和地区开通了 WCDMA 网络，3G 商用市场份额超过 80%，而 WCDMA 向下兼容的 GSM 网络已覆盖 184 个国家，遍布全球，WCDMA 用户数已超过 6 亿。

第三代移动通信技术（3G）相对第一代模拟制式手机（1G）和第二代 GSM、TDMA 等数字手机（2G）来说，第三代手机是能够将无线通信与国际互联网等多媒体通信结合的新一代移动通信系统。

5.3.2　3G 技术的起源和发展

1985 年，在美国的圣迭戈成立了一个名为"高通"的小公司（现成为世界五百强），这个公司利用美国军方解禁的"展布频谱技术"开发出一个命名为"CDMA"的新通信技术，就是这个 CDMA 技术直接导致了 3G 的诞生。现在世界 3G 技术的 3 大标准——美国 CDMA2000、欧洲 WCDMA、中国 TD-SCDMA，都是在 CDMA 的技术基础上开发出来的，CDMA 就是 3G 的基础原理，而展布频谱技术就是 CDMA 的基础原理。

2000 年 5 月，国际电信联盟正式公布第三代移动通信标准，中国提交的 TD-SCDMA 正式成为国际标准，与欧洲的 WCDMA、美国的 CDMA2000 成为 3G 时代最主流的三大技术之一。

2008 年 5 月 24 日，工业和信息化部、国家发改委、财政部联合发布《关于深化电信体制改革的通告》，鼓励中国电信收购中国联通的 CDMA 网，中国联通与中国网通合并，中国网通的基础电信业务并入中国联通，中国铁通并入中国移动，国内电信运营商由 5 家变为 3 家。

2008 年 8 月，工信部发布《关于同意中国移动通信集团公司开展试商用工作的批复》，同意中国移动在全国建立 TD 网络并开展试商用。

2008 年 10 月 15 日，新联通公司正式成立，此次电信重组改革在资本市场层面的工作全部结束。

2008 年 12 月 22 日，中国电信发布移动业务品牌"天翼"，189 号段在部分省市投入试商用，全面转型为全业务运营商。

2009 年 1 月 7 日，工信部正式发放三张 3G 牌照。中国移动获得 TD-SCDMA 牌照；中国电信获得 CDMA 2000 牌照；中国联通则获得了 WCDMA 牌照，至此，我国正式进入 3G 时代。

2011 年 9 月，工信部统计，我国 3G 用户已达到 1 亿。

2013 年 7 月，工信部发布了《2013 年上半年电信业统计分析》，其中指出："3G 移动电话用户净增 8606.6 万户，超过去年全年净增量 80%，总数达 3.19 亿户"，从这些数字可以看出 3G 用户数量发展迅猛。

5.3.3　3G 标准

伴随芬兰赫尔辛基国际电联（ITU）大会帷幕的徐徐落下，在由中国所制订的 TD-

SCDMA、美国所制订的 CDMA2000 和欧洲所制订的 WCDMA 所组成的最后三个提案中，几经周折后，最终将确定一个提案或几个提案兼容来作为第三代移动通信的正式国际标准（IMT-2000）。其中，中国的 TD-SCDMA 方案完全满足国际电联对第三代移动通信的基本要求，在所有提交的标准提案中，是唯一采用智能天线技术，也是频谱利用率最高的提案，可以缩短运营商从第二代移动通信过渡到第三代系统的时间，在技术上具有明显的优势。更重要的是，中国的标准一旦被采用，将会改变我国以往在移动通信技术方面受制于人的被动局面；在经济方面可减少、甚至取消昂贵的国外专利提成费，为我国带来巨大的经济利益；在市场方面则会彻底改变过去只有运营市场没有产品市场的畸形布局，从而使我国获得与国际同步发展移动通信的平等地位。

TD-SCDMA 技术方案是我国首次向国际电联提出的中国建议，是一种基于 CDMA，结合智能天线、软件无线电、高质量语音压缩编码等先进技术的优秀方案。TD-SCDMA 技术的一大特点就是引入了 SMAP 同步接入信令，在运用 CDMA 技术后可减少许多干扰，并使用了智能天线技术。另一大特点就是在蜂窝系统应用时的越区切换采用了指定切换的方法，每个基站都具有对移动台的定位功能，从而得知本小区各个移动台的准确位置，做到随时认定同步基站。TD-SCDMA 技术的提出，对于中国能够在第三代移动通信标准制定方面占有一席之地起到了关键作用。

除了国际电信联盟（ITU）在 2000 年 5 月确定的 WCDMA、CDMA2000、TD-SCDMA 三大主流无线接口标准被写入 3G 技术指导性文件《2000 年国际移动通信计划》（简称 IMT-2000）之外，于 2007 年，WiMAX 也被接受为 3G 标准之一。

CDMA 系统以其频率规划简单、系统容量大、频率复用系数高、抗多径能力强、通信质量好、软容量、软切换等特点显示出巨大的发展潜力。下面分别介绍一下 3G 的几种标准：

1. WCDMA

WCDMA（Wideband CDMA）也称为 CDMA Direct Spread，意为宽频分码多重存取，这是基于 GSM 网发展出来的 3G 技术规范，是欧洲提出的宽带 CDMA 技术，它与日本提出的宽带 CDMA 技术基本相同，目前正在进一步融合。WCDMA 的支持者主要是以 GSM 系统为主的欧洲厂商，日本公司也或多或少参与其中，包括欧美的爱立信、阿尔卡特、诺基亚、朗讯、北电，以及日本的 NTT、富士通、夏普等厂商。

WCDMA（宽带码分多址）是一个 ITU（国际电信联盟）标准，它是从码分多址（CDMA）演变来的，从官方看被认为是 IMT-2000 的直接扩展，与 EDGE 相比，它能够为移动和手提无线设备提供更高的数据速率。WCDMA 采用直接序列扩频码分多址（DS-CDMA）、频分双工（FDD）方式，码片速率为 3.84Mchip/s，载波带宽为 5MHz 基于 Release 99/ Release 4 版本，可在 5MHz 的带宽内，提供最高 384kbit/s 的用户数据传输速率。WCDMA 能够支持移动/手提设备之间的语音、图象、数据以及视频通信，速率可达 2Mbit/s（对于局域网而言）或者 384kbit/s（对于宽带网而言）。输入信号先被数字化，然后在一个较宽的频谱范围内以编码的扩频模式进行传输。窄带 CDMA 使用的是 200kHz 宽度的载频，而 WCDMA 使用的则是一个 5MHz 宽度的载频。

WCDMA 由 ETSI NTT DoCoMo 作为无线界面为他们的 3G 网路 FOMA 开发。后来 NTT DoCoMo 提交给 ITU 一个详细规范，这是一个像 IMT-2000 一样作为一个候选的国际 3G 标准。国际电信联盟（ITU）最终接受 WCDMA 作为 IMT-2000 家族 3G 标准的一部分。后来 WCDMA 被选作 UMTS 的无线界面，作为继承 GSM 的 3G 技术或者方案。尽管名字跟 CDMA 很相近，但是 WCDMA 跟 CDMA 关系不大。

在移动电话领域，术语 CDMA 可以代指码分多址扩频复用技术，也可以指美国高通（Qualcomm）开发的包括 IS-95/CDMA1X 和 CDMA2000（IS-2000）的 CDMA 标准族。

WCDMA 已成为当前世界上采用的国家及地区最广泛的，终端种类最丰富的一种 3G 标准。已有 538 个 WCDMA 运营商在 246 个国家和地区开通了 WCDMA 网络，3G 商用市场份额超过 80%，而 WCDMA 向下兼容的 GSM 网络已覆盖 184 个国家，遍布全球，WCDMA 用户数已超过 6 亿。

现在经中国联通的努力研究与投入现已可升级至 HSPA+，4G 制式，已在上海开通试验网，网速可达 21.9Mbit/s 的传输速率。并于 2009 年 5 月 17 日开始试商用 WCDMA 服务，10 月 1 日正式商用 WCDMA R6 网络，最高下载速率可以达到 7.2Mbit/s。现在国内部分城市下载速率已可达 14.4Mbit/s。

2. CDMA2000

CDMA2000 是由窄带 CDMA（CDMA IS95）技术发展而来的宽带 CDMA 技术，也称为 CDMA Multi-Carrier，它是由美国高通北美公司为主提出的，摩托罗拉、Lucent 和后来加入的韩国三星都有参与，韩国现在成为该标准的主导者。这套系统是从窄频 CDMAOne 数字标准衍生出来的，可以从原有的 CDMAOne 结构直接升级到 3G，建设成本低廉。但目前使用 CDMA 的地区只有日、韩和北美，所以 CDMA2000 的支持者不如 WCDMA 多。不过 CDMA2000 的研发技术却是目前各标准中进度最快的，许多 3G 手机已经率先面世。

CDMA2000 提出了从 CDMA IS95（2G）到 CDMA20001x 到 CDMA20003x（3G）的演进策略。CDMA20001x 被称为 2.5G 移动通信技术。CDMA20003x 与 CDMA20001x 的主要区别在于应用了多路载波技术，通过采用三载波使带宽提高。

（1）CDMA2000 1xRTT

CDMA2000 1xRTT（RTT，无线电传输技术）是 CDMA2000 一个基础层，理论上支持最高达 144kbit/s 数据传输速率。尽管获得 3G 技术的官方资格，但是通常被认为是 2.5G 或者 2.75G 技术，因为它的速率只是其他 3G 技术几分之一。另外较之之前的 CDMA 网络它拥有双倍的语音容量。

（2）CDMA2000 1xEV

CDMA2000 1xEV（Evolution，发展）是 CDMA2000 1x 附加了高数据速率（HDR）能力。1xEV 一般分成 2 个阶段：

CDMA2000 1xEV 第一阶段，CDMA2000 1xEV-DO（Evolution-Data Only－发展－只是数据）在一个无线信道传送高速数据报文数据的情况下，理论上支持下行（向前链路）数据速率最高为 3.1Mbit/s，上行（反向链路）速率最高到 1.8 Mbit/s。

CDMA2000 1xEV 第二阶段，CDMA2000 1xEV-DV（Evolution-Data and Voice，发展－数据和语音），理论上支持下行（向前链路）数据速率最高 3.1 Mbit/s 和上行（反相链路）速率最高 1.8 Mbit/s。1xEV-DV 还能支持 1x 语音用户，1xRTT 数据用户和高速 1xEV-DV 数据用户使用同一无线信道并行操作。

1xEV-DO 已经开始商业化运营。欧洲市场稍微早于美国市场。2004 年夏捷克移动运营商 Eurotel 开始运营 CDMA2000 1xEV-DO 网络，他们提供的上行速率大约 1Mbit/s。这项服务每月大约花费 30 欧元无流量限制。如果使用这项服务，你需要购买一个大约 300 欧元的 Gtran GPC-6420 调制解调器。2004 年 1 月，北美 Verizon Wireless 宣布计划在全国范围部署 1xEV-DO。尽管有些运营商已经完成测试或者有限的试用，但是到 2004 年 7 月还没有一个商业化运营的 1xEV-DV。美国运营商 Sprint PCS 已经宣布计划在他们已有的 CDMA 网络基础上部署 1xEV-DV 网络 。

Qualcomm（高通）由于缺乏运营利润可能已经停止 EV-DV 的开发，更可能是因为 Sprint 和 Verizon 都在使用 EV-DO。

（3）CDMA2000 3x

CDMA2000 3x（3G）利用一对 3.75 MHz 无线信道（即 3×1.25 MHz）来实现高速数据速率。3X 版本的 CDMA2000 有时被叫做多载波（Multi-Carrier 或者 MC）。

3. TD-SCDMA

全称为 Time Division - Synchronous CDMA（时分同步 CDMA），该标准是由中国大陆独自制定的 3G 标准。

TD-SCDMA 的发展过程始于 1998 年初，在当时的邮电部科技司的直接领导下，由原电信科学技术研究院组织队伍在 SCDMA 技术的基础上，研究和起草符合 IMT-2000 要求的中国的 TD-SCDMA 建议草案。该标准草案以智能天线、同步码分多址、接力切换、时分双工为主要特点，于 ITU 征集 IMT-2000 第三代移动通信无线传输技术候选方案的截止日：1998 年 6 月 30 日提交到 ITU，从而成为 IMT-2000 的 15 个候选方案之一。ITU 综合了各评估组的评估结果。在 1999 年 11 月赫尔辛基 ITU-RTG8/1 第 18 次会议上和 2000 年 5 月伊斯坦布尔的 ITU-R 全会上，TD-SCDMA 被正式接纳为 CDMA TDD 制式的方案之一。

CWTS（中国无线通信标准研究组）作为代表中国的区域性标准化组织，从 1999 年 5 月加入 3GPP 以后，经过 4 个月的充分准备，并与 3GPPPCG（项目协调组）、TSG（技术规范组）进行了大量协调工作后，在同年 9 月向 3GPP 建议将 TD-SCDMA 纳入 3GPP 标准规范的工作内容。1999 年 12 月在法国尼斯的 3GPP 会议上，中国的提案被 3GPPTSGRAN（无线接入网）全会所接受，正式确定将 TD-SCDMA 纳入到 Release 2000（后拆分为 R4 和 R5）的工作计划中，并将 TD-SCDMA 简称为 LCRTDD（Low Code Rate，即低码片速率 TDD 方案）。

经过一年多的时间，经历了几十次工作组会议几百篇提交文稿的讨论，在 2001 年 3 月棕榈泉的 RAN 全会上，随着包含 TD-SCDMA 标准在内的 3GPPR4 版本规范的正式发布，TD-SCDMA 在 3GPP 中的融合工作达到了第一个目标。

至此，TD-SCDMA 不论在形式上还是在实质上，都已在国际上被广大运营商、设备制造商所认可和接受，形成了真正的国际标准。

2005 年，第一个 TD-SCDMA 试验网依托重庆邮电大学无线通信研究所，在重庆进行第一次实际入网实验。

2006 年，罗马尼亚建成了 TD-SCDMA 试验网。

2007 年，韩国最大的移动通信运营商 SK 电讯在韩国首都首尔建成了 TD-SCDMA 试验网。同年，欧洲第二大电信运营商法国电信建成了 TD-SCDMA 试验网。

2007 年 10 月，日本电信运营商 IP Mobile 原本计划建设并运营 TD-SCDMA 网络，但该公司最终受限于资金困境而破产。

2008 年 1 月，中国移动在中国北京、上海、天津、沈阳、广州、深圳、厦门、秦皇岛市建成了 TD-SCDMA 试验网；中国电信集团股份有限公司在中国保定市建成了 TD-SCDMA 试验网；原中国网络通信集团公司（现中国联合网络通信集团股份有限公司）在中国青岛市建成了 TD-SCDMA 试验网。

2008 年 4 月 1 日，中国移动在中国北京、上海、天津、沈阳、青岛、广州、深圳、厦门、秦皇岛和保定等 10 个城市启动 TD－SCDMA 社会化业务测试和试商用。截至 2008 年年末，在中国使用 TD-SCDMA 网络的 3G 手机用户已达到 41.9 万人。但是 TD-SCDMA 手机放号首日即出现诸多问题，如网络建设尚未完善、功能尚未全部开发等，因而不少手机用户仍然持观望态度。（注：根据三大运营商各自公布的口径简单相加，截至 2010 年 12 月末，中国共有 3G 用户 4705.2 万，其中中国联通 1406 万，占 29.88%；中国电信 1229 万，占 26.12%；中国移动 2070.2 万，占 44.00%。）

2008 年 9 月，中国普天信息产业集团公司为意大利的一家通信公司 MYWAVE 建设了 TD-SCDMA 试验网，该网络于 9 月 12 日建成并开通；从建设工程仅为 11 天推算，应为小型企业网。

2009 年 1 月 7 日，中国政府正式向中国移动颁发了 TD-SCDMA 业务的经营许可，中国移动也已经开始在中国的 28 个直辖市、省会城市和计划单列市进行 TD-SCDMA 的二期网络建设，并于 2009 年 6 月建成并投入商业化运营。在 2011 年，TD-SCDMA 网络已能够覆盖中国大陆 100%的地市。

4. WiMAX

WiMAX 的全名是微波存取全球互通（Worldwide Interoperability for Microwave Access），又称为 802.16 无线城域网，是又一种为企业和家庭用户提供"最后一英里"的宽带无线连接方案。将此技术与需要授权或免授权的微波设备相结合之后，由于成本较低，将扩大宽带无线市场，改善企业与服务供应商的认知度。2007 年 10 月 19 日，在国际电信联盟在日内瓦举行的无线通信全体会议上，经多数国家投票通过，WiMAX 正式被批准成为继 WCDMA、CDMA2000 和 TD-SCDMA 之后的第四个全球 3G 标准。

5.3.4 3G 和 2G 的对比

第一代模拟移动通信具有很多不足之处，比如容量有限，制式太多、互不兼容、不能提供自动漫游，很难实现保密，通话质量一般，不能提供数据业务等。

第二代数字移动通信克服了模拟移动通信系统的弱点，话音质量、保密性得到了很大提高，并可进行省内、省际自动漫游。但由于第二代数字移动通信系统带宽有限，限制了数据业务的应用，也无法实现移动的多媒体业务。同时，由于各国第二代数字移动通信系统标准不统一，因而无法进行全球漫游。比如，采用日本的 PHS 系统的手机用户，只有在日本国内使用，而中国的 GSM 手机用户到美国旅行时，手机就无法使用了。而且 2G 的 GSM 的信号覆盖盲区也较多，一般高楼、偏远地方信号较差，都要通过加装蜂信通手机信号放大器来解决的。

第三代移动通信和第一代模拟移动通信和第二代数字移动通信相比，第三代移动通信是覆盖全球的多媒体移动通信。它的主要的特点之一是可实现全球漫游，使任意时间、任意地点、任意人之间的交流成为可能。也就是说，每个用户都有一个个人通信号码，带着手机，走到世界任何一个国家，人们都可以找到你，而反过来，你走到世界任何一个地方，都可以很方便地与国内用户或他国用户通信，与在国内通信时毫无分别。能够实现高速数据传输和宽带多媒体服务是第三代移动通信的另一个主要特点。就是说，用第三代手机除了可以进行普通的寻呼和通话外，还可以上网读报纸，查信息、下载文件和图片；由于带宽的提高，第三代移动通信系统还可以传输图象，提供可视电话业务。

1. 第三代移动通信的基本特征

1）具有全球范围设计的，与固定网络业务及用户互连，无线接口的类型尽可能少和高度兼容性；

2）具有与固定通信网络相比拟的高话音质量和高安全性；

3）具有在本地采用 2Mbit/s 高速率接入和在广域网采用 384kbit/s 接入速率的数据率分段使用功能；

4）具有在 2GHz 左右的高效频谱利用率，且能最大限度地利用有限带宽；

5）移动终端可连接地面网和卫星网，可移动使用和固定使用，可与卫星业务共存和互连；

6）能够处理包括国际互联网和视频会议、高数据率通信和非对称数据传输的分组和电路交换业务；

7）支持分层小区结构，也支持包括用户向不同地点通信时浏览国际互联网的多种同步连接；

8）语音只占移动通信业务的一部分，大部分业务是非话数据和视频信息；

9）一个共用的基础设施，可支持同一地方的多个公共的和专用的运营公司；

10）手机体积小、重量轻，具有真正的全球漫游能力；

11）具有根据数据量、服务质量和使用时间为收费参数，而不是以距离为收费参数的新收费机制。

2. 宽带 CDMA 与窄带 CDMA 或 GSM 的主要区别

IMT-2000（International Mobile Telecom System-2000，国际移动电话系统-2000）的主要技术方案是宽带 CDMA（包括 WCDMA、CDMA2000 和 TD-SCDMA 三种 CDMA 技术），并同时兼顾了在第二代数字式移动通信系统中应用广泛的 GSM 与窄带 CDMA 系统的兼容问题。那么，支撑第三代移动通信系统的宽带 CDMA 与在第二代移动通信系统中运行的窄带 CDMA 和 GSM 在技术与性能方面有什么区别呢？

（1）更大的通信容量和覆盖范围

宽带 CDMA 可以使用更宽的信道，是窄带 CDMA 的 4 倍，提供的容量也要比它高 4 倍。更大的带宽可改善频率分集效果，从而可降低衰减问题。还可为更多用户提供更好的统计平均效果。宽带 CDMA 的上行链路中使用了相干解调，可提供 2～3dB 的解调增益，从而有效地扩展了覆盖范围。由于宽带 CDMA 的信道更宽，衰减效应较小，可改善功率控制精度。其上、下行链路中的快速功率控制还可抵消衰减，并可降低平均功率水平，从而能够提高容量。

（2）具有可变的高速数据率

宽带 CDMA 同时支持无线接口的高低数据比特率，其全移动的 384kbit/s 数据率和本地通的 2Mbit/s 数据率不仅可支持普通话音，还可支持多媒体数据，可满足具有不同通信要求的各类用户。由于可变的高速数据率，可通过使用可变正交扩频码，使得发射输出功率的自适应得以实现。应用中，用户会发现宽带 CDMA 要比窄带 CDMA 和 GSM 具有更好的应用性能。

（3）可同时提供高速电路交换和分组交换业务

虽然在窄带 CDMA 与 GSM 移动通信业务中，只有也只需要有与话音相关的电路和交换。但分组交换所提供的与主机应用始终"联机"而不占用专用信道的特性，可以实现只根据用户所传输数据的多少来付费，而不是像现在的移动通信那样，只根据用户连续占用时间的长短来付费的新收费机制。另外，宽带 CDMA 还有一种优化分组模式，对于不太频繁的分组数据，可提供快速分组传播，在专用信道上，也支持大型或比较频繁的分组。同时，分组数据业务对于建立远程局域网和无线国际互联网接入的经济高效应用也非常重要。当然，高速的电话交换业务仍然非常适应像视频会议这样的实时应用。

（4）宽带 CDMA 支持多种同步业务

每个宽带 CDMA 终端均可同时使用多种业务，因而可使每个用户在连接到局域网的同时还能够接收话音呼叫，即当用户被长时间数据呼叫占据时也不会出现像现在常见的忙音现象。

（5）宽带 CDMA 技术还支持其他系统改进功能

1）第三代移动通信系统中的宽带 CDMA 还将引进其他可改进系统的相关功能，以期达到进一步提高系统容量的目的。具体内容主要是支持自适应天线阵（AAA），该天线可利用天线方向图对每个移动电话进行优化，可提供更加有效的频谱和更高容量。自适应天线要求下行链路中每个连接都有导频符，而宽带 CDMA 系统中的每个区中都使用一个公共导频广播。

2）无线基站再也不需要全球定位系统来同步，由于宽带 CDMA 拥有一个内部系统来同步无线电基站，所以不像 GSM 移动通信系统那样在建立和维护基站时需要 GPS（全球定位系统）外部系统来进行同步。因为依赖全球定位系统卫星覆盖来安装无线电基站，在购物中心和地铁等地区会导致实施困难等问题。

3）支持分层小区结构（HCS），宽带 CDMA 的载波可引进一种被称为"移动辅助异频越区切换（MAIFHO）"的新切换机制，使其能够支持分层小区结构。这样，移动台可以扫描多个码分多址载波，使得移动系统可在热点地区部署微小区。

4）支持多用户检测，因为多用户检测可消除小区中的干扰并能提高容量。

5.3.5　3G 在中国

1．"3G 中国"

"3G 中国"是中国最大的专业化 3G 手机网络商务服务平台的注册商标。3G 中国包括行业、企业、产品、服务和贸易功能等，是企业在 3G 网络上实现 WAP 网站建设、行业新媒体传播、移动商务运营、无线及时沟通的集成型系统服务平台。其行业整合的推广理念和 3G 网络无线通信的全新营销模式，形成一个的 3G 无线信息网络。它的所有功能设置和增值服务，都为使用者提供完善、高效的 3G 体验，完美体现 3G 时代强势商务内涵。

中国已经成为全球最大的移动通信消费国，2008 年中国移动通信用户已经超过 6 亿，手机新闻、手机博客、手机收发邮件等一系列移动互联网的新发展得到普及，然而这一切都仅仅被应用于个人，移动商务的应用需求越来越迫切，让企业通过移动互联网实现企业与用户之间的信息互动，并由此开展深层次、全方位应用是今天企业的最大需求，伴随工业和信息化部的成立，"3G 中国"的启动成为下一步"以信息化带动工业化"的重要举措。

2008 年 6 月 2 日，中国电信、中国联通及中国网通 H 股公司均发公告，公布了电信重组细节，而此时，距离 5 月 23 日上述运营商由于电信重组停牌，刚刚过去 6 个半交易日。随着电信重组方案的确定：中国移动=中国移动+铁通，中国电信=中国电信+中国卫通，中国联通（GSM 网）=中国网通+中国联通，从而中国电信运营商形成了三足鼎立之势。在本次电信重组中，中国铁通被并入中国移动集团，变成了中国移动的一家全资子公司。那么此前中国铁通无论是固定电话用户还是宽带用户都被转成中国移动的用户。伴随着"六合三"的改革重组完成，三张 3G 牌照也将发放，当时就有专家估计，按进度国家或将在 2008 年第四季发放 3G 牌，最快 2009 年第三季中国将步入第三代移动通信时代。将发放的三张 3G 牌照基本采用三个不同标准，TD－SCDMA（时分同步码分多址）为中国自主研发的 3G 标准，目前已被国际电信联盟接受，与 WCDMA（宽带码分多址）和 CDMA2000 合称世界 3G 的三大主流标准。

根据电信业重组方案，3G 牌照的发放方式是：新中国移动获得 TD－SCDMA 牌照，新中国电信获得 CDMA2000 牌照，中国联通获得 WCDMA 牌照。

国务院总理温家宝 2008 年 12 月 31 日主持召开国务院常务会议，同意启动第三代移动通信牌照发放工作。会议指出，TD-SCDMA 作为第三代移动通信国际标准，是中国科技自主创新的重要标志，国家将继续支持研发、产业化和应用推广。电信企业改革重组工作基本完成，已具备发放第三代移动通信 TD-SCDMA 和 WCDMA、CDMA2000 牌照的条件。会议同意工业和信息化部按照程序，启动牌照发放工作。

为什么要发放 3G 牌照呢？无线通信与国际互联网等多媒体通信结合的新一代移动通信系统的经营许可权，就好比各行业的营业执照一样，得有国家有关部门许可才可经营此业务。3G 牌照涉及一个国家的电信市场空间、市场竞争结构、有效利用频率、规范号段、控制运营成本等因素，一定要依据网络、资金、技术、业务和用户实力发放 3G 牌照。

2009 年 1 月 7 日，工业和信息化部为中国移动、中国电信和中国联通发放三张第三代移动通信（3G）牌照，此举标志着中国正式进入 3G 时代。其中，批准：中国移动增加基于 TD-SCDMA 技术制式的 3G 牌照（TD-SCDMA 为中国拥有自主产权的 3G 技术标准）；中国电信增加基于 CDMA2000 技术制式的 3G 牌照；中国联通增加了基于 WCDMA 技术制式的 3G 牌照。随着 3G 牌照的发放，2009 年被业界称为"中国的 3G 元年"。

2. 国内 3G 的运营

（1）中国电信的 3G 运营

放号时间：2009 年 4 月 6 日

中国电信 3G 能够提供的业务：无线宽带、天翼视讯、爱音乐、天翼 Live、189 邮箱、综合办公、全球眼、天翼对讲。

中国电信 3G 专属号段：180、181、189、133、153。

中国电信 3G 网络投资超过 1000 亿元，目前是国内覆盖范围最广的 3G 网络。

中国电信 3G 中文名称"天翼"，其设计的 Logo 是一朵由 e 变形而成的云，代表"天翼"将人们带入自由自在的移动互联网新时代；图案既有传统特色，又富含未来感和科技感。电信的 LOGO 如图 5-5 所示。

（2）中国联通的 3G 运营

WCDMA 标准是国际上应用最广泛，占据全球 80%以上市场份额。

试商用时间：2009 年 5 月 17 日至 9 月 30 日。

中国联通 3G 能够提供的业务包括可视电话、无线上网、手机上网、手机电视、手机音乐多种信息服务。

中国联通 3G 专属号段：185、186。中国联通计划年总投资（2G+3G）1000 亿元，2G 和 3G 投资分配大约为 4∶6。

中国联通"沃"设计理念：其中文名称"沃"与英文名称"WO"发音相近，意在表达对创新改变世界的一种惊叹，表达了想象力放飞带来的无限惊喜。整个品牌标识图形设计取自中国联通标识"中国结"的一部分，寄寓了传承与突破的双重含义；明亮、跳跃的橘红色，时尚、动感又兼具亲和力；突破传统的对称设计风格，进一步体现出敢于创新、不懈努力、始终向前的精神理念。联通的 LOGO 如图 5-6 所示。

图 5-5　电信的 LOGO

图 5-6　联通的 LOGO

（3）中国移动的 3G 运营

试商用时间：2008 年 4 月 1 日。

中国自主研发的 3G 标准。

中国移动 3G 能够提供的业务：可视电话、可视电话补充业务、视频留言、视频会议、多媒体彩铃、数据上网等。

中国移动 3G 专属号段：182、183、187、188。

中国移动用户不用换手机号，不用换 SIM 卡，直接升级 3G。

中国移动"G3"标识造型取义中国太极，以中间一点逐渐向外旋展，寓意 3G 生活不断变化和精彩无限的外延；其核心视觉元素源自中国传统文化中最具代表性的水墨丹青和朱红印章，以现代手法加以简约化设计，该标识还有丰富的彩色运用和延展。移动的 LOGO 如图 5-7 所示。

引领 3 G 生活

图 5-7　移动的 LOGO

3．中国 3G 现状

近年来全球 3G 快速成长，3G 网络覆盖率迅速提升。3G 增强型技术成为主流应用技术，绝大部分网络已升级到增强型技术。随着 3G 市场的不断成熟，全球 3G 用户已经进入规模增长阶段。2012 年，全球 3G 及以上用户总数约 25.93 亿。

随着全球 3G 进入快速成长期，中国也开始了 3G 产业的大规模建设。2009 年 1 月 7 日，国家工业和信息化部为中国移动、中国电信和中国联通发放 3G 牌照：中国电信获得 CDMA 2000 牌照，中国联通获得 WCDMA 牌照，中国移动使用我国具有自主知识产权的

TD-SCDMA 牌照。

2009 年以来，我国 3G 网络发展非常迅速。三种 3G 网络技术在网络建设、用户发展、投资拉动、终端完善、业务市场培育等各方面都取得了明显的成效，特别是 TD-SCDMA 的发展已取得重要突破。截至 2013 年 6 月，我国 3G 用户总数超过 3.2 亿户，渗透率逼近 30%大关。其中，电信、移动、联通 3G 用户数分别达到 8733 万户、13787.9 万和 10002 万。

从发达国家移动通信市场的发展经验来看，随着网络、业务、终端的逐渐成熟，2G 用户转向 3G 用户是大势所趋。我国 3G 市场依托于巨大的 2G 移动通信市场，发展潜力巨大。我国 3G 网络已具备了大规模发展用户的条件，预计"十二五"期间，我国 3G 用户发展将进入高峰期，3G 市场发展前景广阔。

4．3G 标准参数

（1）WCDMA

ARTT FDD（频分复用技术的异步 CDMA 系统）

异步 CDMA 系统：无 GPS

带宽：5MHz

码片速率：3.84Mchip/s

中国频段：1940M～1955MHz（上行）、2130M～2145MHz（下行）

（2）TD-SCDMA

RTT TDD（时分双工的同步 CDMA 系统）

同步 CDMA 系统：有 GPS

带宽：1.6MHz

码片速率：1.28Mchip/s

中国频段：1880M～1920MHz、2010M～2025MHz、2300M～2400MHz

（3）CDMA2000

RTT FDD （频分复用技术的同步 CDMA 系统）

同步 CDMA 系统：有 GPS

带宽：1.25MHz

码片速率：1.2288Mchip/s

中国频段：1920M～1935MHz（上行）、2110M～2125MHz（下行）

（4）WiMAX

全球微波互联接入，另一个名字是 802.16

带宽：1.5MHz 至 20MHz

最高接入速度：70Mbit/s

最高传输距离：50km

码片速率：不详

中国频段：（暂无）

5.3.6 3G 的应用

中国的 3G 之路刚刚开始，最先普及的 3G 应用是"无线宽带上网"，六亿手机用户随时随地手机上网。而移动互联网的流媒体业务将逐渐成为主导。对于运营商来说，3G 牌照发放意味着新一轮市场角逐的开始；对于设备商来说，这意味着 3 年至少 2800 亿元的投资大蛋糕摆在了面前；而对于用户来说，3G 意味着手机上网带宽飙升，资费越降越低。下面介绍 3G 的核心应用。

1．宽带上网

宽带上网是 3G 手机的一项很重要的功能，届时我们能在手机上收发语音邮件、写博客、聊天、搜索、下载图铃等……，现在不少人以为这些在手机上的功能应用要等到 3G 时代，但其实目前的无线互联网门户也已经可以提供。尽管目前的 GPRS 网络速度还不能让人非常满意，但 3G 时代来了，手机变成小 PC 再也不是梦想了。

2．手机商务

随着带宽的增加，手机办公越来越受到青睐。手机办公使得办公人员可以随时随地与单位的信息系统保持联系，完成办公功能。这包括移动办公、移动执法、移动商务等。与传统的 OA 系统相比，手机办公摆脱了传统 OA 局限于局域网的桎梏，办公人员可以随时随地访问政府和企业的数据库，进行实时办公和处理业务，极大地提高了办公和执法的效率。

3．视频通话

3G 时代，传统的语音通话已经是个很弱的功能了，到时候视频通话和语音信箱等新业务才是主流，传统的语音通话资费会降低，而视觉冲击力强，快速直接的视频通话会更加普及和飞速发展。

3G 时代被谈论得最多的是手机的视频通话功能，这也是在国外最为流行的 3G 服务之一。相信不少人都用过 QQ、MSN 或 Skype 的视频聊天功能，与远方的亲人、朋友"面对面"地聊天。今后，依靠 3G 网络的高速数据传输，3G 手机用户也可以"面谈"了。当你用 3G 手机拨打视频电话时，不再是把手机放在耳边，而是面对手机，再戴上有线耳麦或蓝牙耳麦，你会在手机屏幕上看到对方影像，你自己也会被录制下来并传送给对方。

4．手机电视

从运营商层面来说，3G 牌照的发放解决了一个很大的技术障碍，TD 和 CMMB 等标准的建设也推动了整个行业的发展。手机流媒体软件会成为 3G 时代最多使用的手机电视软件。

5．无线搜索

对用户来说，无线搜索是比较实用型的移动网络服务。随时随地用手机搜索将会变成更多手机用户一种平常的生活习惯。

6．手机音乐

在无线互联网发展成熟的日本，手机音乐是最为亮丽的一道风景线，通过手机上网下载的音乐是 PC 的 50 倍。3G 时代，只要在手机上安装一款手机音乐软件，就能通过手机网络，随时随地让手机变身音乐魔盒，轻松收纳无数首歌曲，下载速度更快。

7．手机办公

随着带宽的增加，手机办公越来越受到青睐。手机办公使得办公人员可以随时随地与单位的信息系统保持联系，完成办公功能。这包括移动办公、移动执法、移动商务等。极大地提高了办事和执法的效率。

8．手机购物

不少人都有在淘宝网上购物的经历，但手机商城对不少人来说还是个新鲜事。事实上，移动电子商务是 3G 时代手机上网用户的最爱。目前 90%的日本韩国手机用户都已经习惯在手机上消费，甚至是购买大米、洗衣粉这样的日常生活用品。专家预计，中国未来手机购物会有一个高速增长期，用户只要开通手机上网服务，就可以通过手机查询商品信息，并在线支付购买产品。高速 3G 可以让手机购物变得更实在，高质量的图片与视频会话能使商家与消费者的距离拉近，提高购物体验，让手机购物变为新潮流。

9. 手机网游

与 PC 的网游相比，手机网游的体验并不好，但方便携带，随时可以玩，这种利用了零碎时间的网游是目前年轻人的新宠，也是 3G 时代的一个重要资本增长点。3G 时代到来之后，游戏平台会更加稳定和快速，兼容性更高，即"更好玩了"，像是升级的版本一样，让用户在游戏的视觉和效果方面感觉更有体验。

5.3.7　3G 手机

3G 手机通俗地说就是指第三代（The Third Generation）手机。从第一代模拟制式手机到第二代的 GSM、TDMA 等数字手机，再到现在的第三代手机，和此前的手机相比差别非常大，越来越多的人开始称呼这类新的移动通信产品为"个人通信终端"。即使是对通信业最外行的人也可从外形上轻易地判断出一台手机是否是"第三代"：第三代手机都有一个超大的彩色显示屏，往往还是触摸式的。3G 手机除了能完成高质量的日常通信外，还能进行多媒体通信。用户可以在 3G 手机的触摸显示屏上直接写字、绘图，并将其传送给另一台手机，而所需时间可能不到一秒。当然，也可以将这些信息传送给一台 PC，或从 PC 中下载某些信息；用户可以用 3G 手机直接上网，查看电子邮件或浏览网页；将有不少型号的 3G 手机自带摄像头，这将使用户可以利用手机进行电视会议，甚至使数码相机成为一种"多余"。

具备强大功能的基础是 3G 手机极高的数据传输速度，GSM 移动通信网的传输速度为 9.6kbit/s，而第三代手机最终可能达到的数据传输速度将高达 2Mbit/s。而为此做支撑的则是互联网技术充分融合到 3G 手机系统中，其中最重要的就是数据打包技术。在 GSM 上应用数据打包技术发展出的 GPRS 目前已可达到每秒 384kbit/s 传输速度，这相当于 D-ISDN 传输速度的两倍。3G 手机支持高质量的话音，分组数据，多媒体业务和多用户速率通信，将大大扩展手机通信的内涵。

从 2009 年 1 月 7 日开始，中国正式进入 3G 时代，世界各大手机厂商也开始瞄准了中国的 3G 市场。最初的一批 3G 手机大部分由国产品牌制造，让中国一部分人首先尝到了 3G 手机的感觉。后来三星、NOKIA 等大品牌的进入打破了国产 3G 手机独霸天下的局面。

3G 技术在国外尤为成熟，很多人在挑选 3G 手机时首先考虑的是国外大品牌的手机，比如苹果、摩托罗拉、NOKIA 等品牌，但是，这也需要根据用户自身的条件和需求，综合考虑不同时期，不同品牌的知名度、热度等因素。

挑选 3G 手机，适合自己最重要，购买 3G 手机需要注意以下几点。

1）有无摄像头与 3G 无关：有摄像头只是可以让您的 3G 手机具备进行视频聊天，视频会议等功能。

2）3G 指的是一种通信技术标准，符合这个标准做出来的才是 3G 手机，符合这个标准的技术有 W-CDMA，CDMA-EVDO 和 TD-SCDMA，其中 TD-SCDMA 是中国自己研制的。2008 年 4 月 1 日，中国移动已经在北京、上海、天津、沈阳、广州、深圳、厦门和秦皇岛 8 个城市放号，正式启动 TD-SCDMA。

3）3G 手机的品牌：苹果、诺基亚、中兴、摩托罗拉、联想、三星、索尼、爱立信、桑菲、华为、LG、小米、酷派等品牌。

4）针对 2G 卡换 3G 卡的问题，中国移动和中国电信在对其 2G 用户使用 3G 服务时采用的是不换号、不换卡、不需要登记的"三不原则"政策；联通 3G 号段为 186，联通没有采取这个"三不政策"政策，因此，如果是联通的用户，现有的 156、155、130、131、132 的 2G 用户是可以不换号、不换卡，在更换为 3G 套餐后，即成为 3G 用户，而其他段的联通用户，则需要更换 3G 卡才能使用 3G 网络，否则，只能使用 2G 的功能。

3G 手机如图 5-8 所示。

图 5-8 三星和苹果的 3G 手机

5.4 第四代移动通信技术（4G）

"滴答" 1 秒钟就能下载一首歌曲、10 秒钟即可下载一部高清电影、电视电话会议交互延时在一秒以内、多路高清视频可同时流畅播放……，这就是 4G。

4G 是第四代移动通信技术的简称，是集 3G 与 WLAN 于一体并能够传输高质量视频图像以及图像传输质量与高清晰度电视不相上下的技术产品。4G 系统能够以 100Mbit/s 的速度下载，比拨号上网快 2000 倍，上传的速度也能达到 20Mbit/s，并能够满足几乎所有用户对于无线服务的要求。4G 与固定宽带网络在计费方面不相上下，而且计费方式更加灵活机动，用户完全可以根据自身的需求确定所需的服务。此外，4G 可以在 DSL 和有线电视调制解调器没有覆盖的地方部署，然后再扩展到整个地区。很明显，4G 有着不可比拟的优越性。

5.4.1 4G 发展背景

通信技术日新月异，给人们带来不少享受。随着数据通信与多媒体业务需求的发展，适应移动数据、移动计算及移动多媒体运作需要的第四代移动通信开始兴起，因此有理由期待这种第四代移动通信技术给人们带来更加美好的未来。

所有技术的发展都不可能在一夜之间实现，从 GSM（Global System for Mobile Communications，全球移动通信系统）、GPRS（General Packet Radio Service，通用无线分组业务，是一种基于 GSM 系统的无线分组交换技术，提供端到端的、广域的无线 IP 连接）到第 4 代，需要不断演进，而且这些技术可以同时存在。人们都知道最早的移动通信电话用的是模拟蜂窝通信技术，这种技术只能提供区域性语音业务，而且通话效果差、保密性能也不好，用户的接听范围也很有限。随着移动电话迅猛发展，用户增长迅速，传统的通信模式已经不能满足人们通信的需求，在这种情况下就出现了 GSM 通信技术，该技术用的是窄带 TDMA，允许在一个射频（即"蜂窝"）同时进行 8 组通话。它是根据欧洲标准而确定的频率范围在 900M～1800MHz 之间的数字移动电话系统，频率为 1800MHz 的系统也被美国采纳。GSM 是 1991 年开始投入使用的。到 1997 年底，已经在 100 多个国家运营，成为欧洲和亚洲实际上的标准。GSM 数字网也具有较强的保密性和抗干扰性，音质清晰，通话稳定，并具备容量大，频率资源利用率高，接口开放，功能强大等优点。不过它能提供的数据传输率仅为 9.6kbit/s，和十多年前用固定电话拨号上网的速度相当，而当时的 Internet 几乎只提供纯文本的信息。而时下正流行的数字移动通信手机是第二代（2G），一般采用 GSM 或 CDMA 技术。第二代手机除了可提供所谓"全球通"话音业务外，已经可以提供低速的数据业务了，也就是收发短消息之类。虽然从理论上讲，2G 手机用户在全球范围都可以进行移动通信，但是由于没有统一的国际标准，各种移动通信系统彼此互不兼容，给手机用户带来诸多不便。

针对 GSM 通信的缺陷，在 2000 年又推出了一种新的通信技术 GPRS，该技术是在 GSM 的基础上的一种过渡技术。GPRS 的推出标志着人们在 GSM 的发展史上迈出了意义最重大的一步，GPRS 在移动用户和数据网络之间提供一种连接，给移动用户提供高速无线 IP 和 X.25 分组数据接入服务。

在这之后，通信运营商们又要推出 EDGE 技术，这种通信技术是一种介于现有的第二代移动网络与第三代移动网络之间的过渡技术，因此也有人称它为"2.5G"技术，它有效提高了 GPRS 信道编码效率的高速移动数据标准，它允许高达 384kbit/s 的数据传输速率，可以充分满足未来无线多媒体应用的带宽需求。EDGE 提供了一个从 GPRS 到第三代移动通信的过渡性方案，从而使现有的网络运营商可以最大限度地利用现有的无线网络设备，在第三代移动网络商业化之前，提前为用户提供个人多媒体通信业务。

在新兴通信技术的不断推动下，象征着 3G 通信的标志技术 WCDMA 已经成为现在通信技术的主流。该技术能为用户带来了最高 2Mbit/s 的数据传输速率，在这样的条件下，计算机中应用的任何媒体都能通过无线网络轻松的传递。WCDMA 通过有效的利用宽频带，不仅能顺畅处理声音、图像数据还能与互联网快速连接；此外 WCDMA 和 MPEG-4 技术结合起来还可以处理真实的动态图像。人们之间沟通的瓶颈会由网络传输速率转变为各种新型应用的提供：如何让无线网络更好地为人们服务而不是给人们带来骚扰，如何让每个人都能从信息的海洋中快速的得到自己需要的信息，如何能够方便地携带、使用各种终端设备，各种终端设备之间如何更好地自动协同工作等。

在上述通信技术的基础之上，无线通信技术最终迈向了 4G 通信技术时代。

就在 3G 通信技术正处于酝酿之中时，更高的技术应用已经在实验室进行研发。因此在人们期待第三代移动通信系统所带来的优质服务的同时，第四代移动通信系统的最新技术也在实验室悄然进行当中。那么到底什么是 4G 通信呢？

到 2009 年为止人们还无法对 4G 通信进行精确地定义，有人说 4G 通信的概念来自其他无线服务的技术，从无线应用协定、全球袖珍型无线服务到 3G；也有人说 4G 通信是系统中的系统，可利用各种不同的无线技术。但不管人们对 4G 通信怎样进行定义，有一点能够肯定的是 4G 通信可能是一个比 3G 通信更完美的新无线世界，它可创造出许多消费者难以想象的应用。4G 最大的数据传输速率超过 100Mbit/s，这个速率是移动电话数据传输速率的 1 万倍，也是 3G 移动电话速率的 20 倍以上。4G 手机可以提供高性能的汇流媒体内容，并通过 ID 应用程序成为个人身份鉴定设备。它也可以接受高分辨率的电影和电视节目，从而成为合并广播和通信的新基础设施中的一个纽带。此外，4G 的无线即时连接等某些服务费用会比 3G 便宜。还有，4G 有望集成不同模式的无线通信——从无线局域网和蓝牙等室内网络、蜂窝信号、广播电视到卫星通信，移动用户可以自由地从一个标准漫游到另一个标准。

4G 通信技术并没有脱离以前的通信技术，而是以传统通信技术为基础，并利用了一些新的通信技术，来不断提高无线通信的网络效率和功能的。如果说 3G 能为人们提供一个高速传输的无线通信环境的话，那么 4G 通信会是一种超高速无线网络，一种不需要电缆的信息超级高速公路，这种新网络可使电话用户以无线及三维空间虚拟实现连线。

与传统的通信技术相比，4G 通信技术最明显的优势在于通话质量及数据通信速度。然而，在通话品质方面，移动电话消费者还是能接受的。随着技术的发展与应用，现有移动电话网中手机的通话质量还在进一步提高。数据通信速度的高速化的确是一个很大优点，它的最大数据传输速率达到 100Mbit/s，简直是不可思议的事情。另外由于技术的先进性确保了成本投资的大大减少，未来的 4G 通信费用也要比 2009 年时的通信费用低。

4G 通信技术是继第三代以后的又一次无线通信技术演进，其开发更加具有明确的目标性：提高移动装置无线访问互联网的速度。2009 年以来，我国 3G 网络发展非常迅速。三种 3G 网络技术在网络建设、用户发展、投资拉动、终端完善、业务市场培育等各方面都取得了明显的成效，特别是 TD-SCDMA 的发展已取得重要突破。截至 2013 年底，我国 3G 制式移动网络用户比例已达到 68.25%，但仍有 31.75% 的消费者未使用 3G 制式移动网络。

为了充分利用 4G 通信给人们带来的先进服务，人们还必须借助各种各样的 4G 终端才能实现，而不少通信营运商正是看到了未来通信的巨大市场潜力，他们已经开始把眼光瞄准到生产 4G 通信终端产品上，例如生产具有高速分组通信功能的小型终端、生产对应配备摄像机的可视电话以及电影电视的影像发送服务的终端，或者是生产与计算机相匹配的卡式数据通信专用终端。有了这些通信终端后，手机用户就可以随心所欲地漫游了，随时随地地享受高质量的通信了。

4G 移动系统网络结构可分为三层：物理网络层、中间环境层、应用网络层。

物理网络层提供接入和路由选择功能，它们由无线和核心网的结合格式完成。中间环境层的功能有 QoS 映射、地址变换和完全性管理等。物理网络层与中间环境层及其应用环境之间的接口是开放的，它使发展和提供新的应用及服务变得更为容易，提供无缝高数据率的无线服务，并运行于多个频带。这一服务能自适应多个无线标准及多模终端能力，跨越多个运营者和服务，提供大范围服务。

第四代移动通信系统的关键技术包括：

信道传输；

抗干扰性强的高速接入技术、调制和信息传输技术；

高性能、小型化和低成本的自适应阵列智能天线；

大容量、低成本的无线接口和光接口；

系统管理资源；

软件无线电、网络结构协议等。

第四代移动通信系统主要是以正交频分复用（OFDM）为技术核心。OFDM 技术的特点是网络结构高度可扩展，具有良好的抗噪声性能和抗多信道干扰能力，可以提供无线数据技术质量更高（速率高、时延小）的服务和更好的性能价格比，能为 4G 无线网提供更好的方案。例如无线区域环路（WLL）、数字音讯广播（DAB）等，预计都采用 OFDM 技术。4G移动通信对加速增长的宽带无线连接的要求提供技术上的回应，对跨越公众的和专用的、室内和室外的多种无线系统和网络保证提供无缝的服务。通过对最适合的可用网络提供用户所需求的最佳服务，能应付基于因特网通信所期望的增长，增添新的频段，使频谱资源大扩展，提供不同类型的通信接口，运用路由技术为主的网络架构，以傅里叶变换来发展硬件架构实现第四代网络架构。移动通信会向数据化，高速化、宽带化、频段更高化方向发展，移动数据、移动 IP 预计会成为未来移动网的主流业务。

5.4.2 4G 的主要优势

4G 通信将给人们真正的沟通自由，并彻底改变人们的生活方式甚至社会形态。4G 通信具有如下的优势特征。

1．通信速度更快

由于人们研究 4G 通信的最初目的就是提高蜂窝电话和其他移动装置无线访问 Internet的速率，因此 4G 通信给人印象最深刻的特征莫过于它具有更快的无线通信速度。如对移动通信系统数据传输速率作比较，第一代模拟式仅提供语音服务；第二代数位式移动通信系统传输速率也只有 9.6kbit/s，最高可达 32kbit/s，如 PHS；而第三代移动通信系统数据传输速率可达到 2Mkbit/s。据专家预估，第四代移动通信系统可以达到 10Mbit/s 至 20Mbit/s，甚至最高可以达到高达 100Mbit/s 的速度传输无线信息，这种速度会相当于 2009 年的最新手机传输速度的 1 万倍左右。

2．网络频谱更宽

要想使 4G 通信达到 100Mbit/s 的传输，通信营运商必须在 3G 通信网络的基础上，进行大幅度的改造和研究，以便使 4G 网络在通信带宽上比 3G 网络的蜂窝系统的带宽高出许多。据研究 4G 通信的 AT&T 的执行官们说，估计每个 4G 信道会占有 100MHz 的频谱，相当于 W-CDMA 3G 网络的 20 倍。

3．通信更加灵活

从严格意义上说，4G 手机的功能，已不能简单地将它划归"电话机"的范畴，因为语音资料的传输只是 4G 移动电话的功能之一，因此 4G 手机更应该算得上是一台小型计算机。未来的 4G 通信不仅使人们可以随时随地通信，更可以双向下载传递资料、图画、影像，当然更可以和从未谋面的陌生人网上联线对打游戏。当然也许会有被网上定位系统永远锁定，无处遁形的苦恼，但是与它据此提供的地图带来的便利和安全相比，这简直可以忽略不计。

4. 智能性能更高

第四代移动通信的智能性更高，不仅表现于 4G 通信的终端设备的设计和操作具有智能化，例如对菜单和滚动操作的依赖程度会大大降低，更重要的是 4G 手机可以实现许多难以想象的功能。例如 4G 手机能根据环境、时间以及其他设定的因素来适时地提醒手机的主人此时该做什么事，或者不该做什么事，4G 手机可以把电影院的票房资料，直接下载到 PDA之上，这些资料能够把售票情况、座位情况显示得清清楚楚，大家可以根据这些信息来在线购买自己满意的电影票；4G 手机可以被看做是一台手提电视，用来看体育比赛之类的各种现场直播。

5. 更好的兼容性

要使 4G 通信尽快地被人们接受，除了要考虑它的功能强大外，还应该考虑到现有通信的基础，以便让更多的现有通信用户在投资最少的情况下就能很轻易地过渡到 4G 通信。因此，从这个角度来看，第四代移动通信系统应当具备全球漫游，接口开放，能跟多种网络互联，终端多样化以及能从第二代平稳过渡等特点。

6. 提供各种增值服务

4G 通信并不是从 3G 通信的基础上经过简单的升级而演变过来的，它们的核心建设技术是根本不同的，3G 移动通信系统主要是以 CDMA 为核心技术，而 4G 移动通信系统技术则以正交多任务分频技术（OFDM）最受瞩目，利用这种技术人们可以实现例如无线区域环路（WLL）、数字音讯广播（DAB）等方面的无线通信增值服务。

7. 实现高质量通信

尽管第三代移动通信系统也能实现各种多媒体通信，但 4G 通信能满足第三代移动通信尚不能达到的在覆盖范围、通信质量、造价上支持的高速数据和高分辨率多媒体服务的需要，第四代移动通信系统提供的无线多媒体通信服务包括语音、数据、影像等大量信息透过宽频的信道传送出去，为此第四代移动通信系统也称为"多媒体移动通信"。第四代移动通信不仅仅是为了应对用户数的增加，更重要的是，必须要适合多媒体的传输需求，当然还包括通信品质的要求。总的来说，4G 通信可以容纳市场庞大的用户数、改善现有通信品质不良，以及达到高速数据传输的要求。

8. 频率使用效率更高

相比第三代移动通信技术来说，第四代移动通信技术在开发研制过程中使用和引入许多功能强大的突破性技术，例如一些光纤通信产品公司为了进一步提高无线因特网的主干带宽宽度，引入了交换层级技术，这种技术能同时涵盖不同类型的通信接口，也就是说第四代主要是运用路由技术（Routing）为主的网络架构。由于利用了几项不同的技术，所以无线频率的使用比第二代和第三代系统有效得多。这种有效性可以让更多的人使用与以前相同数量的无线频谱做更多的事情，而且做这些事情的时候速度相当快。

9. 通信费用更加便宜

由于 4G 通信不仅解决了与 3G 通信的兼容性问题，让更多的现有通信用户能轻易地升级到 4G 通信，而且 4G 通信引入了许多尖端的通信技术，这些技术保证了 4G 通信能提供一种灵活性非常高的系统操作方式，因此相对其他技术来说，4G 通信部署起来就容易迅速得多；同时在建设 4G 通信网络系统时，通信运营商们可直接在 3G 通信网络的基础设施之上，采用逐步引入的方法，这样就能够有效地降低运行者和用户的费用。据研究人员宣称，4G 通信的无线即时连接等某些服务费用会比 3G 通信更加便宜，当 4G 市场成熟后，用户上网资费和 3G 阶段相比将下降至少 60% 左右。

5.4.3　4G 技术标准

2012 年 1 月 20 日 ITU 正式审议通过的 4G（IMT-Advanced）标准：LTE-Advanced：LTE（Long Term Evolution，长期演进）的后续研究标准；WirelessMAN-Advanced（802.16m）：WiMAX 的后续研究标准。而 TD-LTE 作为 LTE-Advanced 标准分支之一入选；这是由我国主要提出的。

1. LTE

LTE（Long Term Evolution，长期演进） 项目是 3G 的演进，它改进并增强了 3G 的空中接入技术，采用 OFDM 和 MIMO 作为其无线网络演进的唯一标准。主要特点是在 20MHz 频谱带宽下能够提供下行 100Mbit/s 与上行 50Mbit/s 的峰值速率，相对于 3G 网络大大地提高了小区的容量，同时将网络延迟大大降低：内部单向传输时延低于 5ms，控制平面从睡眠状态到激活状态迁移时间低于 50ms，从驻留状态到激活状态的迁移时间小于 100ms。并且这一标准也是 3GPP（The 3rd Generation Partnership Project，3G 合作规划）长期演进（LTE）项目，是近两年来 3GPP 启动的最大的新技术研发项目，其标准演进的历史如下：

GSM—>GPRS—>EDGE—>WCDMA—>HSDPA/HSUPA—>HSDPA+/HSUPA+—>FDD-LTE 长期演进；

不同标准的速度演进：

GSM：9kbit/s—>GPRS:42kbit/s—> EDGE:172kbit/s—>WCDMA：364kbit/s—>HSDPA/HSUPA:14.4Mbit/s—>HSDPA+/HSUPA+:42Mbit/s —>FDD-LTE:300Mbit/s。

由于目前的 WCDMA 网络的升级版 HSPA 和 HSPA+均能够演化到 FDD-LTE 这一状态，包括中国自主的 TD-SCDMA 网络也将绕过 HSPA 直接向 TD-LTE 演进，所以这一 4G 标准获得了最大的支持，也将是 4G 标准的主流。该网络提供媲美固定宽带的网速和移动网络的切换速度，网络浏览速度大大提升。

LTE 终端设备当前有耗电太大和价格昂贵的缺点，按照摩尔定律测算，估计至少还要 6 年后，才能达到当前 3G 终端的量产成本。

2. LTE-Advanced

LTE-Advanced：从字面上看，LTE-Advanced 就是 LTE 技术的升级版，那么为何两种标准都能够成为 4G 标准呢？LTE-Advanced 的正式名称为 Further Advancements for E-UTRA，它满足 ITU-R 的 IMT-Advanced 技术征集的需求，是 3GPP 形成欧洲 IMT-Advanced 技术提案的一个重要来源。LTE-Advanced 是一个后向兼容的技术，完全兼容 LTE，是演进而不是革命，相当于 HSPA 和 WCDMA 这样的关系。LTE-Advanced 的相关特性如下：

带宽：100MHz

峰值速率：下行 1Gbit/s，上行 500Mbit/s

峰值频谱效率：下行 30(bit/s)/Hz，上行 15(bit/s)/Hz

针对室内环境进行优化

有效支持新频段和大带宽应用

峰值速率大幅提高，频谱效率有限的改进

严格地讲，LTE 作为 3.9G 移动互联网技术，那么 LTE-Advanced 作为 4G 标准更加确切一些。LTE-Advanced 的入围，包含 TDD 和 FDD 两种制式，其中 TD-SCDMA 将能够进化到 TDD 制式，而 WCDMA 网络能够进化到 FDD 制式。移动主导的 TD-SCDMA 网络期望能够直接绕过 HSPA+网络而直接进入到 LTE。

3. WiMAX

WiMAX：WiMAX（Worldwide Interoperability for Microwave Access，全球微波互联接入），WiMAX 的另一个名字是 IEEE 802.16。WiMAX 的技术起点较高，WiMAX 所能提供的最高接入速度是 70Mbit/s，这个速度是 3G 所能提供的宽带速度的 30 倍。对无线网络来说，这的确是一个惊人的进步。WiMAX 逐步实现宽带业务的移动化，而 3G 则实现移动业务的宽带化，两种网络的融合程度会越来越高，这也是未来移动世界和固定网络的融合趋势。

802.16 工作的频段采用的是无需授权频段，范围在 2GHz 至 66GHz 之间，而 802.16a 则是一种采用 2GHz 至 11GHz 无需授权频段的宽带无线接入系统，其频道带宽可根据需求在 1.5MHz 至 20MHz 范围进行调整，目前具有更好高速移动下无缝切换的 IEEE 802.16m 的技术正在研发。因此，802.16 所使用的频谱可能比其他任何无线技术更丰富，WiMAX 具有以下优点：

1）对于已知的干扰，窄的信道带宽有利于避开干扰，而且有利于节省频谱资源。

2）灵活的带宽调整能力，有利于运营商或用户协调频谱资源。

3）WiMAX 所能实现的 50km 的无线信号传输距离是无线局域网所不能比拟的，网络覆盖面积是 3G 发射塔的 10 倍，只要少数基站建设就能实现全城覆盖，能够使无线网络的覆盖面积大大提升。

不过，WiMAX 网络在网络覆盖面积和网络带宽上的优势虽然巨大，但是其移动性却有着先天的缺陷，无法满足高速（≥50km/h）下的网络的无缝链接，从这个意义上讲，WiMAX 还无法达到 3G 网络的水平，严格地说并不能算作移动通信技术，而仅仅是无线局域网的技术。但是 WiMAX 的希望在于 IEEE 802.16m 技术上，此技术能够有效地解决这些问题，也正是因为有中国移动、因特尔、Sprint 各大厂商的积极参与，WiMAX 成为呼声仅次于 LTE 的 4G 网络。

WiMAX 当前全球使用用户大约 800 万，其中 60%在美国。WiMAX 其实是最早的 4G 通信标准，大约出现于 2000 年。

4. Wireless MAN

WirelessMAN-Advanced：WirelessMAN-Advanced 事实上就是 WiMAX 的升级版，即 IEEE 802.16m 标准，802.16 系列标准在 IEEE 正式称为 WirelessMAN，而 WirelessMAN-Advanced 即为 IEEE 802.16m。其中，802.16m 最高可以提供 1Gbit/s 无线传输速率，还将兼容未来的 4G 无线网络。802.16m 可在"漫游"模式或高效率/强信号模式下提供 1Gbit/s 的下行速率。该标准还支持"高移动"模式，能够提供 1Gbit/s 速率。其优势如下：

1）提高网络覆盖，改建链路预算；

2）提高频谱效率；

3）提高数据和 VOIP 容量；

4）低时延和 QoS 增强；

5）功耗少。

目前的 WirelessMAN-Advanced 有 5 种网络数据规格，其中极低速率为 16kbit/s，低速率数据及低速多媒体为 144kbit/s，中速多媒体为 2Mbit/s，高速多媒体为 30Mbit/s 超高速多媒体则达到了 30Mbit/s～1Gbit/s。但是该标准可能会率先被军方所采用，IEEE 方面表示军方的介入将能够促使 WirelessMAN-Advanced 更快的成熟和完善，而且军方的今天就是民用的明天。不论怎样，WirelessMAN-Advanced 得到 ITU 的认可并成为 4G 标准的可能性极大。

5.4.4 4G 国际标准

2012 年 1 月 18 日，国际电信联盟在 2012 年无线电通信全会全体会议上，正式审议通过将 LTE-Advanced 和 WirelessMAN-Advanced（802.16m）技术规范确立为 IMT-Advanced（4G）国际标准，中国主导制定的 TD-LTE-Advanced 和 FDD-LTE-Advance 同时并列成为 4G 国际标准。

4G 国际标准工作历时三年。从 2009 年初开始，ITU 在全世界范围内征集 IMT-Advanced 候选技术。2009 年 10 月，ITU 共计征集到了六个候选技术，分别来自北美标准化组织 IEEE 的 802.16m、日本（两项分别基于 LTE-A 和 802.16m）、3GPP 的 LTE-A、韩国（基于 802.16m）和中国（TD-LTE-Advanced）、欧洲标准化组织 3GPP（LTE-A）。这六个技术基本上可以分为两大类，一是基于 3GPP 的 LTE 技术，中国提交的 TD-LTE-Advanced 是其中的 TDD 部分。另外一类是基于 IEEE 802.16m 的技术。

ITU 在收到候选技术以后，组织世界各国和国际组织进行了技术评估。2010 年 10 月，在中国重庆，ITU-R 下属的 WP5D 工作组最终确定了 IMT-Advanced 的两大关键技术，即 LTE-Advanced 和 802.16m。中国提交的候选技术作为 LTE-Advanced 的一个组成部分，也包含在其中。在确定了关键技术以后，WP5D 工作组继续完成了国际电联建议的编写工作，以及各个标准化组织的确认工作。此后 WP5D 将文件提交上一级机构审核，SG5 审核通过以后，再提交给全会讨论通过。

在此次会议上，TD-LTE 正式被确定为 4G 国际标准，也标志着中国在移动通信标准制定领域再次走到了世界前列，为 TD-LTE 产业的后续发展及国际化提供了重要基础。

在国际运营商方面，日本软银、沙特阿拉伯 STC、Mobily、巴西 sky Brazil、波兰 Aero2 等众多国际运营商已经开始商用或者预商用 TD-LTE 网络。同时，国际主流的电信设备制造商基本全部支持 TD-LTE，而在芯片领域，TD-LTE 已吸引 17 家厂商加入，其中不乏高通等国际芯片市场的领导者。

5.4.5 4G 存在的问题

第四代无线通信网络系统是人类有史以来发明的最复杂的技术系统，第四代无线通信网络在具体实施的过程中出现大量复杂的技术问题，并且需要花费很长的时间才能解决。

面对 4G 时代，用户对于 4G 体验更高、更迫切、更具持续性的诉求，对于中国的各大运营商和终端厂商而言，还有很长的一段路要走。在全面地实施 4G 通信的过程中存在以下的一些问题：

1．标准难以统一

虽然从理论上讲，3G 手机用户在全球范围都可以进行移动通信，但是由于没有统一的国际标准，各种移动通信系统彼此互不兼容，给手机用户带来诸多不便。因此，开发第四代移动通信系统必须首先解决通信制式等需要全球统一的标准化问题，而世界各大通信厂商会对此一直争论不休。

2．消费者换机动力不足

3G 通信在用户在手机终端上的选择非常丰富，而 4G 手机终端在可选择性上非常有限，并且 4G 手机的价格上也比 3G 手机高出了很多，这对于数量巨大的普通消费者来说，从使用 3G 手机换为 4G 手机的确较为困难。

到 2014 年初，4G 网络刚开始投入应用阶段，其应用平台尚未得以全面开发，在市面上出现的应用所带给用户的体验跟 3G 时代相比大为不如。并且现在 3G 覆盖日臻完善，WiFi 等无线局域网日益普及，4G 的发展还是会面临动力不足的困境。

这样的问题，其实在每一次移动网络的商用革新之初都会出现。面对这样的困境，对于运营商来说，在架设好"高速通道"的同时，也需要花大力气研究用户的喜好和市场动向，做好应用、内容，开发新的商业模式，对于 4G 的长远发展才是有效的动力。

3．语音通话问题

尽管 TD-LTE 网络带来高达 100Mbit/s 的下载速率，这让手机终端用户感受到了网络传输速度提高所带来的欣喜，但手机终端最基本的功能是通话功能，而在 4G 网络下语音通话可能出现延时、漏接等问题。因为采用 CSFB（Circuit Switched Fallback，电路域回落背景，指 LTE 终端驻留在 LTE 网络，当需要完成语音业务时再回落到 2G/3G 网络的 CS 域，从而实现语音通信功能）解决方案的手机，在 4G 网络覆盖区域，会优先监测到 4G 信号，用户在接打电话时，网络要从 4G 滚落回 2G 网络。这个过程中，难免会出现一定的延迟，甚至会出现通话断线的情况。同时还要面对数据和语音不能并发，也就是打电话的时候不能上网的尴尬难题。对语音通话问题的另一种解决方案是 SGLTE（simultaneous GSM and LTE，LTE 与 GSM 同步支持。其终端包含了两个芯片，一个是支持 LTE 的多模芯片，一个是 GSM 的芯片，可以支持数据语音同时进行），但这种产品的开发难度更大。

4G 时代带来了数据的飞速发展，却偏偏忽略了语音通话问题，这无疑是目前国内 4G 面临的最大挑战。

4．网络覆盖问题

在 4G 刚开始阶段，其网络覆盖是个问题。4G 速度再快，没有网络信号覆盖就根本不能使用 4G 功能。在国内，4G 网络初期，是以覆盖主城区为目标，扩大覆盖已成为推广 4G 最需要攻坚的任务，消费者需要耐心等待。

同时，在已经使用 4G 的城市还遇到另一个关于网络覆盖的问题，那就是在室外有表现稳定的信号，当场景变换到室内以及在地铁、地下室等场所信号变得很弱，4G 的快速根本就无从体现。另外，虽然 4G 网速很快，但当用户多起来之后，同一个基站 100Mbit/s 的理想峰值速率就要被多名用户共享，那时候速率降下来的感知会很明显。所以 4G 网络的承载能力也是影响用户终端速度体验的关键一环。

5. 骨干网问题

4G 网络对数据的高速传输必然要求骨干网也具备好大容量的数据传输准备。如果数亿的用户都用上了 4G，大量的数据流通必然会对已有的骨干网络提出更高的要求。如何让骨干网的建设跟上 4G 的普及速度，也是网络建设方面所面临的一大难题。

5.4.6 4G 发展状况

1. 诺基亚-西门子打通第一个准 4G

据路透社报道，2009 年 5 月 18 日电信设备商诺基亚-西门子（简称"诺西"）通过下一代移动通信技术打了世界上第一个 LTE 电话。这次呼叫是该公司在德国乌尔姆的研发机构，使用一个商业基站和完全标准化软件进行的。诺西无线电网络部门主管马克·娄阿耐 （Marc Rouanne）表示，这是公司发展方向的一个证明，人们的战略是关注部署并成为首家针对大众市场的公司。由于价格竞争激烈和运营投资下降，设备市场在整体萎缩，因此所有的电信设备商都在积极向运营商推销 LTE 网络。

2. 全球首个正式商用 4G 网络（中国华为参与建设）

在全球各大网络运营商都在筹划下一代网络的时候，北欧 TeliaSonera 率先完成了 4G 网络的建设，并宣布开始在瑞典首都斯德哥尔摩、挪威首都奥斯陆提供 4G 服务，这也是全球正式商用的第一个 4G 网络。

TeliaSonera 移动业务部门负责人 Kenneth Karlberg 表示："能够成为全球第一家为客户提供 4G 业务的运营商非常自豪，通过与爱立信、华为的精诚合作，我们比原计划提前实现了为斯德哥尔摩、奥斯陆提供 4G 服务的承诺。"

在这两地的 4G/LTE 网络建设中，爱立信负责瑞典首都斯德哥尔摩当地 4G 网络，中国华为负责挪威首都奥斯陆的 4G 网络，均采用三星商用 LTE 移动调制解调器。

3. 移动 TD-LTE 网

TD-LTE 是中国主导的新一代宽带移动通信技术，具有自主知识产权 3G 国际标准 TD-SCDMA 的后续演进技术。2010 年，中国移动在上海、杭州、南京、广州、深圳、厦门 6 个城市启动 TD-LTE 规模技术试验建设工作。

杭州作为首批试点的城市，创新采用了平滑升级演进技术，网络建设进展迅速，目前第一阶段的工程已经顺利完成。

目前已经完成了武林商圈、黄龙商圈等杭州主城区以及滨江、下沙等点的覆盖。2012 年内，已完成杭州大城区 TD-LTE 的完全覆盖，包括主城区和萧山区、余杭区，无论商业街、公交车站还是地铁等，都能收到信号。

随着杭州 B1 公交线路的试体验活动的启动，中国移动正在紧锣密鼓制定浙江 TD-LTE 试商用计划，网络建设也正进行中，到 2012 年 5 月份已完成全城 600 个基站的覆盖，到 2012 年底已完成近 2000 个基站覆盖。

4. 4G 新技术已投入应用

世界移动通信大会是一年一度的行业盛会，由全球移动通信系统协会主办，最早于 1995 年在西班牙马德里举行。2010 年世界移动通信大会的主题为"美梦成真"，来自世界 180 多个国家和地区的 1300 家企业约 5 万人出席了这次大会，其中 54%是企业高管，包括

2800 多名首席执行官。在这次大会上，4G 时代的核心技术——长期演进技术（LTE）成为关注的焦点。在大会召开之前，业内推出的这种功能强大的下一代无线通信技术的速度已经超过当前一些有线网络，其下载峰值速率可达 100Mbit/s，上传峰值速率也可达 50Mbit/s。而在此次大会上，爱立信成功演示了一种 LTE/4G 新系统，其下载速率最高达到了 1Gbit/s，创世界纪录，远超出了目前普通互联网的网速。

与会专家认为，LTE 将成为全世界大部分移动通信营运商采用的移动宽带技术，在近几年有关移动宽带技术的角逐中，LTE 基本上已成为胜利者。据全球移动通信系统协会公布的数据，全世界已有 74 家运营商参与或承诺参与 LTE 的测试或应用。

2011 年 12 月，LTE 技术在世界上首次投入公共应用。这一天 TeliaSonera 公司在瑞典首都斯德哥尔摩和挪威首都奥斯陆正式推出了 LTE 服务项目。2012 年美国、日本也将开始 LTE 技术的商业应用。到 2013 年，全球 LTE 网络的用户已达到 7200 万。

5. 4G 时代

目前全世界手机用户已达 45 亿，移动通信已经基本实现了人与人的互联，并正在实现人与互联网的互联。4G 技术的推广将使手机上网用户数量产生飞跃。

2013 年 8 月，国务院发布关于促进信息消费扩大内需的若干意见，意见中指出：要统筹推进移动通信发展，扩大第三代移动通信（3G）网络覆盖，优化网络结构，提升网络质量。根据企业申请情况和具备条件，推动于 2013 年内发放第四代移动通信（4G）牌照。

2013 年 12 月 4 日，工业和信息化部向中国联通、中国电信、中国移动正式发放了第四代移动通信业务牌照（即 4G 牌照），中国移动、中国电信、中国联通三家均获得 TD-LTE 牌照，此举标志着中国电信产业正式进入了 4G 时代。

5.4.7 4G 网络发展展望

4G 是"第四代移动通信及其技术"的简称，是集 3G 与 WLAN 于一体并能够传输高质量视频图像以及图像传输质量与高清晰度电视不相上下的技术产品。4G 系统能够以 100Mbit/s 的速度下载，比拨号上网快 2000 倍，上传的速度也能达到 20Mbit/s，并能够满足几乎所有用户对于无线服务的要求。而在用户最为关注的价格方面，4G 与固定宽带网络在价格方面不相上下，而且计费方式更加灵活机动，用户完全可以根据自身的需求确定所需的服务。此外，4G 可以在 DSL 和有线电视调制解调器没有覆盖的地方部署，然后再扩展到整个地区。很明显，4G 有着不可比拟的优越性。

4G 网络的正式使用，必将再次掀起移动通信网络的一阵巨浪，不论是运营商还是终端厂商，都将在这个全新的起点上展开新的业务。

在网络运营商方面，中国移动、中国电信和中国联通三家公司在 4G 网络的建设方面正在加大力度实施，全面加快城市的 TD-LTE 建设，积极经营，推动基础业务规模发展，加快 4G 网络的部署，强化 4G、3G、宽带业务统筹，加速现有 3G 网络的升级，持续推进网络能力建设，提升客户满意度，以最快、最省、最简单的方式推动 4G 网络快速建设，积极从拓展通信业务向拓展移动互联网业务和信息消费转变，实现从移动通信经营向创新全业务经营转变，市民将能享受到更全面强大的无线高速宽带网络和信息服务。

4G 网络的用户体验方面，移动终端设备的应用体验将更为友好，城市的便民应用将反应更为迅速，在公交车站等场所，市民将体验到方便快捷、感受更佳的上网服务；在医院，远程医疗、救护车移动会诊中心也将成为现实，满足医患需求。城市的交通可以实现高清的交通视频监控，让交通更安全、更顺畅；在教育行业，校车的视频监控数据实时快捷，视频高清可控，远程的视频教育将与学员贴得更近；移动支付、第三方支付、LBS 等应用的成熟，用户在网上支付、出行旅游等方面更加便捷。

4G 网络在企业应用方面，随着移动互联网的发展与传统企业互联网化的进程逐渐加快，越来越多的企业希望借移动互联网发展之势，为自己的客户建立更加密切的沟通，提供更加细致的服务，而企业级 APP 会在其中起到非常重要的作用。据统计，Inter brand 排名全球前 100 名的品牌中 90%以上拥有自己的 App，甚至许多企业拥有不只一个 App。移动互联网的未来 5 到 10 年，云计算、应用客户端以及终端三大平台是企业营销的主要竞争方向。而要想在行业内占得一席之地，赢得消费者的青睐，打造专属的企业 APP 是其中的关键一步。

5.4.8　4G 手机

4G 手机是支持 4G 网络的手机。

世界首款 4G 手机是 Sprint Nextel Corp. 2010 年 3 月 23 日正式发布的美国首款超高速手机，随后又发布世界上第一款 WiMAX 4G 的 Android 系统手机 HTC EVO 4G。Sprint 希望利用其在下一代无线通信技术领域的领先优势占得先机。Sprint 力争吸引用户使用其网络，希望利用其在 4G 技术方面相对于其他运营商的微弱优势。Sprint 及其网络合作商 Clearwire Corp.扩充了 4G 技术的覆盖城市数量。

HTC EVO 4G 是全球第一款支持 WiMAX 功能的 4G 手机，其配置豪华，不仅拥有超大尺寸的 4.3in AMOLED 材质 WVGA（800×480 像素）级别的触控屏，在续航能力和屏幕显示效果方面也得到了很好的保证。系统方面，该机采用 Android 2.1 版本的系统，内置了最高级别的主频达 1GHz Snapdragon 处理器，再加上 512MB RAM+1GB ROM 的组合，很好地保证了整个系统运行的流畅度。作为 HTC EVO 4G 的重要卖点，自然少不了对 CDMA 2000 EV-DO/802.16e（WiMAX）网络及 WLAN（802.11b/g）无线局域网的全面支持，尤其是号称 4G 网络的 802.16e（WiMAX）在网络速度上更是可以达到目前 3G 网络的 10 倍。不过，运营商规定在 HTC EVO 4G 使用 4G 网络的时候必须每个月额外交一些费用。

2011 年，已经有摩托罗拉公司生产出了 4G 手机。这款外形奇特的概念手机是由三名设计者共同设计的。如果是一位社交名流，而又无法规划一天的工作与应酬，那么这款手机会是独一无二的工具。它就好比人们的个人数字管家，不仅能与个人的朋友及时保持联络，还能管理人的生活和工作中的任何事情，从机票预定到吃午饭。

这款概念手机可以在 4G 网络下工作，内置 GPS 模块，采用圆形的触摸界面，而社交网络只是这款手机的一个预置功能。同时，摩托罗拉的这款概念手机还内置了高分辨率的 LED 投影仪。

在 2014 年初，我国已有上百款 4G 手机在各大商场和电子商务网站上正式上市销售，当然，由于 4G 手机其购买价格及其使用资费相对 3G 手机来说更高一些，因此其普及率现目前（2014 年初）为止还远不如 3G 手机。

4G 手机如图 5-9 所示。

图 5-9　4G 手机

5.4.9　发展 4G 的意义

以信息技术为基础的知识经济和以新能源技术为基础的绿色经济是当今世界最重要的两大经济领域。而以 4G 为龙头的移动通信技术正在带来信息产业新的革命，并成为国际竞争制高点之一。

为了迎接 4G 移动宽带时代的到来，一些国家政府和企业已经开始采取行动。美国把发展移动宽带作为振兴经济的一项措施。日本和韩国也在加强移动宽带技术的研究和开发。谷歌公司首席执行官埃里克·施密特说，在印度尼西亚和南非通过手机使用谷歌搜索的人已经超过了使用台式机用谷歌搜索的人数，谷歌已把移动通信定为主要研发对象。据美国思科公司统计，2010 年的移动通信信息量比 2009 年增加 160%，预计到 2014 年末，将比 2009 增加 39 倍。中国华为技术有限公司首席策略官郭平预测，到 2020 年，全世界移动通信的数据量将比 2010 年增加 1000 倍。

目前移动通信在各国的经济中都发挥着支柱作用。据参加大会的中国联通总经理陆益民介绍，目前通信业占中国国内生产总值的比重已达 7%左右，而移动通信产业又占据了通信业的大半，在国民经济中发挥着重要作用。据大会提供的材料，由于受到金融危机的严重影响，经合组织（OECD）成员国 2009 年 GDP 下降 4.1%，但移动通信营业额同期仅下降 0.7%，即从 4110 亿欧元下降到 4080 亿欧元。这说明移动信息产业具有很大的潜力。

第6章　移动互联网的应用

当前，手机微博、手机视频等移动互联网新兴业务快速崛起，智能手机、平板电脑、电子阅读器和车载导航等产品逐步普及，3G 网络建设推进加快，这三方面的利好因素极大地推动了移动宽带接入业务流量的快速攀升，移动互联网用户加速发展，中国移动互联网市场规模不断扩大。

根据中国互联网络信息中心数据监测，在 2013 年，国内移动互联网用户对手机上网应用的使用深度进一步提升，各项应用在手机网民中的使用率基本都有一定提升。排名前三的业务分别是：手机即时通信、手机网络新闻和手机搜索，其中，手机即时通信仍然是使用率最高的应用，使用率达到 86.1%，手机网络新闻排名第二，达 73.3%，手机搜索排名第三，达到 70.0%。到 2013 年底，中国智能移动终端用户达到 5 亿，这些智能移动终端包括智能手机、平板电脑、PDA、便携式笔记本电脑等。如此庞大的用户群所构成的应用领域必然十分丰富，应用前景必然十分广阔，本章仅讲述了移动互联网的主要应用部分。

6.1　国内移动互联网应用发展现状

在了解移动互联网应用之前，先了解移动互联网市场发展的现状和规模，先从宏观上对移动互联网有一个认识之后，对把握移动互联网应用为什么这么"火爆"做到心中有底。

6.1.1　国内移动互联网市场用户规模

国内移动互联网市场用户规模增长迅速，图 6-1 是易观国际对移动互联网用户规模和市场规模的调查与预测。

总体来看面向客户端的移动互联网市场发展是非常迅速的，但从移动互联网应用能够产生的价值来看，目前国内运营商，甚至是海外运营商对其价值的挖掘正由一个较浅的应用层次向深层次应用发展。目前，运营商将移动互联网定位为一种服务，以及各种类型增值业务服务提供的网络基础，仅仅是利用了移动互联网作为一种产品或者服务所体现出来的价值。另一方面，移动互联网及其上所承载的应用，同样具备工具类的价值，这包括了服务于客户的工具价值，也包括了服务于企业内部运营的工具价值。图 6-2 是运营商对移动互联网的应用层次。

移动互联网个人用户需求的特点：①用户形成了一定付费意识；②现有服务能力基本能够满足用户需求；③所有应用需求集中在移动互联网用户；④常用服务和接受付费的服务相对集中；⑤手机游戏使用量、付费使用量和付费使用接受度都最高；⑥用于浏览 WAP 网站的浏览器应用需求高；⑦用户沟通和互联网用户沟通的移动 IM 应用需求高。

图 6-1　易观国际对移动互联网用户规模和市场规模的调查与预测

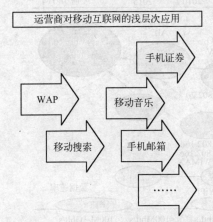

作为内容服务交付的管道、作为手机应用服务提供的网络基础，将移动互联网及其相关的手机应用仅仅定义在不同类型的增值业务上。

深层次的移动互联网应用，需要运营商不仅仅将移动互联网作为一种服务或者服务提供的平台，而是要将移动互联网定位为一个企业业务发展的辅助工具。

图 6-2　运营商对移动互联网的应用层次

6.1.2 传统互联网与移动互联网此消彼长

移动互联网业务与传统互联网业务正在深度融合，移动互联网化，互联网移动化。移动互联网与传统互联网的关系如图 6-3 所示。

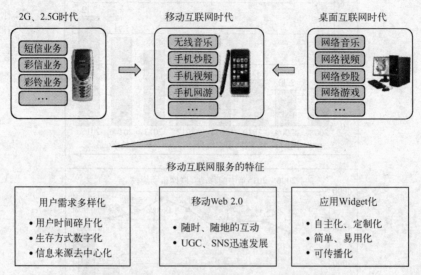

图 6-3　移动互联网与传统互联网业务正深度融合

2004 年初提出的 802.16/WiMAX 加速了蜂窝移动通信技术演进步伐，3GPP 和 3GPP2 随即开始 3G 的演进技术 E3G 的标准化工作，使得无线移动通信领域呈现明显的宽带化和移动化发展趋势，图 6-4 描述了无线通信技术的这一发展趋势。

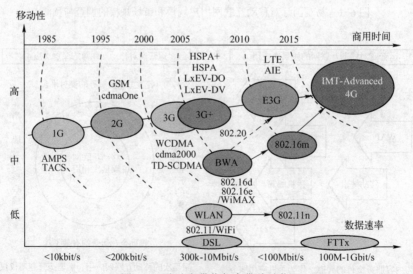

图 6-4　移动宽带化与宽带移动化

图 6-5 更加直观说明了这一事实，从中可明显看出这样一个特征——移动宽带化仅比传统互联网落后几年时间，移动通信数据速率紧随着传统互联网速率的提高而提高。

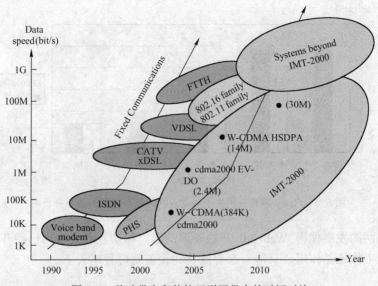

图 6-5　移动带宽和传统互联网带宽的时间对比

随着技术的不断进步和用户对信息服务需求的不断提高，移动互联网将成为继宽带技术后互联网发展的又一推动力，同时，随着 3G 技术的快速发展，以及近年来各种移动智能设备的兴起，移动互联网将成为大势所趋：苹果在全球刮起的 iPhone、iPad 旋风；Google 的 Android 也在继续保持稳定增长的势头，到 2012 年 4 月达到了每天保持 85 万部 Android 系统的电话与平板电脑的销售量；就连在 PC 领域独领风骚的微软也采取与诺基亚合作，逐渐将研发和营销重点放到 Windows Phone 平台上，这些巨头对移动设备市场硝烟四起的争夺战也预示着一个以便携式移动设备作为上网主流的移动互联网时代正在来临。

截至 2014 年初，在移动互联网上的各种应用已经逐渐超越传统互联网（Web 2.0 应用），特别是在移动游戏和社交网络方面。从 Pando Daily 的一篇关于《Web 2.0 Is Over，All Hail the Age of Mobile》的报道中可以看出，当今社会越来越多的人在通过手机网络使用 Facebook（Facebook 是美国排名第一的照片分享站点，每天上载八百五十万张照片）等社交应用。尽管当前还有相当一部分用户仍旧是通过 PC 客户端登录，但在不久的将来移动用户将会成为主导。

著名调查机构 Flurry 近期的一份调查报告也很好地证明了上文中的观点，不只是移动游戏和社交网络在超越传统网络，在 Flurry 的调查中可以看出娱乐和新闻方面的应用也在开始出现这样的趋势。图 6-6 是 Flurry 调查机构的调查分析图。

图 6-6 反映了当前智能手机用户的日使用时长及分布情况，从图中可以看出：2013 年用户每天用在移动应用上的时长已经从 2012 年的 68 分钟增长到了 77 分钟；而从用户的时间分配上来看，移动游戏的时长已经从 25 分钟降至 24 分钟，社交网络的时长却从 15 分钟升至 24 分钟。这也说明社交网络已经开始在取代移动游戏的主导地位，而且娱乐和新闻方面的应用也开始呈现出追赶的趋势。

随着移动互联网的发展，以前只有回到办公室打开浏览器才能干的工作，现在已经可以在手机上实时地完成操作。现今社会，越来越多的人开始喜欢上这种便捷、高效的移动办公方式，甚至很多人都已经开始减少使用笔记本电脑，智能手机和平板电脑等移动设备成了他们新的主流办公工具。

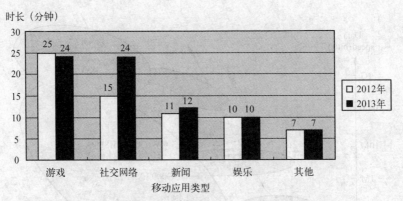

图 6-6 Flurry 调查机构关于移动互联网使用情况的调查分析图

移动互联网的发展使得 Web 2.0 开始逐渐消退，移动互联网应用已经开始成为主流。在将来，无论工作还是休闲，只需一部智能移动设备就可行遍天下。

6.2 移动互联网中的个人用户

6.2.1 智能终端向族群化发展

移动互联网并不是互联网的移动化，这是两个概念，它们有着截然不同的架构和形态。其中最重要的一点，就是与 PC 互联网崛起时，大众的核心需求聚焦在信息获取和邮件沟通之上不一样，移动互联网从一诞生就不是个需求聚焦和"大众化"的工具，而是一个充满个性化需求，进而有着鲜明"族群化"特性的新世界。

智能终端和 3G 时代的到来使得围绕手机产生了五花八门的应用，手机不再仅是一个打电话发短信的工具。当你身处地铁的车厢中，身边 10 个拿着手机的用户可能在用手机干着10 件不同的事情。手机微博、手机购物、手机阅读、手机游戏这些越来越丰富的应用，将使用户因自己最热衷的应用而分属不同的族群。

"族群化"天生是移动互联网的基因。因为手机和其他智能终端离人最近，它可以被看做是人的一个组成部分，其背后代表的就是每个人个性化的需求和习惯。这将进一步让"大众"的概念在手机时代逐渐变弱，取而代之的则是"族群"概念的日益强化。

对于移动互联网的从业者来说，这种变化意味着需要在思维方式上进行彻底的改变。比如，对于手机和应用的需求，不同族群的人是不一样的；同时，一个人也可能同时属于不同的几个族群。移动互联网的世界中，产品的定位会因为族群化而变得更加复杂。

另一方面，族群特性也决定了移动互联网将与 PC 时代有截然不同的商业模式。作为一个族群化的市场，通过分析几个用户所属的族群，基本上就可以明确这个用户需求与行为习惯，甚至是身份，进而使得精准的定义用户人群成为可能。相对于一台 PC 背后模糊不清的用户影像，移动互联网时代每台手机的使用者都是可被准确描述的精准定义的清晰面孔。这将让移动互联网的广告模式与PC 互联网的非精准流量模式截然不同。

所以，"族群化"它会影响商业链条的所有环节，甚至会创造出全新形态的商业模式和价值链。

"手机族群"这一概念最早是由 3G 门户多年来对用户行为分析发现并提出的。而作为国内新媒体研究的权威专家，北京大学传播学院刘德寰教授通过对 3G 门户与 UC Web 提供的全面用户数据，联合调研机构"第一象限"又对于这一概念进行了深入的研究和剖析，提出中国的手机用户正在向族群化演变的观点。

在这份研究当中，围绕沟通与自助，娱乐与实用两个主要维度，手机使用人群被划分为折扣族，搜索族，拍客族，理财族，微博族，手机购物族等 17 个主要细分族群，这也是从学术角度第一次将手机用户通过族群的方式进行精确划分。

这份研究之所以有价值，在于其来自于对 3G 门户和 UC 浏览器所代表的移动互联网提供的真实运营数据的深入挖掘。在手机人族群研究者之一，第一象限市场咨询公司高级分析师荆婧看来，很多对移动互联网用户习惯的发现，完全颠覆了传统互联网时代人们的思维定式。

比如很多人认为热衷于用手机寻找折扣信息的应该是没钱的年轻人、学生，其实数据显示手机折扣族是以中等收入的年轻群体、高学历、女性为主。它背后建筑的是一种城市生活体系，寻求折扣某种程度上是寻找一种对城市生活的加入感。

又比如以性别来划分，男性喜欢功能性搜索，女性更喜欢娱乐性搜索。这种差异造就了女性将自己更多的时间泡在手机的各种应用上面（男性偏好于在需要的时候才使用），由此带来的结果是：和由男性主导的 PC 时代不同，移动互联网的发展越来越受 30 岁左右成熟女性人群的推动。一方面从侧面解释了为何在移动平台上挤占零碎时间的休闲小游戏、拍照类应用会迅速风靡——尽管许多热门游戏简单到在游戏发烧友看来觉得"弱智"。另一方面，一个由 30 岁左右女性引领的移动互联网将会带来更加深远的社会影响。

此外，传统的观念认为手机购物的主流人群是一线城市女性白领，事实并非如此。在手机购物这个族群中，来自体制内的中高收入者是主力人群（很多事业单位上班时间不能上外网），并且这个族群对使用手机第三方支付和手机银行有着很高的认可度。

这些在常理看来不可思议的结论，在移动互联网上正在被海量的用户数据进行着验证。事实上，族群化趋势之明显也远远超过了一般意义上人们的想象，从某种程度上看这也是时代的必然。

手机族群化的研究者，北京大学新闻传播学院教授，第一象限学术顾问刘德寰说。"这个社会的发展越来越细分化。细分化本身是一个扩散的过程，但是它又需要找凝聚感，这就会出现以自己的价值观、情感、事业联合在一起的一些小族群。这些小族群看起来很小，但是这些族群合在一起是惊人的大。看起来是小趋势，其实是一个巨大的分裂型的大趋势。这种状态所具有的社会意义要远远强于那些大而无当的说法，而这种细节每描述出一个，所代表的对社会的洞见就会深入很多。"

同时，移动互联网带给我们一个全新的世界。在这个世界中，过去的"经验"时常会失效。从对这个世界中不同族群的研究出发，或许能够窥视到这个神秘社会的运行规律。

刘德寰认为："在移动互联网这个新世界中，无数人都嗅到了其中蕴藏着巨大机会，但是具体的机会在哪里，却很难看清。若是能用社会学的方法去研究 10 亿手机用户中每个典型群体的生活方式，就会看到他们其实是由一个个具有明显特征的族群构成的。并且，如果用族群的思维方式去重新审视移动互联网，会发现其实个中别有洞天。"

从族群的宏观层面，如果我们进行深入解读就会发现，这 17 个族群在沟通、实用、自助和娱乐四个维度组成的象限中并不是等量分布的，这也反映了我国移动互联网真实的发展阶段。

围绕实用和自助的需求聚集了 6 个族群,其中包括用户基数最大的折扣族和理财族,呈现最密集的分布。这表明通过手机进行自助式的实用搜索,仍然是当前手机用户最主要的行为习惯。手机在当前更主要的是作为一种工具被使用。

出人意料的是,尽管移动互联网的社交机会一直被津津乐道,基于手机互联的弹性社交也方兴未艾。然而,数据显示,在沟通和娱乐的象限中,仅仅只有 3 个族群,规模并不是很大。毕竟,和移动社交的美好憧憬相比,当前智能手机的普及率在国内依然不高。在大多数人还没有习惯去使用智能手机的时候,手机的娱乐沟通属性自然会让位于工具属性。这也是为什么尽管微信和米聊已经蔚然成风,但是大多数人还是无法跟短信说再见。相反,手机搜索在当前却有着广阔的市场需求。

不过,随着移动互联网在今后两年真正普及,这些族群势必还会发生变化,在沟通的象限中将会成长出更多更大的族群。当手机真正成为人们在移动互联的接入终端,围绕沟通的需求将会爆发出更大的创新潜力。而在当前的手机应用中,工具类和娱乐类应用依然是主流,更多的时候,手机还是作为搜索的利器或是迷你型的游戏机出现在人们的生活中。事实上,在苹果和 Android 的应用商店中,各家开发者早已争相填补工具类应用的空白,围绕同一类型的工具竞争激烈。可以预计,在今后两年中工具类族群不会有太迅猛的发展,当然不排除随着移动互联网发展带来的人们新的工具类需求。

而在娱乐类族群中,由于手机天生的贴身和娱乐属性,未来还会产生更多的娱乐类应用。但是,尽管应用数量会增长,却很难再演变出新的族群。而随着将来手机社交的发展成熟,自助类的族群增长潜力有限,人群基数也将会进一步缩水。

智能终端向族群化发展对新媒体与新广告也产生了巨大影响,在移动互联网族群化趋势下,第一个深受影响的就是手机的媒体化趋势下的广告模式变革。

《手机人》研究的发起者之一,3G 门户总裁张向东认为:"移动互联族群化的出现让移动广告的精准化不再只是一句口号。在现阶段,对于族群的分析是我们作为媒体价值向实现客户信息传递价值里面非常重要的一块。最明显的是告诉广告主如何区别用户类型。"

例如,在人们的印象中,银行是一个相对保守和传统的行业,然而对族群的认识,却成为了这个传统行业与移动互联产生化学反应的桥梁。在对手机用户进行族群研究之后,3G 门户惊喜地发现手机的折扣族往往是对手机银行业务最感兴趣的一类人。许多用户寻求折扣的行为大多发生在出门在外的场景中,而折扣行为又往往与手机支付相伴,这就让一直希望进入移动领域而不得门道的银行看到了机会。

张向东介绍道:"不久前广东发展银行希望推广他们的信用卡业务。3G 门户在看到了对族群趋势的判断之后发现主打折扣的广发信用卡其实和折扣族这一族群是深度契合的,于是帮助广发行依此进行针对性广告投放,效果非常明显。"

除了族群化直接带来的精准广告投放机会,越来越清晰的族群形象也给许多广告创新带来了启发。

移动互联用户中有一个典型的族群是 App 达人。这类人群热衷于尝试各种新的、好玩的 App,是新技术的疯狂追随者,喜欢标新立异,讨厌一切没有个性的东西。围绕这种 App 重度适用人群,一些企业就开发出好玩的 App 作为一种广告的新形式。

比如说飞利浦照明最近开发出一款照明类 App,就是教用户怎么样布置家里的灯光。使用者在获得实用的同时，也在潜移默化中接受了飞利浦的广告。同样的尝试还来自凡客。在凡客的一款 App 中，用户上传自己的照片，跟凡客的 T 恤一起就可以合成一张穿着新款 T 恤的照片，在娱乐的同时还兼具试衣功能。

来自商家的这些尝试只是一个开始。随着移动互联族群化趋势更加明显，广告业还将面临更加深刻的变革。3G 门户总裁张向东说："我一直相信移动互联网会重新定义广告。基于手机的广告最终一定会变成对用户有用的信息。以前大众媒体的广告是广而告之，而移动互联网上的广告会越来越针对个人。"

在深刻影响广告的同时，手机用户的族群化趋势也将对移动应用开发的层面带来深远的影响。

"现在我们分门别类梳理出十几种族群，未来也许会有成百上千的族群出现，但这并不重要，重要的是，以往人们在手机上做的应用开发大多是靠拍脑袋、靠灵感驱动的。如果产品的开发者能从族群的思维去理解用户，一些更加抓住用户兴趣的应用将会开发出来。这是建立在理性的数据分析基础上的，也能让产品的生命力更加持久。"张向东说。IM 族（即时消息族）与其他族群的相关度如图 6-7 所示。

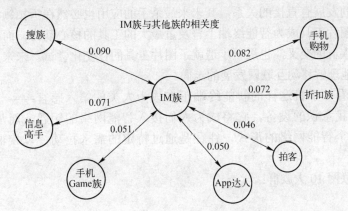

图 6-7 IM 族与其他族群的相关度

族群化趋势的出现对于应用的开发者而言，最大的启示就是让他们第一次有机会看清楚自己的用户是谁，想明白"我为何而开发"。对于开发者，族群化不仅仅是一个学术结论，而应当成为他们的一种思维方式：习惯用真正理性、严谨的思维做产品。

"手机用户人群中的族群有很多，不同的族群之间会存在部分重叠。如果归结下来，这些族群其实反映了人们在移动互联网上当前 3 种最主要的需求：媒体类、工具类和娱乐类。"张向东说。

可以说，在移动互联网的最初阶段，媒体、工具和娱乐这些基础层面的信息需求成为手机用户各个族群中的主流应用，那么，随着移动互联网更加深入地和现实世界对接时，随着不同族群的不断发展和演变，未来的主流应用将聚焦何处？族群的进化在未来将带来怎样的创新机遇？未来的成功者需要对此用实际行动和产品做出准确的回答。

比如从族群的角度来看，手机用户中各族群并非一成不变，他们会随着移动互联这个世界新应用的逐渐丰富而发生演变。

与此同时，这些不同的族群之间势必会产生交叉，因为每个人不会仅仅属于某个族群，很多族群的用户重合度是相对较高的,用户行为是比较接近的。比如,在手机的各个族群中,热衷于手机即时通信的手机 IM(Instant Massenger,即时通讯)族就与其他族群有着高度的关联度。对于这个以大龄单身独生子女和 25 岁以下非独生子女为主的人群而言,利用零碎时间通过手机进行无压力沟通让他们觉得不再孤单。他们爱逛淘宝,对于接受移动互联网上的新事物有着高度的热忱,手机成为他们打发无聊时间的最主要工具。由于行为习惯的相似性,这一人群也很容易成为手机购物族、折扣族和搜索族。

这对于开发者而言,族群的演进和交叉往往都意味着创新的机会。

"中国极客和第一代真正产品经理,应该是在数据的分析和方法上成长起来的,因此'手机族群'理论对于产业的价值十分巨大。"张向东说。

如果观察单个手机用户,可能无法察觉到有什么独特的行为特征,但是当这些用户形成一个个族群,就会浮现出非常鲜明的群体特征。而这些特征将会成为更加鲜明的需求,拉动技术和应用的不断发展。越大的族群其群体特征就会越明显,而其对技术、应用的发展推动作用就将越大。

比如在智能终端上整合 NFC 技术的发展,之所以近期在全球提速,就与折扣族群在移动互联网上的蓬勃发展有直接的关系,其未来最杀手的应用也必然在折扣领域;人数众多的拍客族群,也是图片工具成为智能终端上普及量最大的工具的核心动力,而拍客与信息发布狂、手机社交等族群的交叉,也进一步造就了图片工具的社交化尝试。未来,监控族群化的趋势,就能更好地理解移动互联网发展的走向。

从微观角度看,手机这样的智能终端正在成为人类的第六感官——一个越来越带有体温、情绪、自我意识的设备,它将成为人们接入智能网络的钥匙。而从宏观的视角来看,人类接入这个智能网络的形式,往往是通过特定的需求拉动,以族群化的方式来实现的。

中国移动互联网 10 大族群:

(1)折扣族

折扣族的主体年龄在 22 至 30 岁,中低收入的年轻工作族和学生族。他们中的大多数拥有大学以上学历,拥有理性的消费理念,注重生活质量,用手机搜索打折优惠信息是他们消费行为的辅助。

搜索折扣并不是低收入人群的专利。相反,总体上看,随着个人月收入的升高,折扣族的比例随之升高,但增长的趋势渐缓,作为一种适度理财的生活方式,折扣族的人群其实是一个对新事物接受程度更包容的族群。在智能终端上整合 NFC 技术,团购和签到的进一步演化都离不开对折扣族群的研究与把握。

(2)搜族

手机搜索从总体上看是一项年轻化的活动,但性别之间的差异不大,普及度较高。城市人群仍旧是手机搜索族的主要人群,从人群基数上,搜索族在整体中占 24.6%,主要是城市中的年轻单身手机用户。他们主要是高校学生或刚走上工作岗位的年轻人,手机上网搜索信息是他们获取信息的重要方式。

作为搜索族的主力,非单身男性 30 岁以前随着工作年限增长,利用手机搜索及获取信息的需求不断上升且超过女性;但在 40 岁后,尤其接近 50 岁时逐步退出工作黄金期,对手机搜索信息的需求快速下降,对手机搜索的依赖低于女性。

（3）手机 Game 族

手机 Game 族的主体是 17 至 35 岁的年轻人，他们并不只是草根上网者，其中大多数是中高等教育程度的城市男性手机用户。他们经常在吃饭、睡醒后、办公、上课和上厕所时用手机玩游戏；同时，他们使用智能机的比例远高于总体水平。

手机游戏族往往也是智能机消费的主力。家庭月收入 4000~15000 元的独生子女更偏好时尚、娱乐性较强的手机品牌，并且对娱乐功能较强的智能手机更偏爱。

（4）拍客

拍客中多为时尚的年轻人，年龄在 17 至 30 岁之间。他们喜欢用手机抓拍并上传到网络上与他人分享。拍客一族使用手机上网的时间早于"手机人"总体，是较早接触移动互联网的人群，已经有了比较成熟的移动互联网使用习惯。

在移动互联网的世界中，拍客族往往也会成为移动互联网上的意见领袖。拍客一族对于自己的手机操作系统更为了解，对手机有着更强的掌控意愿，将近一半的拍客手机上自带的App 程序只占不到 50%。事实上，由于拍照与手机社交天然的联系，在移动互联网上的各个族群中，拍客族属于引领变化的那一群。

（5）理财族

理财族在总体中占 10.6%，以 23 岁至 35 岁的城市年轻男性为主。他们社会参与程度高，精力充沛，处在工作和人生的上升和黄金期；他们对理财需求较高，是金融类资讯及业务的关注和使用的主要群体。

总体上来看，手机理财的需求与个人收入紧密相连，具有更多可支配收入的高收入群体成为手机理财族的可能性大幅上升。

男性较女性更多地参与社会及承担责任，对金融的兴趣更加浓厚，因此对手机理财的需求更高。在女性群体中，非单身的女性普遍进入工作的成熟稳定期，组建家庭，责任感尤其是家庭责任感的上升，使其对信息的关注由娱乐时尚转向生活财经等，因此对手机理财的需求较单身女性更高。

（6）IM 族

手机 IM 族以 17 至 35 岁的中低收入的城市年轻人为主。他们经常使用即时通信工具（QQ、MSN 等）；通过手机版即时通信工具与朋友交流和联系，在手机上使用过的即时通信工具数量超过 3 个。他们与朋友更多地通过微博、人人网等 SNS 社交网站进行联系。对于手机 IM 族来说，他们大多生活在城市且工作忙碌，利用零碎时间通过手机无压力的沟通，这让他们不孤单。他们对于新事物有很强的接受能力：有一定学历，但又不太高；对什么都懂一些，但又不全懂。因此他们的顾虑更少，行动力更强，容易成为移动互联网上创新产品的使用者。

（7）App 达人

App 族在总体中占 7.4%，主要由两类用户组成。一类是年轻单身高学历的城市用户，他们对 App 的专业性和工具性需求较高，如生活咨询查询、通信辅助、办公工具和导航地图等 App 服务；另一类是低教育程度、年轻、独生的乡镇户口用户，他们对 App 的需求主要是娱乐性需求。

从上网场合看，单身群体多因为工作需求用手机上网，而非单身群体的手机上网时间多为垃圾时间，娱乐属性更强。

（8）手机签到

手机签到族的主体人群是 19 岁至 34 岁的城市年轻工作族，多是企事业单位的中高层，收入越高越爱玩签到。他们中的大多数拥有两部手机，Symbian、Android 和 iOS 是他们使用的主要操作系统.。他们生活丰富，有精力和经济实力追逐时尚多样的生活方式。

经常性的商务出差去往陌生城市，让签到族对周围环境保持新鲜和刺激感，签到在某些时候成为他们在陌生地方寻找"同路人"的一种方式。根据比例，工作人群占据签到族的八成以上，学生人数较少。这与工作族多样的生活路线和生活环境有一定的相关性。

（9）手机购物

手机购物族在总体中占 7.4%，年龄主要集中在 18 至 38 岁之间，他们经常使用手机购物，享受手机移动购物带来的便捷。并用手机访问淘宝、当当和卓越，淘宝是他们最青睐的网店，62.6%的手机网购用户安装了手机版阿里旺旺。他们中 91.8%的人认为手机网购已经成为他们生活中的一部分。

手机购物在 2008 年以后流行速度飙升，2010 年开始购物的手机人是手机购物族中最庞大的人群。这与各大操作系统推出的手机淘宝客户端有密切关系。同时，各大手机购物网站如"立即购"等，也开始为手机人所知晓和使用。

（10）手机社交

手机社交族在总体中占 3.7%，主要分布在 19 岁至 31 岁之间，其中 3 成是大学生，6 成以上是年轻的上班族。他们中过半数的人乐意通过手机微博、SNS 网站去认识一些人，82.5%的人现在更多的和朋友通过微博、人人网等社交网站联系。

手机社交组往的多为熟人与弱关系的社交对象，个人状态、转帖和分享、日志发布、照片、在线聊天是社交族经常使用的社区网站功能。手机社交者通常愿意与朋友、同学、同事保持往返回复状态，将近一半的手机社交者与网上熟但现实中不熟的人保持联系和交往。

6.2.2　3G 时代的移动互联网应用

3G 时代的移动互联网业务将向用户提供个性化、内容关联和交互作业的应用。其业务范围将涵盖信息、娱乐、旅游和个人信息管理等领域。随着语音处理技术的成熟，语音门户网站将使互联网的易用性达到新的水平。

举例来说，声音识别和处理技术将实现语音浏览、查询航班时刻表和票务等网上信息。到那时，移动设备的键盘大小就不再是关键问题，因为大部分指令可以用声音实现人机交流。用户界面可以是单一模式（应答也可以转化为语音）或多重模式（有些指令和应答是图形化的）。目前的商务模式正演变成移动性与互联网合二为一的新模式。它对运营商和供应商的能力都提出了新的要求。了解移动性和移动商务的特性将是建立未来网络与业务推出的关键环节。3G 的成功将取决于速度，针对细分的客户群开发应用和终端的速度，开发新业务的速度，降低网络开发成本，使网络投入使用的速度加快。

由于服务质量和反应时间事关用户对多媒体的体验，运营商此刻的商业地位极佳，既可以自己向用户提供媒体服务，又可以向内容提供商提供媒体主机托管业务。随着越来越多的内容和语音服务逐渐数字化，内容将更具移动性，更加个性化。业内各方（运营商、内容提供商、应用开发商）只有向最终用户提供高质量的服务，才能使自己占据有利位置。同时，能充分适应不同传输格式（移动终端、电视、PC）的内容才能称得上最佳。3G 时代的移动互联网服务主要包括浏览、Java 客户端应用、多媒体流和下载流媒体等业务。

1. 短信

移动互联网是一个全国性的、以宽带 IP 为技术核心的，可同时提供话音、传真、数据、图像、多媒体等高品质电信服务的新一代开放的电信基础网络，是国家信息化建设的重要组成部分。而移动互联网应用最早且让人们接受的方式，则是从短消息服务开始的。

近年来，移动通信市场的特点是短信业务出现持续大幅度增长。我国的移动电话短消息服务在 2002 年元旦进入了发展高潮，春节期间由于短消息传送量骤增，以至于"打爆"了信息台。到 2004 年，我国移动短信发送总量超过 2000 亿条。据估计，现在全球每月发送的短消息约达 150 亿条。由于短消息业务还具有"同发"优势，即可对多个用户同时发送相同信息，为一些具有广播性质的信息服务开辟了新的途径。目前，它作为移动数据通信的主要业务，正向多种信息服务领域发展。

2. 移动梦网 Monternet

移动梦网就像一个大超市，囊括了短信、彩信、手机上网（WAP），百宝箱（手机游戏）等各种多元化信息服务。

"移动+开放的互联网"，"Monternet " 是由 "Mobile"（移动）和 "Internet"（互联网）两个英文单词组合而成的，是当今移动通信与互联网两大领域的完美组合，是中国移动互联网当之无愧的代表，代表着"现代、时尚、高效、创新"的品牌个性，其含义为"自由互联、无限沟通"。

中国移动通过"移动梦网"的实践和创新，带动移动互联网不断开辟新的服务领域，提供更多有价值的信息资源，促进移动互联网市场不断壮大，推动通信走向繁荣。在中国移动统一号召和监管下，各个服务提供商充分利用自身的资源优势，开展了众多令人耳目一新的短信应用。如今，图片和铃声的下载，为新浪、搜狐等创造着每天 40 万以上的浏览量，其中自然有不少愿意用每条 1 元的代价，享受这项个性服务。

3. 资讯

以新闻定制为代表的媒体短信服务，是许多普通用户最早的也是大规模使用的短信服务。对于像搜狐、新浪这样的网站而言，新闻短信几乎是零成本的，他们几乎可以提供国内最好的媒体短信服务。目前这种资讯定制服务已经从新闻走向社会生活的各个领域，包括股票、天气、商场、保险等。

4. 沟通

移动 QQ 帮助腾讯登上了"移动梦网"第一信息发送商的宝座。通过"移动 QQ"和 QQ 信使服务，使手机用户和 QQ 用户实现双向交流，一下子将两项通信业务极大地增值了。

5. 娱乐

娱乐短信业务现在已经被作为最看好的业务方向，世界杯期间各大 SP 推出的短信娱乐产品深受用户的欢迎，使用量狂增。原因很简单，娱乐短信业务是最能发挥手机移动特征的业务。

移动梦网的进一步发展将和数字娱乐紧密结合，而数字娱乐产业是体验经济的最核心领域。随着技术的进步，MMS（多媒体短信业务）的传送将给短信用户带来更多更新的娱乐体验。

6. 手机上网业务

手机上网主要提供两种接入方式：手机+笔记本电脑的移动互联网接入；移动电话用户通过数据套件，将手机与笔记本电脑连接后，拨打接入号，笔记本电脑即可通过移动交换机的网络互联模块 IWF，接入移动互联网。

7. WAP 手机上网

WAP 是移动信息化建设中最具有诱人前景的业务之一，是最具个性化特色的电子商务工具。在 WAP 业务覆盖的城市，移动用户通过使用 WAP 手机的菜单提示，可直接通过 GSM 网接入移动互联网，网上可提供 WAP、短消息、Email、传真、电子商务、位置信息服务等具有移动特色的互联网服务。中国移动、中国联通均已开通了 WAP 手机上网业务，覆盖了国内主要大中城市。从目前来看，手机上网主要有三大方面的应用，即公众服务、个人信息服务和商业应用。公众服务可为用户实时提供最新的天气、新闻、体育、娱乐、交通及股票等信息。个人信息服务包括浏览网页查找信息、查址查号、收发电子邮件和传真、统一传信、电话增值业务等，其中电子邮件可能是最具吸引力的应用之一。商业应用除了办公应用外，移动商务可能是最主要、最有潜力的应用了。股票交易、银行业务、网上购物、机票及酒店预订、旅游及行程和路线安排、产品订购可能是移动商务中最先开展的应用。

8. 移动电子商务

所谓移动电子商务就是指手机、掌上电脑、笔记本电脑等移动通信设备与无线上网技术结合所构成的一个电子商务体系，移动数据业务同样具有巨大的市场潜力，对运营商而言，无线网络能否提供有吸引力的数据业务则是吸引高附加值用户的必要条件。

从全球电子商务的发展来看，电子商务的移动化无疑是其重要的发展趋势。尤其是随着 3G 业务在全球范围内的逐渐普及，移动互联网带宽的增加所带来的技术驱动力极大地促进了移动电子商务的发展。

移动互联网采用国际先进的移动信息技术，将各类网站及企业的大量信息及各种业务引入到移动互联网之中，为企业搭建了一个适合业务和管理需要的移动信息化应用平台，提供全方位、标准化、一站式的企业移动商务服务和电子商务解决方案。

9. Java 技术应用

J2ME 是一种 Java 技术在小型器件上应用的版本，它是将 Java 技术优化，使之专门为在移动电话和 PDA 这样内存有限的设备上运行的技术。J2ME 技术使交互式服务得以实现，完全超出了今天基于文本的静态的内容服务。它通过对无线器件上易用的、图形化的交互式服务的支持，使消费者有了更为丰富的服务享受。因此，在采用 J2ME 技术的手机和其他无线器件上，用户就可在交互的在线状态下和脱机状态下下载新的服务，如个性化股票动态报价、实时气象预报和电子游戏等。据介绍，目前绝大多数无线开发商都采用 J2ME 平台编写应用程序软件。可以说，在 Java 技术的帮助下，小小的无线终端设备才有可能实现诸如游戏、图形等多种信息的下载、传递。

6.2.3 当前移动互联网的热点应用

Gartner（Gartner Group 公司，第一家信息技术研究和分并公司）曾经预测，到 2011 年，在全球生产的所有手机中，85%都预装了浏览器。移动通信网的业务体系也在不断变化，不仅包括各种传统的基本电信业务、补充业务、智能网业务，还包含各种新兴移动数据增值业务，而移动互联网是各种移动数据增值业务中最具生命力的部分。

1．移动浏览/下载

移动浏览不仅是移动互联网最基本的业务能力，也是用户使用的最基本的业务。在移动互联网应用中，OTA 下载作为一个基本业务，可以为其他的业务（如 Java、Widget 等）提供下载服务，是移动互联网技术中重要的基础技术。

2．移动社区

移动互联网应用产品中，应用率最高的依然为即时通信类，如飞信、MSN、QQ 等。手机自身具有的随时随地沟通的特点使社区在移动领域发展具有一定的先天优势。移动社区组合聊天室、博客、相册和视频等服务方式，使得以个人空间、多元化沟通平台、群组及关系为核心的移动社区业务得以迅猛发展。

3．移动视频

移动视频业务是通过移动网络和移动终端为移动用户传送视频内容的新型移动业务。随着 3G 网络的部署和终端设备性能的提高，使用移动视频业务的用户越来越多。在苹果公司发布备受全球关注的第四代 iPhone 时出现了一个小插曲：当乔布斯在为现场观众演示 iPhone 4 的视频通话功能时，由于网络拥塞引起该项业务无法进行演示，以至于乔布斯不得不要求观众暂时关闭手机。这从侧面反映出视频流的迅猛增长对通信网络带来了巨大挑战，同时也说明了越来越多的用户在使用移动视频业务。

4．移动搜索

移动搜索业务是一种典型的移动互联网服务。移动搜索是基于移动网络的搜索技术总称，是指用户通过移动终端，采用 SMS，WAP，IVR 等多种接入方式进行搜索，获取 WAP 站点及互联网信息内容、移动增值服务内容及本地信息等用户需要的信息及服务。相对于传统互联网搜索，移动搜索业务可以使用各种业务相关信息，去帮助用户随时随地获取更个性化和更为精确的搜索结果，并可基于这些精确和个性化的搜索结果，为用户提供进一步的增值服务。

5．移动广告

移动广告的定义为通过移动媒体传播的付费信息，旨在通过这些商业信息影响受传者的态度、意图和行为。移动广告实际上就是一种支持互动的网络广告，它由移动通信网承载，具有网络媒体的一切特征，同时由于移动性使得用户能够随时随地接受信息，比互联网广告更具优势。移动广告业务按实现方式可分为 IVR 广告、短信广告、彩信广告、彩铃广告、WAP 广告、流媒体广告、游戏广告等。

6．应用商店

在线应用程序商店作为新型软件交易平台首先由苹果公司于 2008 年 7 月推出，依托苹果的 iPhone 和 iPod Touch 的庞大市场取得了极大成功。Gartner 在预测移动技术产业的十大发展趋势中提到，应用程序商店将成为手机服务的重要组成部分。中国移动研究院黄晓庆曾指出："应用商店是移动互联网最重要、最新的发展趋势。"

7．在线游戏

随着移动设备终端多媒体处理能力的增强，3G 技术带来的网络速度提升，使得移动在线游戏成为通信娱乐产业的发展趋势。目前手机游戏业务发展很快，这种娱乐方式比较适合亚太地区尤其是东亚地区的文化及生活方式，所以日益受到国内用户的青睐。

移动互联网技术和应用的发展日新月异，很多技术和应用不断推陈出新，创造出了新的生命力。电信运营商和设备制造商需要对这些纷繁复杂的技术和业务进行分析研究，从而在移动互联网产业链上找到合适的定位，才能创造出比互联网时代更多的价值。

6.2.4 未来十大移动互联网应用

移动互联网的出现正在改变人们的生活，用户对于移动应用，特别是其中的互动、生活辅助应用的需求越来越大。

移动互联网应用具有终端设备多样、可随身携带的特点，具体应用十分广泛。随着智能手机的不断普及，智能手机用户群体数量越来越大，移动音乐、手机游戏、视频应用、手机支付、定位等丰富多彩的应用正在飞速发展。

Gartner 最近公布了它对未来十大流行移动应用的预测（其中有几项应用也是现阶段移动互联网的应用热点，如移动搜索、移动浏览、移动广告等），排列的顺序依据这些业务对用户、业界、用户价值和市场普及的影响。下面介绍这十大应用业务。

1．移动转账业务

使用 SMS 汇钱。这一业务与传统转账业务相比，成本更低、速度更快、方便性更高。这一业务对发展中的市场会有很强的吸引力，在投入使用的第一年，用户可能超过几百万。

这一业务推出后也会面临挑战，包括管制和运营风险。由于移动转账发展很快，在管制方面，很多市场的管制者都会面临用户成本、安全、造假、洗钱等方面的问题。在运营方面，运营商要进入新的市场，市场条件的变化、业务运营商本地资源的运作，要求运营商采用不同的战略。

2．定位业务

定位业务（Location-based services，简称 LBS）估计会成为未来几年移动互联网最复杂的业务。根据 Gartner 的估计，2009 年全球 LBS 用户将超过 9600 万，2012 年达到 5.26 亿。LBS 被列在十个业务的第二位，主要考虑的是它的高用户价值和对用户忠诚度的影响。它的高用户价值使得它有能力满足各种需求，包括社会组网娱乐的生产率提高和目标实现。

3．移动搜索

移动搜索的最终目的是促进手机的销售和创造市场机会。为了达到这一目标，业界首先要改善移动搜索的用户体验。它列在十大业务的第三位，是因为它对技术创新和行业收入有很大的影响力。用户会对一些移动搜索保持忠诚度，而不是仅选择一家或两家移动搜索运营商。

根据 Gartner 的估计，移动搜索的利润将在若干移动搜索运营商间分摊，这些移动搜索提供商在技术上会有其独特之处。

4．移动浏览

2009 年，全球生产的手机中，60%具有移动浏览功能。而根据 2013 年的统计，这个比例已上升到 89%。移动网站系统具有潜在的、好的投资回报率。而且，它的开发成本相对较低。重复使用许多现有的技术和工具，使发送更新更灵活。因此，移动网站已被许多企业用于B2C 的移动战略。

5．移动健康监控

移动健康监控是使用 IT 和移动通信实现对远程病人的监控，还可降低慢性病病人的治疗成本，改善病人们的生活质量。

在发展中国家的市场中，移动网络覆盖比传统互联网更重要。今天，移动健康监控在成熟的市场也还处于初级阶段，项目建设方面到目前为止也仅是有限的试验项目。未来，这个行业可实现商用，提供移动健康监控产品、业务和相关解决方案。

6．移动支付

移动支付通常用于三个目的：①在方式很少的情况下，它可进行支付；②它是在线支付的一种扩展，而且更容易和更方便；③安全性增加。发展中的市场和发达市场都对这一业务有兴趣，由于技术选择和商业模式多，管制需求和当地的条件，移动支付将是一个高度多样化的市场。

7．近场（Near Field）通信

近场通信（Near Field Communication，NFC）可实现相互兼容装置间的无线数据转输，只需将它们放在靠近的地方（10cm）。这一技术可用于零售购买、交通、个人识别和信用卡。Gartner 将 NFC 排在第七位是基于它可增加用户对所有业务提供商的忠诚度，对运营商的商业模式产生了很大的影响，如银行和交通公司。

近场通信从 2010 年下半年开始进行了大规模的部署。关于近场通信的电话生产方面，亚洲将保持领先，跟随其后的是欧洲和北美。

8．移动广告

在全球经济衰退的情况下，各地区的移动广告业务继续增长。智能手机和无线互联网的使用增加，促进了移动广告业务的发展。2008 年，移动广告总支出是 5.302 亿美元，而到了2013 年，据美国市场调查公司 eMarketer 于当地时间 2014 年 3 月 19 日发布的在线广告市场调查报告显示，2013 年全球的移动广告支出额达 179.6 亿美元，是 2012 年的 2 倍多。

Gartner 将移动广告排在前 10 位中，因为这一业务是在移动互联网上实现内容套现的重要方式，可为终端用户提供免费的应用和业务。移动渠道将被用于各种媒体，包括电视、广播、印刷和室外广告的竞争广场。

例如：O.P.I.针对用户推出的互动体验式移动广告。在此广告中，用户可方便地通过手机任意调整手机广告里"手模"的肤色，寻找到与自己肤色最接近的"模板"，然后即可通过广告里提供的色板或者指甲油的编号来选择不同颜色的指甲油，直至满意。如此一来，追求时尚但是又工作繁忙的女性只需用手机试好编号，然后直接到柜台完成购买，连带交钱全过程只用 1 分钟就搞定，省去了在柜台前反复调试颜色的麻烦。

9．移动即时信息

从历史上看，价格和使用性问题是一直影响移动即时信息发展的因素。商业化障碍和商业模式的不确定性，对运营商的部署和促销产生了负面影响。

Gartner 将移动即时信息排在第九位，是因为存在潜在的用户和市场条件，将引导未来移动即时信息的发展。在发展中国家，很多用户依靠手机作为他们通信的唯一工具。移动即时信息为移动广告和社会组网创造了发展的机会，因为它已建立了更多的移动即时信息用户。

10．移动音乐

移动音乐的发展上，除彩铃和回铃外，其他发展令人失望。这是个可产生数以百万计收入的业务。

放弃移动音乐是不公平的。用户对手机音乐有需求，喜欢它随时相伴。我们看到了这一产业链上各环节运营者在创新模式上所做的努力，比如：装置、业务捆绑、强调定价和可用性。iTunes 的推出，让用户获得超级体验，用户愿意为音乐付费。

6.3　移动互联网中的企业应用

企业移动应用已经迫在眉睫——中国手机上网用户在 2012 年底已经突破五亿，随着 3G 手机的普及，用户数量将不断上升！这一个全新的移动市场，又将是企业的必争之地！随着手机上网的速度愈来愈快，价格越来越便宜，手机这个终端消费媒介将在消费者的日常生活中扮演着更重要的角色！通过手机可让消费者随时随地了解商家，商家随时随地推广自己的服务与产品。

6.3.1　IT 企业如何看待移动互联网的发展

市场上正涌现出越来越多的上网移动设备，商家必须懂得如何将这些设备集成进他们的网络。

据 Gartner 咨询公司的研究，到 2004 年，全世界将有 8 亿用户使用无线数字网。这些用户可能通过手机、笔记本电脑和手持电脑等手段上网。Gartner 副总裁 Bob Egan 说，IT 企业必须重新调整他们的网络安全措施和接入选择，以适应日益增长的移动设备上网需求。他认为，许多公司已经在调整公司内部的网络设置，目的是让公司员工不在公司时也能利用公司资源。因为在过去，许多公司的网络只准许员工在办公室时接入使用。Bob Egan 还指出，企业必须考虑如何支持三类无线接入技术：一是让员工通过全国的移动互联网传输数据；二是局域网的无线接入；三是设备间的无线传输。

移动电子商务可以帮助企业做什么？企业从中如何获益？成本又如何？企业对任何技术都会从这三个角度考虑。企业之间的竞争是服务的竞争，谁能更好地服务客户，谁就能在竞争中占得先机。

移动电子商务可以帮助企业做到这一点。移动商务的人性化和互动性的特性可以实现以人为本的个性化服务。对于企业来说，5 亿手机用户就是的巨大的潜在客户群，因此，帮助企业大范围拓展客户群体。同时，移动电子商务还可以使企业向服务客户提供最基本的商业信息服务时，避免陷入额外的投入和成本支出，有很大的灵活性，便于企业操作。

移动商务符合运营商的利益吗？

运营商对移动商务的态度将会直接影响到它的发展。在开拓企业市场这一点，移动商务符合移动运营商的利益，得到他们的支持毫不意外。我们知道，在传统的电信业务中，企业和企业之间，企业与客户之间的信息传递占到了电信服务营业额超过一半的份额，可是移动通信目前更多的还局限于个人与个人之间的沟通，不难想象一旦企业介入进来，运营商直接面对的客户群体可能会发生变化，新产生的运营商与企业，企业与用户之间的关系无疑会使运营商的获利点更为多样化，有人预料企业应用的这个市场可能不亚于目前的个人消费市场。

移动商务的发展，在相关的领域很可能产生新的连锁反应，形成移动运营商与企业的更大范围和更紧密合作与互动。目前，中国移动中国联通都已经表示对短信网址大力支持，可见运营商打开企业市场的心情是迫切的。短信网址也反映了拥有超过 6000 万小灵通用户的中国电信和中国网通的利益，他们也给予了大力支持。而移动商务真正的利润还在后续应用，发展空间无限。通过移动商务可能导致基于短信、彩信、彩 E、WAP 等各种相关访问流量大幅度增加，提高运营商的收入，所以两大移动运营商目前态度积极。当然，虽然目前这种商业模式还没有完全成熟，但相关问题也将在发展中得到解决。

IT 企业如何打造自己的移动商务平台？

由于手机 WAP 技术和传统互联网 Web 技术相差甚大，IT 企业可能不知道自己应该如何来做才能够打造好自己的移动商务平台。如果仅仅是想展示自己的企业信息及形象，可以在当地寻找国内比较出名的互联网服务提供商（如：移动中国、中企动力、铭万等）进行WAP 合作，不过现在 WAP 技术及手机硬件配置正在发展期间，界面及画面的精美程度有待提高。

如果 IT 企业想打造针对某种特定行业的移动商务平台，就需要和专门的管理中心进行合作。目前国内针对移动商务平台最大的管理中心是中国移动行业门户注册管理中心，简称移动中国（MoveChina），是中国移动行业门户注册管理中心和营销型 WAP、WEB 双模研发中心，专注于移动行业商务平台、移动企业商务平台的技术开发和运营，旨在推动中国行业细分下的无线行业发展，为中国国内众多中小企业及社会机构建立手机门户网站服务及相关技术服务等。企业可以在移动中国的帮助下，打造好自己的移动行业商务平台。移动行业商务平台的有关信息，可以登录移动中国的官方网站查看。

移动互联网正向我们展示着它给生活带来的曾经是"异想天开"的诸多改变，小米科技创始人雷军在 2011 年全球移动互联网大会上曾断言："现在是移动互联网创业最好的时代，也是移动互联网大发展的时代。"移动互联网在中国曾经历了短暂的困惑期、早期市场也曾因资本的蜂拥而产生过泡沫，而今，它终于通过业界的共同努力，自然平稳地融入到我们每个人的生活中。移动互联网的发展带动了信息通信、商务金融、文化娱乐等各方面的技术创新，同时也推动着相关行业和产业的进步。此中隐含着各个行业和企业对移动互联网时代管理变革的期待，也包含着这些行业和企业对于低成本、高成效移动信息化作业的刚性需求。为了满足这一需求，国内的一些 SaaS（软件即服务）服务商开始实践移动互联网平台上的行业应用，挖掘市场潜力，三大运营商在发展个人应用的同时也看准了这块价值洼地，与定位明确的 SaaS 服务商合作，抢占市场先机，拒绝边缘化。企业、SaaS 服务商和运营商的三方求变，已成定局。

6.3.2　移动互联网在企业销售中的应用

众多行业中，销售型企业是这场变革的集中体现也是最直接的受益者。在市场经济环境下，企业的发展规模不受限制，企业的移动业务结构和移动人员也在不断地扩充（如零售业），在一些国内大型企业和跨国企业的终端销售领域，移动互联网行业应用已开始被大规模部署实施，通常他们都拥有着成千上万名雇员，这些雇员组成了企业在区域或国家内的终端销售网络。管理难度的提升让一些企业开始寻求管理方式的变革。下面以百事公司、燕京集团、高森明晨公司为例来说明移动互联网在企业销售中的应用。

1．百事公司

百事公司是个很好的例子，在区域业务不断扩张和产品种类不断增多的现状下，近百年的消费品公司成功管理经验仍面临巨大的挑战。然而百事这样的企业总是习惯于尝试先进的管理方法，培育更加健康的管理模式，才使得百事的品牌经久不衰，产品在历史上的各个时期都保持畅销。现在，他们通过对移动互联网的应用促成了更加细致化的销售管理环节，北京地区的销售终端工作人员和终端设备维修人员的业务流程得到了更加智能有效的控制，效率收益已见诸表端。

可见，一些成熟的企业率先评估了移动互联网行业应用的价值并加以实践，其根本原因是：企业在新的市场环境和管理思路及技术条件下，对管理细节的要求有了本质的提升。与企业经营相关的数据信息种类快速增多，实时性特点加强，信息越即时、完整、准确，对企业决策的影响力就越大。数据信息采集的方式是多种多样的，而核心却依旧是各级市场人员，这些人员决定着数据信息采集的效率和准确程度，从而直接关系到这些数据信息有多高的价值。所以，越来越多百事这样的企业开始将注意力从有限的数据上扩散到收集数据的员工上，利用移动技术手段管理距总部千里之遥的外勤员工。

在这之前，销售终端的分散性，注定大型企业终端业务流程的集中管理是十分困难的，可以说是技术手段的成熟、发展并没有跟上企业管理变革的脚步。

2. 燕京集团

燕京集团组建于 1993 年，经过十几年的优秀管理和成长发展，现在已经是中国酒品饮料消费市场的佼佼者。相对于百事公司，燕京集团对于能有效提升生产销售效率的新的管理模式和手段更加渴求，对于从互联网时代到移动互联网时代的信息化尝试也更加大胆。它和所有零售行业的大中型企业一样，首先要面临终端销售难题：在企业管理者不能亲临每个区域现场，分身乏术的情况下，终端销售情况和企业市场策略的贯彻情况无从知晓，直接效率损益无法计算，即时信息更是很难获得，只能通过随机报告以及数日甚至数周后的报表得知，但此时再进行市场策略和人员布局的调整，已经失去了最佳时机。

在互联网时代，认识到这一环节管理缺失的企业纷纷加入电子信息化的行列，大规模的IT 建设成为企业管理改革的风向标。然而，多数企业的内部信息化系统并不能将企业带入一个良性的业务流循环中，企业对于信息安全的顾虑以及系统在企业内外部信息流接口上的缺失造成了企业 IT 构架沦为"信息孤岛"。

今天，移动互联技术使这种状况得到扭转，移动互联网行业应用的兴起使企业数据信息流的"内通外联"成为可能。当然，数据仅仅是一个开端，多数智能手机已经可以代替 PC进行日常工作协同应用，驻外人员远程接收工作任务信息或者培训内容，向上级远程呈递工作结果及各类申请。管理者可以通过卫星定位随时查看调整外派（外勤）人员工作目标和路径，而这些人员可以随时按照接受的任务进行工作或变更工作，与此同时，他们采集的数据信息也可借助移动终端实时上报，准确度和即时性都非常高，燕京已经开始与中国电信合作，在集团旗下的部分区域销售系统推广普及这类应用。

3. 高森明晨公司

在移动互联网时代，企业对先进管理手段的不断变革和内在追求已经引起了业界的关注。专注于企业业务流程管理的高森明晨公司就敏锐地注意到了上述百事和燕京等零售企业在管理手段上的内在刚性变化。高森明晨公司是一家具有二十多年企业管理咨询背景的软件公司，他们一直致力于应用前沿的信息科技和移动通信技术来为企业的业务流程管理提供先进的技术手段和信息化解决方案。高森明晨公司在为众多国内外企业提供移动信息化解决方案的基础上，分析研究了大量行业客户的管理经验，认为移动互联网是行业应用的最优载体。

高森明晨公司董事长张鑫先生在谈到这一应用前景时认为："通过 VPN 来作为公司、机构办公的移动延伸基础，利用大规模的 IT 建设或外包服务来支撑行业应用的时代正慢慢走向过去，移动互联技术和云开放让企业的管理触角可以探测到每一个移动终端，从而成就了企业移动业务流程管理的无限可能。移动互联网行业应用更细致、准确、实时的数据信息来源以及移动工作的即时效率收益，将推动企业快速跨入"精准营销"的境界。纵观基于效率原则和具有移动工作性质的其他行业，比如交通物流、医疗卫生、警务巡检等，移动互联网也能够推动公共事业单位和机构进入一个省时高效、便捷舒适的工作新环境，这为移动互联网行业的应用企业提供了绝佳的发展机遇。"

6.4 移动互联网的服务商与运营商

2013 年 7 月，在工业和信息化部发布的《2013 年上半年电信业统计分析》中指出："2013 年上半年，3G 移动电话用户净增 8606.6 万户，超过去年全年净增量 80%，总数达 3.19 亿户，我国电信业着力推动宽带中国 2013 年专项行动，加快移动互联网等新型电信服务和应用普及，有力推动社会信息化水平提高，全行业保持平稳运行。在这半年里，电信业务收入达到 5642.6 亿元，同比增长 8.9%，高于同期 GDP 增速 1.3 个百分点"。可见从 2009 年初工业和信息化部正式发放 3G 牌照起，到 2013 年上半年的四年多时间里，3G 用户数量发展迅猛，中国的移动互联网产业也进入了一个全新阶段，实现了跨越式增长。

移动互联网的服务商与运营商既向移动互联网用户提供了应用的内容和环境，同时他们也能通过提供这些内容和环境取得了相应的利益。

6.4.1 服务商

1. SaaS 服务商

SaaS（Software-as-a-service，软件即服务）是随着互联网技术的发展和应用软件的成熟，在 21 世纪开始兴起的一种完全创新的软件应用模式。它与 "on-demand software"（按需软件），the application service provider（ASP，应用服务提供商），hosted software（托管软件）具有相似的含义。SaaS 是一种通过 Internet 提供软件的模式，厂商将应用软件统一部署在自己的服务器上，客户可以根据自己的实际需求，通过互联网向厂商定购所需的应用软件服务，按定购的服务多少和时间长短向厂商支付费用，并通过互联网获得厂商提供的服务。用户不用购买软件，而改用向提供商租用基于 Web 的软件，来管理企业经营活动，且无需对软件进行维护，服务提供商会全权管理和维护软件。有些软件厂商在向客户提供互联网应用的同时，也提供软件的离线操作和本地数据存储，让用户随时随地都可以使用其定购的软件和服务。对于许多小型企业来说，SaaS 是采用先进技术的最好途径，它消除了企业购买、构建和维护基础设施和应用程序的需要。

在这种模式下，客户不再像传统模式那样花费大量投资用于硬件、软件、人员，而只需要支出一定的租赁服务费用，通过互联网便可以享受到相应的硬件、软件和维护服务，享有软件使用权和不断升级；公司上项目不用再像传统模式一样需要大量的时间用于布置系统，多数经过简单的配置就可以使用，这是网络应用最具效益的营运模式。

在当今移动互联网高速发展的时代，SaaS 服务商相对于传统互联网而言，已有了新的发展方向和运营模式。移动互联网的个人应用已被 APP（第三方应用程序）彻底改变，而移动互联网行业应用的兴起则改变了 SaaS 服务商。

传统的 ASP（应用服务提供商）依托互联网和硬件服务器，其中一些成熟专业的企业也会具备自己的行业知识库，以此来提供 IT 外包方面的服务。而今，移动互联和云技术的飞速发展使得传统架构发生剧变，ASP 在向成熟的 SaaS 模式转变的同时，可以通过更具优势的云服务和移动互联网构建一个真正完善的行业应用平台。从 SAP（Systems Applications and Products in Data Processing，是 SAP 公司的产品——企业管理解决方案的软件名称）从最初的客户关系管理到供应链管理再到如今一些先锋企业所关注的移动业务流程信息化管理解决方案，第三方行业应用服务从技术载体和服务范围等方面得到了本质提升，在加速业内优胜劣汰的同时，SaaS 提供商迎来了电子商务新契机。

电子商务的概念早在 20 世纪 90 年代已由 IBM 公司提出，这个概念包含两个方面：一个是电子交易（E-Commerce），一个是电子商务（E-Business），虽然 IBM 起初只关注电子交易层面，但在随后的两、三年内，蓝色巨人迅速补充了电子商务的核心理论，并以其作为电子商务业务主导和研究方向，二十年间积累了众多管理创新发明和信息专利技术。张鑫（高森明晨公司董事长）指出，不论是 ERP、CRM、供应链的电子信息化，还是高森明晨所专注的 BPM（业务流程管理），其实都是电子商务的一部分，是行业应用的集中体现，因此它们适用于各行各业，现在大部分企业更关注电子交易，认为电子交易等同于电子商务，这种概念上的理解偏差很可能造成企业信息化战略的失误——的确，纯粹的电子交易并不适合各行各业。对电子商务有了清晰的认识，企业就可以开始着手真正服务于业务增长的 IT 建设，这一系列的 IT 建设可以通过自建 IT 部门来完成，也可以通过与 ASP 的契约方式来外包完成，自然也可以选择更直接有效的 SaaS 服务应用而省去 IT 建设的环节，就效果和总拥有成本（TCO）而言，SaaS 模式明显更具优势。ASP 发源于中小企业的信息化需求，考虑到中小企业对信息化建设（人员、硬件设备、软件平台等）的资金投入有限，这种统一管理、以租赁方式提供的行业应用服务正符合它们的实际情况，在互联网时代，这种服务模式大行其道。而 SaaS 服务把成本节约推向了极致，同时实现了效用最大化，在移动互联网云时代，SaaS 又拥有了更多体现其价值的渠道。

同时，企业对 SaaS 模式的移动互联网行业应用相当的苛求，绝大多数的企业不会允许核心的数据业务承载工具（如 ERP）和多套外包服务对接，也不会允许过多的行业应用介入核心管理流程，正因如此，移动互联网行业应用首先要尽可能的覆盖企业移动业务流程管理过程中的全部内容。这些内容都包含什么，企业内的层级和人员又有怎样的分工，对于一些中小企业而言，自身甚至都没有明确的需求定位。反观移动互联网业界，目前有相当一部分行业应用提供商在做移动 OA，还有一部分在做移动定位和数据采集，仅有非常少的企业涉及了 CRM 或者销售管理的移动应用，而这些应用相对于移动业务流程的整体管理来说，都显得过于单一。高度整合的移动互联网行业应用可以为行业和企业的管理效率及工作收益带来本质上的提升，那么为何众多的行业应用提供商都没有大张旗鼓地进行这方面的尝试呢？张鑫解释道："正因为高度整合的移动互联网行业应用对于行业客户和客户企业来说，是相当规范的管理解决方案。而行业和企业自身又因为行业属性、移动业务规模、市场定位和管理方式的不同，而存在差异，这就要求行业应用服务提供商对于行业知识和行业管理经验的储备非常充裕，同时又要具备对不同行业和企业流程管理和实际需求深入挖掘的能力。"

尽管大型企业对信息化建设整体要求较高，资金也相对充裕，瘦客户端并不能吸引它们的注意力，外包方式的行业应用价值并不明显。但是，这种状况也会随着移动互联网行业应用的兴起而发生改变，这种改变对于客户企业和 SaaS 提供商来说，甚至是颠覆性的。高森明晨公司在其专注的业务流程管理领域不断创新，将移动互联技术、云技术引入到行业应用服务平台，提供 SaaS 模式的综合移动信息化管理服务。搜狐旗下的"图搜天下"开始围绕移动定位争夺应用市场，一些运营商也在加紧研发和市场实践，和行业应用服务提供商一起为不同行业、不同类型、不同规模的具有移动工作性质的企业和机构呈现全新的价值应用。

2. IT 服务商

移动互联网产业生态系统向融合态势发展，竞争之势白热化，移动互联网生态圈正变得日益繁荣。在移动互联网的时代背景下，传统电信领域之外的主体也纷纷踏上了漫漫转型之路。

首先看 PC 阵营，中国联想集团（国内 PC 巨头），2009 年 11 月回购联想移动，2010 年 1 月发布移动互联网战略"乐计划"，推出乐 phone、乐 book 和 ideapad U1 Hybrid notebook 三款极富创新的移动互联网产品，整合了从产品端到后台服务端的一体化资源，正式进军移动互联网领域，抢占未来 IT 行业发展的制高点。

再看互联网阵营，国内 IT 巨头腾讯，2011 年 9 月对外高调推出"腾讯应用中心"，发布了集成"云"性能的腾讯手机 QQ 浏览器，具备云存储、云转换、云安全、云账号和云开放五个层面的功能，腾讯的移动互联网布局之意一览无余。例如，微博正在引领互联网行业的未来！对于众多应用开发者来说，新浪及腾讯微博无疑是一个最理想的创业平台，成功者将在此傲视群雄。对于个人（Costomer）用户，富媒体、娱乐及社交游戏是微博开放平台上受开发者聚焦最多的领域之一；对于企业（Business）用户，应用微博平台对于企业商家有很好的广告价值和受众价值，开发满足其营销需求的商务类型应用，则盈利模式明显。

甚至连电商阿里巴巴也在 2011 年 7 月联合国内手机厂商天语、芯片厂商 NVIDIA 正式推出了首款阿里云双核智能手机。阿里云手机最大的看点是其操作系统。从中可以窥见阿里巴巴意图将云服务与操作系统合二为一，实现移动互联网"云、管、端"三分天下有其二的战略布局。

无论是传统的 PC 制造厂商，还是互联网企业，纷纷涉足通信领域，或直接布局手机终端，或打造终端平台、软件，希望凭借其硬件、软件优势，通过硬件植入其自身的服务内容，并最终通过内容获利。互联网公司业已成为运营商抢占移动互联网的劲敌。

目前，活跃在移动互联网领域的企业和 SP 有：中国移动 MM、天翼空间、联通沃商城、苹果 APP Store、安卓等。

在现阶段，全球主流手机操作系统中，用户对塞班系统的需求呈明显下滑趋势；安卓作为新兴起来的操作系统，正在逐年占据着越来越多的市场份额；苹果系统由于它的独特性和高端性，近年来保持着平稳的发展趋势；Windows 和 RIM 近几年没有太大的浮动。随着移动互联网的快速崛起，手机消费也成为各大运营商和开发商关注的热门，手机电子商务的发展，为运营商和手机终端商们带来了无限的商机。从目前情况来看，中国移动的 MM、天翼空间、联通沃商城、苹果 APP Store 和安卓等主流移动互联网商店正在齐头并进，竞相崛起。

2013 年上半年，国内整体应用商店数量仍然保持高速发展，尤其是对于苹果 APP Store 中国区来说，国内应用数量已经达到 37 万之多，相比 2012 年的 34 万有 7.7%的增速。另一方面 Android 市场中国地区的应用数量从 14 万增长到 15 万，增速也达到了 7%。随着应用商店的高速度展，移动互联网提供的各种应用也在同步高速发展，在 2013 年上半年，移动互联网典型应用类型和应用数量如图 6-8 所示。

应用类型	应用数量	百分比	应用类型	应用数量	百分比
游戏	72284	17.99%	新闻	12235	3.04%
娱乐	47914	11.92%	健康	10630	2.65%
图书	46903	11.67%	摄影	9453	2.35%
教育	38992	9.70%	社交	8763	2.18%
生活	31583	7.86%	导航	8379	2.09%
工具	26540	6.60%	医疗	7642	1.90%
旅行	25010	6.22%	财务	7225	1.80%
商业	17152	4.27%	天气	1843	0.46%
参考	16111	4.01%	体育	9	0.00%
效率	13160	3.28%	策略游戏	1	0.00%

图 6-8　移动互联网典型应用商店累计应用数量

6.4.2　运营商

1. 移动互联网对网络的要求

随着移动互联网全方位的深入发展，移动互联网对网络平台的要求越来越高。而移动互联网的运营商的一个基本的功能是向用户提供一个更高效率，更高网速，更为稳定可靠的运用环境。如图 6-9 所示。

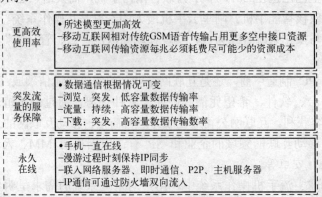

图 6-9　移动互联网对网络的要求

为此，移动互联网的运营商提供的网络环境也需要技术变革，从 2G 时代过渡到现在的 3G 时代，再向 4G 的 LTE 演进。所有的技术均将向着满足服务需求及统一化的趋势发展。

其网络环境变化如图 6-10 所示。

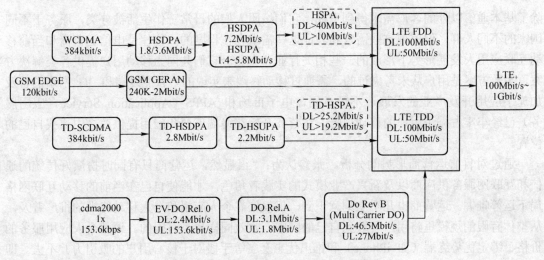

图 6-10　网络环境从 2G 到 3G、4G 的变化

2. 运营商在移动互联网中运营策略的转变

ICT 产业生态系统持续演化，产业生态内部交叉竞争日趋激烈，在移动互联网日渐普及的大趋势下，整个互联网产业的游戏规则正在发生变化。电信运营商对产业链的控制正在受到冲击，中国三大运营商通吃产业上下游的局面将被打破。终端、内容应用、系统平台成为移动互联网的争夺重点。各大厂商通过向产业链下游延伸，不断向电信运营领域渗透，产业链条集合交叉、融合大势所趋。

在体现应用价值、进一步挖掘行业、企业需求市场的道路上，运营商也有着自己的考虑和战略目标。从运营商之间的战场形成之始，哪里有集中的用户群，哪里就是商家必争之地。到 2013 年底，中国有 5 亿多智能移动终端用户，其中移动互联网用户 4.34 亿。但与此同时，用户数的增长也将逐渐放缓，直到濒临极限，2010 年到 2013 年中国移动互联网用户数量及同比增长率如图 6-11 所示。

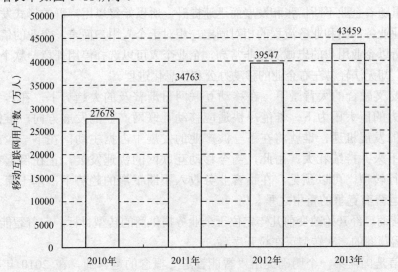

图 6-11　2010 年到 2013 年中国移动互联网用户数量及同比增长率

如何更好地积累客户群，吸引客户群，保留客户群是运营商最需要考虑的问题。于是，

除了基本通信以外的客户需求得到重视，它们按照人们的日常工作生活被分类，服务于不同国家的不同人群，但挖掘这些需求和验证这些需求存在程度的，往往是电信运营商和当前移动互联应用大发展形势下形成的一些相关行业和企业。它们共同为移动用户提供各类解决方案，多数方案是用户从未考虑过的，需通过移动终端来实现的。智能终端和 3G 网络的普及加速了应用开发产业的发展，不经意间，电子市场和 APPS（Application Service，应用服务）已经牢牢占据了用户的移动视野，运营商开始在终端厂商和应用提供商之中寻找自己的位置。

通过对目前运营商形势的分析，张鑫认为："很显然，运营商只有同时扮演好传统的通信和互联网服务供应商以及新兴产业模式的实践者角色，才能使自己在当前的移动互联网格局下运筹帷幄。运营商也几乎立刻意识到，仅仅依靠个人应用和个人移动终端的推广普及，从整体有限的规模里将用户争取到自己的网中，收效同样也是有限的。调整个人应用服务的价格、绑定优势终端（如 iPhone）和推出优惠套餐等手段对于核心用户的吸引力并不大。即使通过这些方式短时间内积累了一些用户，用户的忠诚度也值得评估，应用终端的更新淘汰、套餐过期等等都可能使这部分用户流失，因为这通常是用户可以自由决定的，拥有很强的个性特征。运营商也因此频现服务收费只能下调不能上调，过分依赖终端厂商等尴尬局面。为了扭转这一局面，运营商势必要在用户需求挖掘的策略方向上做出一些改变。为企业提供移动互联网方式的行业应用服务，为用户的日常工作提供支持就是一个在国内仍具创新意义的方案，是移动互联网应用颇具前景的发展方向。

中国电信以前最主要的业务是固定电话和传统互联网业务，而今中国电信已经在移动互联领域、云计算和云存储领域做出了众多尝试和杰出贡献。现在中国电信对移动互联网行业的应用和发展已进行了极大的关注。

运营商开始重视和发展移动互联网行业应用，其目的并非仅仅在于拓宽用户渠道，这个新领域的兴起对于运营商的价值在于使各运营商又站在同一起点公平竞争。行业应用的核心更多体现是在企业应用层面，正好像运营商为企业提供的内网通信一样，企业用户相对集中，用户数量随着企业不断扩张和发展而迅速提升，所以始终以用户群的形式发展入网。并且，由于企业业务部门和业务流程的相对固定，相对于个人用户而言，企业的信用和资质又极易考量，所以企业用户的忠诚度也非常高，企业个人可以选择停用任意一款个人移动互联网应用产品，却无法轻易左右企业的移动办公和信息化进程。"

在产业交叉融合的大背景下，在移动互联网日渐普及的大趋势下，在传统业务收入增长持续乏力的巨大压力下，谁能尽快适应移动互联网产业的发展方向，谁能把握移动互联网产业的发展机遇，谁就将在下一波产业的发展中占据主动，在下一轮的产业竞争重组中存活下来并持续壮大。由此，当今移动互联网的快速发展，正在倒逼中国运营企业不得不进行转型。可以预见，在话音业务收入不断下滑的趋势下，基于流量的业务经营已经成为运营商竞争的重中之重。

三大运营商已经开始改变前几年定位于全业务提供商的转型目标，向着智能管道的方向迈进，中国运营商的二次转型正在拉开序幕。

中国电信是国内第一个明确提出"智能管道"概念的运营商，在 2010 年年度工作会议上确立了新三者定位，要成为智能管道的主导者、综合平台的提供者、内容和应用的参与者。中国电信将智能管道视为流量经营的根基，并开始实施移动流量的精确管控。

中国移动也提出了"智能管道"概念，董事长王建宙提出，要"积极向产业链资源渗透，集中优势打造优质的、有服务的、增值的智能管道"，着力增强自身对网络的掌控优势，在全集团展开流量经营的创新探索，特别是强力推动 TD-LTE 产业的发展。

中国联通尽管尚未明确提出"智能管道"概念，但对于通信管道"智能化"建设也在大力发展，创新性地引入了定向流量模式，逐渐完善基于流量的资费体系。

运营商在转型中的具体举措：

为落实转型战略，各大运营企业，围绕移动互联网业务，从网络建设、到运营平台、到流程机制、到业务拓展等方面展开全方位的变革。

1）加快推进网络的建设升级，部署 3G 网络，推进 4G 演进，打造高带宽移动互联网。移动数据业务量的激增对 3G 网络数据承载能力提出了严峻挑战，特别是一些高数据流量的业务，如视频类业务等，这对于移动网络本身而言，是一个巨大的挑战。需要电信网络运营企业对症下药，构建完善的网络架构体系，满足日益增长的流量需求。2009 年 1 月 3G 牌照发放后，国内三家电信运营商都展开了 3G 网络的大规模建设。中国移动大力推进"四网融合"，适度延伸 TD-SCDMA 地域覆盖，实现向规模运营的转变。中国联通以产业链最为成熟的 WCDMA 技术为依托，结合市场需求，在现有 3G 覆盖的基础上，优先通过网络优化解决 3G 建成区内的盲区，完善深度覆盖。中国电信以最快速度建成国内商用最早的 3G 网络。坚持精确化管理、效益型发展和差异化运营的移动网基本思路，为不同的用户、不同的业务提供差异化的 3G 数据网络承载能力和保障。

2）持续推进生产运营精细化。落实智能管道、流量经营，使流量与收入形成正向联动。流量是运营商在 3G 时代的主要价值载体，一般采用区隔用户和流量的方式进行，以实现不同用户、不同终端、不同业务的差异化收费，将流量的价值精细化。虽然流量正成为运营商收入的新增点，但其耗费的资源和成本与带来的收入并不匹配，运营商正面临着"10%的业务可能耗费 90%网络资源"这一矛盾。因此流量经营应该以智能管道（物理网络）和聚合平台（商业网络）为基础，以扩大流量规模、提升流量层次、丰富流量内涵为经营方向，以释放流量价值为目的。二次转型后的"智能管道"，代表着精品化网络建设和经营的开端，是运营商在移动互联网时代必须完成的任务，而确保流量与收入同步增长是运营商必须面对的难题。

3）建立强大的后台支撑能力。积极推进云计算能力的搭建、云计算服务的提供。运营商将云计算相关技术虚拟化、资源管理与监控、用户配置、并行计算等，应用于现有数据中心，将有助于集中化管理体系，实现真正的以客户为中心与按需响应，有助于集中化向低成本高效率方向发展。同时，结合云计算平台，运营商还可以向用户提供更多的应用服务。

4）加强移动互联网业务模式的创新，有效运用双边市场理念，打造杀手级平台。移动互联网时代的竞争，不是单纯的资源的竞争，而是以能力驱动、涵盖平台、支撑、产品、服务、合作的全方位竞争。平台的建立与运营，是未来移动互联网竞争的关键。同时，移动互联网推动了产业链由单边市场向双边市场转变，运营商以平台提供者的姿态，商业模式发生根本性转变，定价、运营等方式需平衡多方因素。

3．各运营商在移动互联网中的新作为

（1）中国电信

中国电信在发展移动互联网方面，借鉴国外运营商以及国内竞争对手的发展经验，结合自身的技术资源特点，采取多种举措积极构建自己的移动互联网产业体系。

1）加大固网控制力度。

根据自身在互联网方面的技术、资源等优势，稳定自身桌面互联网基础管道的掌控地位。

2）购机补贴。

中国电信曾于 2011 年下半年推出千元智能手机计划，拉拢3G客户，却为手机补贴付出高昂代价，拖累上一年第 4 季纯利按季大跌 29.9%至 28.4 亿元。中国电信董事长兼首席执行官王晓初表示，中国电信推出的iPhone手机补帖，这势必将影响年盈利情况，但长远来看有助于收入增长。

3）增值业务。

通过不断加大对增值应用的投入力度，包括成立增值业务运营中心，在全国建立基地业务中心，深度开发号百信息服务等措施，并在此基础上延伸出许多移动互联网产品，如手机报、手机影视、无线视频监控、综合办公、爱音乐、189 邮箱、无线宽带等业务。近期又陆续推出移动支付、手机对讲、手机信息推送、基于位置的信息服务、移动社区、手机游戏、天翼 LIVE 等业务。

4）打造移动互联网综合业务平台。

通过打造"天翼"品牌，推出自身的移动互联网业务品牌，深化"综合信息服务提供商"的企业品牌定位，并以 189 为切入点，努力把以语音为主的移动业务改造为以互联网为主的移动互联网业务；并在"天翼"品牌下建立数字音乐运营中心和数字阅读平台等基地，以及和其他内容、服务提供商多方面展开合作，扩充自身的内容、业务提供能力。

5）4G 业务。

自中国在 2013 年 12 月 4 日发放 4G 牌照之前，中国电信在发展"天翼 3G"网络的同时，也在关注LTE（4G）技术的开发进程。在 4G 牌照正式发放之后，实施积极的经营策略，推动基础业务规模发展，加快 4G 商用，强化 4G、3G、宽带业务统筹，提升客户满意度，加快和拓展移动互联网在 4G 网络中的应用。

（2）中国移动

2012 年 12 月 5 日，在中国移动召开的全球开发者大会上，中国移动总裁李跃表示，面向"十二五"，中国移动提出了转变发展方式、调整产业结构、实现创业布局和创新发展的新战略思路。这段话的背景是，近年来中国移动在多个地方的发展遭遇瓶颈期。

1）成立移动互联网公司。

中国移动期望移动互联网公司能够把移动互联网的技术、应用、产品带入到中国移动传统的运营商体系之内，使之成为服务于传统运营商、支撑传统运营商、改造传统运营商的新特殊团队。

该人士指出，中国移动推动智能语音门户的同时，也变相降低了 OPhone 操作系统的地位。在不远的将来，中国移动一定会将智能语音门户与其自有品牌终端相结合，"这时候智能语音门户将成为类似 Web OS 的产品，而这样做的好处是在自有品牌终端上甚至只需要安装这个门户就能满足用户的所有基本需求"。

2）产品互联网化。

在产品互联网化方面，中国移动已经有了很多的尝试，也取得了一定的成绩，比如飞信的推出及其用户的迅速增长；139 邮箱的推出，也利用其便于记忆、可信度高等优点对用户有很强的吸引力；包括广东移动的"一起玩吧"，在娱乐门户方面的尝试等等，都是对于产品的互联网化，以及未来的移动互联网化非常有价值的。

但另一方面，中国移动产品的互联网化过程中，所使用的主要策略思路受到了运营商发展业务的局限，每一个价值业务的发展相对是割裂的，还没有形成一个完整的品牌和服务体系。这一点从手机邮箱、飞信、一起玩吧三个服务各自拥有完全不相关的三个网址上体现得尤为明显，当然在 139 邮箱、一起玩吧等服务的网页上也有飞信主页的链接，但这样是远远不够的。

运营商在产品互联网化的过程中，首先需要充分发挥自身的移动通信产品基础优势，其次是要发挥中国移动强力的品牌优势，在这样的情况下，是应该将各类型的服务统一在一个接口下面的，而不是割裂开来发展不同的业务服务。另一方面，基于门户的互联网综合服务商的发展模式，也是要有一个统一的用户接口和服务品牌的，在统一品牌的下面再去构建各个细分的服务和应用品牌。这样既便于将所有应用服务的用户吸引到一个接口上，提升该接口的用户基础，从而更好地发展广告服务，同时也有利于对不同产品用户进行交叉性的服务渗透。

在 3G 阶段，互联网的诸多应用与手机端的应用结合度会得到进一步增强，中国移动的产品互联网化，应该采取以固定互联网为主，以移动互联网为辅的联动模式，当然接入接口的统一仍然是非常重要的，这样才能为用户提供多终端、多网络、全天候的应用服务体验。

著名信息咨询机构易观国际建议，在 3G 契机下，中国移动应该尽快建立针对客户的门户型营销推广平台，使得所有的移动用户和非移动用户，都可以通过移动互联网和传统互联网接入该平台，以便全面了解中国移动的各种新产品、优惠政策等等的推出。

3）吸引新用户。

从长远来看，中国移动现有 5 亿以及还在持续增长的庞大用户规模，本身就是符合互联网广告商业模式所需要的用户规模基础条件的，在适当的运营下，通过一些接口型的网站、应用来聚集用户群，并发展移动互联网或者互联网的广告服务，实际上是可行的。这一点在移动梦网目前的广告运营模式上，已经得到了一定的体现。

总结来看，中国移动可以利用移动互联网来增强自身产品服务的营销能力和针对性，同时通过与相关产品、服务、平台、接口的配合，也可以开展面向其他行业客户的广告服务，实际上是一举两得的事情。

基于手机终端的移动通信服务，具备极强的用户关联性，主要体现在用户会随时携带手机，依靠通信网络成为用户实时的信息获取渠道，更为重要的是手机终端有很好的平台属性，使得在其上能够承载诸多的应用。

要想充分利用移动通信服务与每一个用户的密切关联性，在手机终端上完成运营商产品的"生产"、营销、订购以及后续的客户服务，是最为有效的方式，这样既可以给用户带来最大的便利性，增强用户的黏性，同时也可以帮助运营商简化业务服务流程和拓展营销渠道，其价值是非常高的。

从非移动用户到成为移动用户，再到成为移动的数据业务用户，需要一个过程，而这个过程中不同阶段所需要的推动力和目标客户是不同的。

吸引非在网用户成为移动用户，需要以资费和基础服务（语音、短信）的组合为核心竞争力，首先满足用户第一层次的沟通需求。这个过程中产品、服务的营销推广和渠道，完全可以选择大面积人口覆盖的方式，通过电视、广播、报纸等方式来进行。

而吸引用户成为移动数据用户的过程，则主要集中在将在网用户转变为数据用户这样一个过程上。对于基础用户向增值业务用户的转变，甚至是移动互联网用户的转变上，则需要运营商注重对在网用户的需求挖掘，通过新产品的推广门户、新产品的信息推送等方式，来进行营销，给予客户最为便利的信息获取方式，使得用户可以在第一时间了解产品信息、优惠信息以及其他相关的信息。基于这个目的的，可以考虑推出基于移动互联网的产品发布门户，并为用户提供免费流量费的浏览服务，在新产品推出及其相配合的优惠政策、活动、奖励政策等的吸引下，用户必然会被吸引而积极地去使用这样的移动互联网门户。而这个门户也可以完全成为未来中国移动移动互联网和手机应用服务推广的直接接口，且目标客户更加集中，营销推广更加有针对性，同时也能够起到最好的营销效果。

4）增值业务。

中国移动和中国电信一样，也在移动互联网领域开发了自己的增值业务，中国移动增值业务主要包括飞信、139邮箱、无线音乐、移动MM、手机支付、手机游戏及手机阅读等。

5）4G业务。

进入4G时代，中国移动将大力推动4G发展，要加快4G网络建设，加速现有3G网络的升级，以最快最省最简单的方式推动4G网络快速建设，积极从拓展通信业务向拓展移动互联网业务和信息消费转变，实现从移动通信经营向创新全业务经营转变。

（3）中国联通

1）布局未来。

企业的生存与发展不仅要着眼现在，更需要布局未来。现在中国联通在移动互联网领域已展开了一系列的动作，让人们看到中国联通对移动互联的势在必得。中国联通隆重举办的"赢在下一个十年的起点，我的移动互联网行动"大型活动，受到了用户的热烈欢迎。

中国联通重视基础布局，在培养中国联通3G用户上狠下工夫，从流量到手机，从优惠到返还，各种策略的实行，使中国联通3G的下一个十年目标相当明确。中国联通3G的优点就在于布局早，深入基层，拢住用户，尽最大的能力完成这次完美的布局。

2）中国联通推出移动互联网门户网站"沃门户"。

沃门户（www.wo.com.cn）是中国联通为用户提供增值业务内容服务的综合门户，其中精心为3G用户打造的沃·3G智能手机门户集成了手机电视、手机音乐、沃商店、沃阅读、手机报、手机营业厅等联通自有精品增值业务，用户可通过沃门户的各频道方便快捷地使用移动互联网的内容。沃门户网站如图6-12所示。

沃门户为用户提供了一个享用精彩业务的Shopping Mall，提供了与各种移动终端界面相匹配的应用及服务，全方位提供影视、音乐、游戏、文化、教育、交流、商务、生活等信息。据了解，通过中国联通沃门户主推的手机电视业务，用户可以收看到120多个直播频道及20多万分钟的点播节目，节目内容涵盖新闻、体育、娱乐、文化、财经等十多个类别。2010年世界杯期间，中国联通推出的沃门户世界杯专区，为用户提供了观看世界杯赛事的专属直播途径。

图 6-12　沃门户网站

3）Wo+开放体系。

在中国联通 2011 移动互联应用产业峰会上，中国联通发布了"Wo+开放体系"战略。据中国联通副总经理邵广禄介绍，"Wo+开放体系"由产品聚合能力、能力共享、渠道能力、智能管道四部分组成。

其中，产品聚合能力是指中国联通为产业合作所打造的"平台的平台"。合作伙伴依托中国联通的业务平台，将互联网优质的应用服务资源展现给用户，无缝对接应用资源，供用户搜索、并且一键下载。

能力共享是指提供联通的短信、彩信，语音通话，IVR，统一账号以及云通信录等通信能力调用，同时汇聚互联网各类资源，有效整合，输出给应用提供商、行业应用开发商以及个人开发者。

渠道能力是指根据用户需求一方面在营业厅及卖场等线下场所为用户提供业务体验、订购，并协助用户下载、安装、使用等服务。另一方面，在 APP 插件中植入各种应用，实现 APP 聚合、转发分享、社区交流和通信录整合等功能，从而形成移动互联网的新型传播渠道。

智能管道是指智能地对网络资源实现有差异的调度和动态精确配置，具有对用户业务及流量分层管理和控制能力，实现用户可识别、业务可区分、流量可优化、网络可管理、计费可灵活等差异化的服务功能。

中国联通董事长常小兵表示，在移动互联网业务方面，中国联通采取开放合作的政策，将与互联网企业和合作伙伴共同成立产业联盟，为用户提供个性移动互联网服务。

4）增值业务。

中国联通在移动互联网领域开通的增值业务主要包括：手机报、手机电视、手机音乐、手机阅读、手机邮箱、手机搜索和手机上网。

手机报：与媒体机构合作，通过彩信为用户提供各类资讯信息的服务。手机报提供的资讯包括新闻、体育、娱乐、文化、生活、财经等，并以具体"报刊"产品体现相关内容。

手机电视：中国联通提供的在手机上观看视频节目的业务。使用该业务需要中国联通

WCDMA 网络的支持。您可以通过手机电视客户端或联通 3G 门户，点播、下载、上传视频，还可以实时收看多个电视直播频道。

手机音乐：这是中国联通提供的一项综合音乐服务。您可以通过手机音乐客户端或音乐门户使用音乐俱乐部、榜单查询、振铃下载、整曲/MV 点播下载、音乐直播、炫铃定制、音乐搜索、音乐社区、音乐资讯等丰富多彩的音乐服务。其中 MV 点播下载、音乐直播等服务仅适用于中国联通 3G 用户。

手机阅读：基于客户对于各类书籍内容的阅读需求，通过手机浏览 WAP 方式为您提供各类读物的服务。手机阅读提供的内容包括图书、杂志、听书（有声读物）。手机阅读用户范围包括中国联通 2G 和 3G 用户。

手机信箱：面向中国联通手机用户提供的一项综合邮箱应用业务。包括个人邮箱、短信到达提醒、邮件推送服务、手机网盘等各类增值应用，用户可以通过互联网或手机终端进行接收、查阅、回复、转发、撰写电子邮件等各类操作。

手机搜索：中国联通手机搜索，利用中国联通 3G 门户内的搜索引擎入口，为移动用户提供所需信息的服务，可搜索站内和站外信息。

手机上网：使用手机上的浏览器访问互联网获得信息的业务，您可以访问中国联通的 3G 门户，也可以访问其他互联网网站。中国联通的 3G 门户不仅提供丰富的资讯，包括新闻、财经、娱乐、体育等、读书、社区、游戏、软件等内容，还集成手机音乐、手机电视、手机报、手机邮箱、手机搜索等其他 3G 业务。此外，3G 门户还提供手机营业厅在线查询服务。

5）4G 业务。

中国联通将继续充分发挥 3G 的网络、客户、品牌、产业链的优势，同时优化自身在固网上的优势，加大 3G 网络的升级与发展、加深客户的感知和认同，紧紧围绕移动领先原则，加快 4G 网络的部署，持续推进网络能力建设，全面强化新时期中国联通移动宽带业务"上网更快、覆盖更广、体验更好"的新优势。

第7章　移动互联网安全

移动互联网是基于移动通信技术，广域网、局域网及各种移动信息终端按照一定的通信协议组成的互联网络。它具有终端智能化、网络 IP 化、业务多元化的特点，移动互联网的终端采用的是智能手机、平板电脑、PDA 等无线移动设备。移动互联网与传统互联网是互补关系，而非取代关系，在传统互联网上可能出现的安全问题，在移动互联网上同样会出现，并且基于移动终端的特点，用户的安全防范意识，防范水平更低，移动互联网相对传统互联网而言具有并不完全相同的安全问题。

7.1　移动互联网安全概述

移动互联网络的高速化发展，移动终端的多媒体化、智能化变革、移动终端的互联网标准协议的形成，使得用户在移动状况下使用互联网的需求成为现实。在这样的背景下，移动互联网业务得以蓬勃发展，但随之而来的安全问题也日显突出。

7.1.1　移动互联网与传统互联网

移动互联网与传统互联网有着不同的运营系统。图 7-1 是传统互联网运营系统，图 7-2 是移动互联网运营系统。

可见，移动互联网同传统互联网相比并不完全相同，这些不同点包括用户需求、用户行为、终端、网络等方面。这就使得移动互联网不可能成为传统互联网上内容和应用的简单移植载体，而是形成了自我独特的应用模式和构建了独特的商业模式。

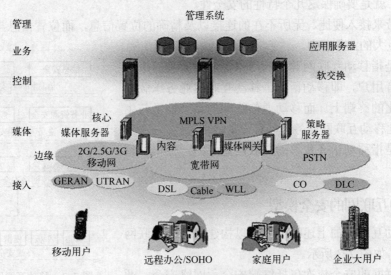

图 7-1　传统互联网运营系统

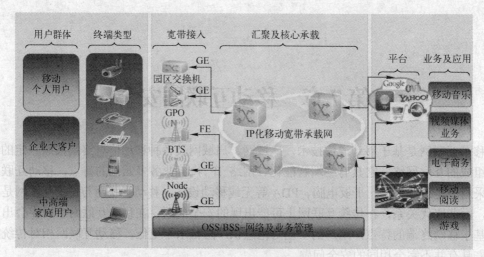

图 7-2　移动互联网运营系统

移动互联网毕竟是在固定互联网的基础上发展而来的，其安全问题存在相似性，但在每个环节上又有所区别，这些区别具体体现在其终端、网络、业务和应用几个环节。随着移动互联网技术的快速发展，移动终端（智能手机/PDA/平板电脑/便携式 PC 等）的普及，通过移动网（包括 2G，2.5G，3G，E3G，4G）接入互联网使用开放的互联网业务的用户群不断增大。随之而来的移动互联网的安全问题高度突现：针对手机的病毒、垃圾邮件、恶意代码正呈现出不断增多的态势，威胁形式也多样化，除了窃取用户的私人信息之外，网络和服务被攻击也大量出现了。

国外的统计数据表明，已经有 84%的移动互联网用户开始担心终端的安全问题，如欺诈账单、信息盗用等；34%的用户开始对目前的终端及其服务的安全质疑；60%的用户希望运营商能够把保障终端和业务安全放在首位。可以说，移动互联网的安全问题已经成为保证其发展的最重要因素之一。

与传统互联网相比，移动互联网具有移动性、私密性和融合性的特性，要保证移动互联网的安全性，就是要确保这几个特性的安全性。

移动性带来接入便捷、无所不在的连接以及精确的位置信息，而位置信息与其他信息的结合孕育着巨大的业务潜力。

私密性是指移动互联网业务的用户一般对应着一个具体的移动话音用户，即移动话音、移动互联网业务承载在同一个个性化的终端上。而移动通信终端的私密性是与生俱来的，因此移动互联网业务也具有一定的私密性。

融合性是指移动话音和移动互联网业务的一体化导致的业务融合。

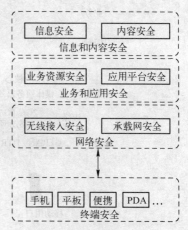

7.1.2　移动互联网的安全模型

根据移动互联网的上述特征，可以构建出移动互联网的安全模型，如图 7-3 所示。

移动互联网的安全依次包括终端安全、网络安全、业

图 7-3　移动互联网安全模型

174

务和应用安全、信息和内容安全 4 个部分。

1. 终端安全

移动终端作为个人信息和业务创新的载体，是移动互联网区别于传统互联网的最重要环节，其安全问题贯穿并影响了移动互联网安全的各个环节。

由于移动互联网终端软、硬件技术的特点，其安全性与传统互联网相比同样严峻。一方面：移动终端的平台不统一、不兼容性限制了恶意代码的传播，同时现阶段操作系统漏洞不多；其次硬件处理能力比 PC 差，无线带宽有限，也限制了恶意代码的传播；另外某些互联网安全问题不易威胁到移动终端；另一方面，移动终端的安全问题有其特殊性，包括：其 Always-on 的特性会招致更多的窃听和监视问题，其"个性化"容易引发涉及隐私/金融等的恶意代码攻击；较 PC 用户，移动互联网用户缺乏安全意识；另外其病毒传播途径多样化如短信、彩信、互联网、蓝牙、存储卡等；较 PC 而言，移动终端对用户的重要性增加，已经如身份证一样不可或缺，因此使得攻击价值增大，危险度和严重性增加。

2. 网络安全

移动互联网在固定互联网的基础上发展而来，其网络节点和相应的协议由于引入了"移动性"需要进行扩展。移动互联网的接入方式多种多样，因此网络安全也将呈现不同的特点。移动互联网相比较固定互联网的网络结构封闭，便于管理和控制。网络安全的特殊性主要表现在网络结构、协议及其网络标识几个方面。互联网主张开放和平等，网络中没有控制点，而移动通信网多主张封闭性更强的"围墙花园"模型和有差别的服务；网络中可以部署关键控制点，便于实现可管、可控；引入移动性需要互联网的协议进行支持，对于原有的互联网协议的扩展和影响；移动互联网的网络标识是其最重要的特点之一，除了可以像固定互联网一样使用 IP 地址作为位置和身份标识，在移动互联网中也可以采用 SIM 卡信息作为用户标识，可以精确定位终端及位置。因此，从这个方面来讲，移动互联网的溯源性要优于固定互联网。

3. 业务和应用安全

固定互联网的业务复制是目前移动互联网业务发展的特点，而融合"移动"特征的业务创新则是移动互联网业务发展的方向。因此，其业务系统环节会更多，应用涉及的用户及服务器的信息会更多，信息安全问题比固定互联网更为复杂。由于移动互联网用户基数大，节点自组织能力强，同时涉及大量的私密信息和位置信息，因此有可能引发大规模的攻击和信息发掘，包括拒绝服务攻击及对于特定群组的敏感信息搜集等。

4. 信息和内容安全

与固定互联网相比，移动互联网的恶意信息传播方式多样化，具有即时性、群组的精确性。移动互联网传播方式可以分为 4 种：通过短信/彩信进行群组消息传送；通过 MMSC/SMSC 服务器在 SNS，BBS 及其微博客等进行信息发布，在指定的群组中进行消息散布；通过即时消息，Push Mail 等交流沟通类业务在特定的群组中进行传播。

移动互联网业务的发展，移动终端承载了越来越多的支付功能，而且携带了大量的私密信息、位置信息和社会关系等，因此其安全问题应引起我们足够的重视，加之移动终端用户群巨大，因此在移动互联网上发起的攻击规模有可能超过固定互联网。不法分子可以通过移动终端驻入木马，病毒等方式，对感染病毒的手机主人进行短信诈骗、电话骚扰，甚至将来可以进行远程控制。

由于感染病毒、木马的移动终端本身携带着大量的用户信息、电话号码及其社会关系甚至位置信息，因此恶意代码的传播也是由点及面，并且传播速度极快。其攻击模式有可能是针对于用户的信息窃取，如信用卡号等；有可能是控制多个终端发起服务器或者核心网设备的 DDoS 攻击；也可能利用木马迅速散布危害国家安全的信息和其他的垃圾信息等。

针对上述安全问题，应该在明确各个业务经营方的前提下，充分借鉴互联网安全保障措施来明确各个业务安全的权责方，要求其进行网络内容监听、安全事件预警等"事前"控制机制；其次，在明确内容/业务的提供方式之后，可以在关键环节（如服务器、短信/彩信网关等）进行信息识别、过滤、阻断，来防止恶意消息的进一步扩散；利用移动互联网较好的溯源能力，在明确各个业务的连接方式后，可以充分借鉴传统互联网的安全技术，同时根据移动互联网的特点，在特殊节点加强安全监控和安全日志管理。

我们可以在如下几个方面加强对于移动互联网的安全问题的管理：

1）加强对于终端的控制，尽量发现漏洞，弥补漏洞。

2）增强对于新业务的检查和控制，尤其是针对于"移动商店"这种运营模式，如何让新业务与安全规划同步，通过 SDK 和业务上线要求等将安全因素植入。

3）加强业务系统之间的访问控制，制定统一的安全策略管理。

4）加强移动互联网统一认证的技术研究，可以避免用户在登录多个业务系统时用户信息的泄露。

5）运营商应该优化对于移动互联网的运营，包括不良内容过滤，网络流量清洗，在关键节点部署 DPI 策略。

6）加强统一身份管理（IDM）的研究，及 IP 地址的溯源机制的部署，推进用户网络接入实名制。

目前移动互联网以其快速发展及开放的趋势，针对手机的病毒，垃圾邮件和恶意代码正呈现出不断增多的态势，安全问题已经十分突显。与此同时，与固定互联网相比，手机用户防范意识不高，运营商的安全防护和技术手段也并不完善。因此，我们应该对移动互联网的安全尽早进行全面的规划，在其网络和技术快速发展的同时最大限度地满足安全的需求。

7.2 移动互联网安全形势

随着智能终端的普及，移动互联网安全形势越来越严峻。因移动互联网具有网络融合化、终端智能化、应用多样化、平台开放化等特点，使得信息安全问题日益凸显，如：手机病毒、木马、非法有害的垃圾信息等。

7.2.1 移动互联网的安全问题

从安全层面来看，网络质量，数据，网络设备的可靠性和安全性，整个网络的冗余度和可控性，内容的灵活性等等都是移动互联网要面对的安全重点。同时，基站和终端的辐射问题，以及对环境的影响都是整个"安全"概念需要涵盖的范围。除了网络层面外，终端的安全隐患也越来越严重，包括手机对人体和环境的影响、手机病毒等。

在 2G 中，只是网络对用户进行鉴权，为单向鉴权，而在 3G 中一个重要的安全特征就是引入了双向认证。即不仅网络需要对用户进行鉴权，同时用户也需要对网络进行鉴权。3G

中最大的一个安全特征是整个安全处理过程是公开的、透明的。3G 中的算法和标准都是由很多相关组织和科研者进行了分析的，这是和以往最突出的不同点（2G 中的算法是非公开的），因而 3G 能比以往技术提供更强健的安全特性。对于数据的机密性，主要包括加密和信令完整性保护过程。图 7-4 所示是移动互联网登录与鉴权。

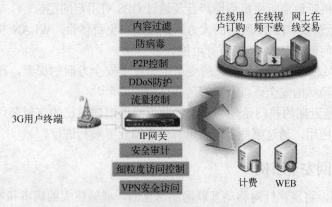

图 7-4　移动互联网登录与鉴权

　　3G 网中的加密机制和 2G 的加密机制相比，由于它使用了 128bit 的密钥流，加密算法也经过了公开的分析与检验，因此可提供更为安全的信息通道。当核心网收到来自基站的安全模式设置完成的消息，安全控制过程成功启动。如果需要加密，激活后的某个时间，移动台和 RCN（Remote Computer Network，远程网）就可以开始进行业务数据、信道标识、信令等的加密保护了。自此至业务信道的建立和通过过程，业务信息和信令信息的传送都要经过加密解密，完整性保护及验证过程，提供对 3G 通信有效的保护。

　　就全球而言，目前的主要安全策略是采取不同的安全解决方案。从网络安全这个问题来讲，确实是网络方案应该扮演越来越重要的角色。从产业链上来说是三个角色：厂商、解决方案提供商和最终的运营商三者。这个时候谁来扮演解决方案提供商，并不是一些咨询公司，因为他们并不是真正懂得设备细节的人。往往这种解决方案提供商，更多是由规模比较大的产品提供商来扮演的。

　　随着 3G 应用的不断完善，3G 终端作为网络和用户之间的桥梁起着非常重要的作用。而终端的安全与否直接影响 3G 业务的开展，甚至关系到整个网络的安全，而手机病毒的日益猖獗正在对 3G 终端和 3G 网络提出挑战。

　　手机病毒经历了短信病毒阶段，这是针对普通非智能手机芯片固化程序的缺陷，通过网络向这些有缺陷的手机发送特殊字符的短信，从而产生如关机、重启、删除资料等现象；现在，手机病毒进入了诱骗型病毒阶段，主要是针对通用智能手机操作系统的出现及智能手机的大规模使用。该类型手机病毒利用智能手机操作系统开放的接口编写病毒，然后利用人们的好奇心或信任来达到广泛传播的目的，利用业务发展及终端能力增强使移动终端之间的病毒传播更便利，如通过移动通信带宽增加，彩信、Java 等业务的广泛使用，蓝牙、红外功能的广泛使用等。今后，手机病毒还会向着漏洞型病毒的方向发展。

　　我国正在迎接 3G 网络所带来的便利和安全挑战。3G 网络本身是复杂的，所以 3G 安全问题也是复杂的。现在有待解决的移动互联网的主要安全问题有：

1）如何解决用户行为难以溯源的问题；

2）如何解决移动终端智能化带来的国家信息安全监管和用户隐私保护问题；

3）如何解决移动互联网业务对传统互联网监管模式形成新的挑战的问题；

4）如何防止病毒在移动通信网内及终端间进行传播？以保护智能手机用户的隐私，比如防止远程开启手机听筒监听手机周围声音及通过 GPS 对用户的定位；

5）随着三大运营商WLAN 网络的大力兴建及用户免费体验，WLAN 将在未来承载着大量的数据业务，如何做好 WLAN 的可管可控？

6）云计算的兴起带来了商业模式的变革也引发了安全方面的探索，在云安全方面，如何保证用户数据和隐私的安全，以及虚拟运行环境的安全？

7）移动支付是近期的热门话题，三大运营商纷纷组建自己的支付公司，对于以移动支付为代表的物联网应用，通过哪些手段可以有效保障业务顺利进行？

7.2.2 移动互联网安全事例

下面通过事例，将现在针对移动互联网的常见的，威胁巨大的病毒和木马，用数字结合图表的形式，具体生动的列举出自移动互联网进入 3G 时代以来所产生的诸多安全问题，让读者对移动互联网的安全现状有一个更为完整、直观和具体的认识。

**1.	"灰鸽子"进入移动互联网**

灰鸽子（Hack. Huigezi）是一个集多种控制方法于一体的木马病毒，一旦用户计算机不幸感染，可以说用户的一举一动都在黑客的监控之下，要窃取账号、密码、照片、重要文件都轻而易举。更甚的是，他们还可以连续捕获远程计算机屏幕，还能监控被控计算机上的摄像头，自动开机（不开显示器）并利用摄像头进行录像。客户端简易便捷的操作使刚入门的初学者都能充当黑客。如在合法情况下使用，灰鸽子是一款优秀的远程控制软件。但如果拿它做一些非法的事，灰鸽子就成了很强大的黑客工具。

灰鸽子已经不仅仅是一个病毒，其背后已经形成了一条黑色的产业链条，任何一个网络菜鸟都可以通过购买灰鸽子病毒或拜灰鸽子高手为师而成为黑客。

普通网民很难了解到在他们的生活之外竟然有一个如此完整的制造、贩卖病毒的"生态圈"。浏览各大网络论坛，购买、出售灰鸽子木马的人比比皆是，而购买灰鸽子教程、批量出售被灰鸽子控制的"肉鸡"、企图利用灰鸽子进行不法勾当的人更是数不胜数。尤其是伴随着灰鸽子 2007 的推出，这种不正之风正在互联网迅速蔓延，灰鸽子的猖獗已经到了不得不管的地步！

"熊猫烧香是感冒的话，灰鸽子就是癌。"2007 年 4 月 6 日，一位作客央视的"灰鸽子"亲历者语出惊人。他说，用"灰鸽子"的人 99%的初衷是为了网络攻击或偷盗，中了"灰鸽子"病毒的计算机终端都被叫做"肉鸡"，通常，黑客首先会盗取中毒计算机里有价值的东西，如 QQ 号码、游戏账号、装备以及储存在计算机里的网上银行信息等，一旦没有了利用价值，这些计算机就会被当做网络攻击工具贩卖。目前"灰鸽子"病毒现已进入移动互联网领域。

反病毒专家建议：建立良好的安全习惯，不打开可疑邮件和可疑网站；关闭或删除系统中不需要的服务；很多病毒利用漏洞传播，一定要及时给系统打补丁；安装专业的防毒软件进行实时监控，平时上网的时候一定要打开防病毒软件的实时监控功能。删除办法：启动 360 安全卫士，点击系统启动项，在里面找到 Iexplorer.exe，点禁止。病毒自己就不会打开了。

2. "涂鸦跳跃（Doodle Jump）"遭遇木马的植入

涂鸦跳跃（Doodle Jump）是一款富有趣味的技巧性游戏。作为一款简单的休闲游戏，从 2009 年发布以来，下载次数突破千万大关，受到手机用户的青睐。

然而，据安全管家移动云安全中心专家介绍，涂鸦跳跃已惨遭盗版，一些版本被植入了恶意推广广告的手机木马。安全管家拦截了多款手机恶推木马，这些木马瞄准了知名手机游戏软件和工具类应用。被盗版的涂鸦跳跃（Doodle Jump）手机游戏，同样感染了恶意推广类型的手机木马，被植入推广广告，私自联网下载推广软件，在通知栏弹出广告提示，点击即进入安装，造成用户资费的消耗。

知名软件已经成为手机病毒滋生的乐土。制造手机病毒的不法分子，在正常的软件中植入恶意代码，通过重新打包、上传，进行大肆传播，危害众多手机用户。目前，恶意推广广告的手机木马泛滥成灾，安全管家云检测功能已经对此类病毒进行了精准查杀，用户只需要及时更新手机病毒库，对手机进行一键体检及云查杀，即可对手机病毒进行彻底清理。

3. Android 手机面临窃听风暴：短信通话手机 QQ 均遭窃听

2012 年 7 月 19 日，金山手机安全中心捕获到一个新的 Android 手机窃听软件，分析后判断该软件危害严重，中毒手机的短信、通话记录以及 QQ 聊天记录均会被病毒发送到指定邮箱。据分析，该手机窃听软件病毒感染了数千部 Android 手机。

金山手机安全中心对这个病毒进行了详细分析，发现该病毒运行后会自动启动，当检测到手机短信或手机通话时，自动截取短信内容，调用系统录音软件，将通话录音保存在 SD 卡，通话完毕即通过病毒内置的邮箱账号发送到指定的邮箱。

意外的是，由于病毒作者偷懒，病毒用来发送窃听短信、录音和 QQ 聊天记录的邮箱被写死在病毒体内，病毒分析员轻易在病毒体内获得邮箱登录权限。登录后，惊人的发现该病毒已经收集了 2.5 万多条窃听来的记录。

图 7-5 是病毒记录了非常详细的通话记录，包括电话号码，联系人姓名信息。

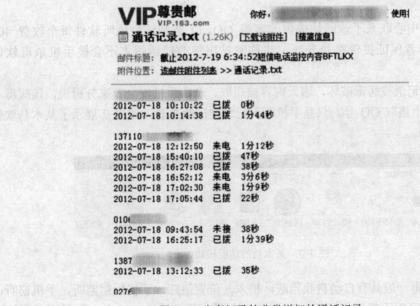

图 7-5　病毒记录的非常详细的通话记录

作者正在公开通过网站出售这个非法的手机监听软件，如图 7-6 所示。

图 7-6　病毒作者在自己的网站公开出售 Android 手机监听软件

金山手机安全中心联系了该网站提供的客服 QQ，了解到这种监听软件每个收费 400 元人民币，并且作者保证提供终身升级，声称网站出售的最新版本不会被手机杀毒软件查杀。

手机 QQ 聊天记录被病毒破坏，聊天内容被窃取。金山手机安全专家分析说，该病毒不能在 Android 手机上盗取 QQ 号，只是手机聊天记录被破解查看。图 7-7 展示了某木马软件的功能模块。

图 7-7　某木马的功能模块

可见，木马病毒一般具有自动自我隐蔽，植入，位置追踪，手机短信监听，手机窃听，获取手机通信录，窃听手机周围环境，遥控拨打电话，遥控关机，搜索主机漏洞，文件窃取，获取账号密码，网络钓鱼等十分危险的功能。

4. 2013 年上半年 2102 万部智能手机感染病毒

据网秦"云安全"监测平台统计，2013 年上半年查杀到手机恶意软件 51084 款，同比 2012 年上半年增长 189%；2013 年上半年感染手机 2102 万部，同比 2012 年上半年增长 63.8%。

2013 年上半年 3 月份和 6 月份数据增长较快，6 月份查杀 9619 款恶意软件，居上半年首位。2013 年上半年单月相对于 2012 年同期有较大增长，尤其以第一季度前 3 个月的恶意软件数据增长幅度最为明显，3 月份查杀 9119 款，同比 2012 年 3 月份增长 336.5%，2013 年与 2012 年上半年恶意软件数量对比如图 7-8 所示。

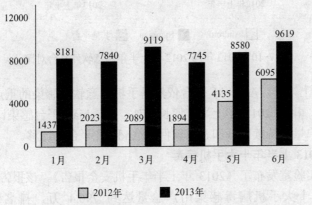

图 7-8　2013 年与 2012 年上半年恶意软件数量对比

感染量数据方面，2013 年上半年手机恶意软件感染设备数量相较于 2012 年上半年整体有所增长，其中 2013 年 6 月份增长最为迅速，同比 2012 年 6 月份增长 80%。

手机恶意软件感染设备数量按地域分布，如图 7-9 所示，在全球范围内，中国以 31.71% 的感染比例位居首位，俄罗斯（17.15%）、印度（10.38%）、美国（6.53%）位居其后，其中中国增幅最快，相比 2013 年第一季度增长 5.31%，比 2012 年上半年增长 6.01%。

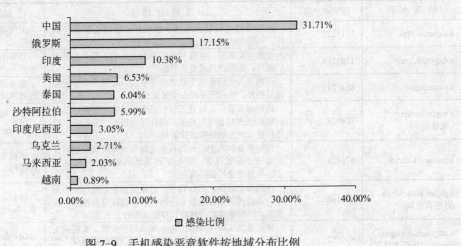

图 7-9　手机感染恶意软件按地域分布比例

在国内，恶意软件感染比例方面，广东省、江苏省、北京市、四川省、福建省排名全国前五。

手机恶意软件感染设备数量按平台分布统计，2013 年与 2012 年上半年恶意软件感染平台对比如图 7-10 所示。

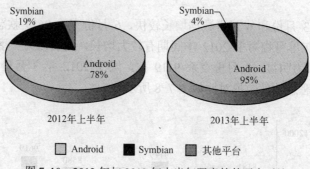

图 7-10 2013 年与 2012 年上半年恶意软件平台对比

可见，2013 年上半年，Android 平台依然是手机恶意软件感染的重点平台，Android 平台感染比例为 95%，相比 2012 年上半年增长 17%。Symbian 平台感染比例有所下降，主要原因是 Symbian 用户量的持续降低和恶意软件向 Android 平台的迁移。

5. 腾讯曝光 2013 上半年十大手机病毒

腾讯移动安全实验室发布了《2013 年上半年手机安全报告》。该报告显示，2013 年上半年感染用户最多的十大手机病毒感染用户总量达到 796.4 万。排名前三的手机木马为 a.expense.dpn、a.expense.lunar、a.expense.cc，均为资费消耗类型木马病毒。

其中，感染用户最多的手机病毒 a.expense.dpn 感染用户达到 161.3 万，该病毒被恶意打包党植入天气通和三国大富翁等知名 APP 当中，一旦启动会私自联网下载软件，静默安装推广软件，给用户造成资费消耗。关于十大手机病毒名称、病毒特征描述、用户被感染的数量及应用软件如表 7-1 所示。

表 7-1 2013 年感染用户最多的十大手机病毒

病毒名称	感染用户数	病毒描述	感染知名 APP
a.expense.dpn	1613227	该病毒启动后私自联网下载软件，静默安装推广软件，可能会给您的手机安全造成威胁	天气通、三国大富翁等软件
a.expense.lunar	1101719	该病毒安装后，申请 ROOT 权限，私自下载和安装推广软件，给用户造成资费消耗	万年历、任务管理器等软件
a.expense.cc	884224	该病毒开机后私自下载软件并安装，可能造成一定的流量消耗，给用户手机安全带来威胁	安卓应用、易购、绿豆神器等软件
a.rogue.centero（鬼推墙）	704928	该病毒安装后，可通过后台启动恶意监控服务，私自占用第三方知名应用界面，强行显示推广广告信息，给用户造成严重的资费流量消耗	人人网、天涯社区、YouTube 等软件
a.privacy.kituri.a	676124	该病毒安装后于后台私自发送短信，开机自启动后会启动一个定时任务，上传用户隐私信息到指定服务器上，并且恶意拦截回执短信	手阅宝库、幸运上上签等软件
a.rogue.kuaidian360.[推荐密贼]	660106	该病毒安装后，后台启动恶意监控服务，执行云端指令，私自占用第三方知名应用界面，强行显示推广广告信息，严重影响用户体验和存在流氓行为	微信、微博、百度搜索、hao123 导航等软件
a.payment.fakegooglemap.[伪谷歌地图]	639882	该病毒伪装成 Google Map 骗取用户安装，安装后无图标，会在后台发送短信、拦截短信，读取通讯录，给用户的手机安全和隐私造成一定的威胁	Google Maps、System Service 等软件

病毒名称	感染用户数	病毒描述	感染知名 APP
a.remote.i22hk	583672	该病毒一旦激活便自动后台上传 IMEI、IMSI 等信息并获取云端指令控制用户手机，屏蔽指定号码发送的短信，同时会修改浏览器书签以及联网下载未知程序，对用户手机安全造成严重威胁	携程无线、VANCL、开心网等软件
a.privacy.fakeNetworkSupport [伪网络组件]	575877	该病毒伪装成 Android 系统网络组件骗取用户安装，安装后无图标，启动后会私自读取、删除、拦截手机短信信息，并私自下载软件等，给用户的手机安全造成一定的威胁	Android 系统补丁、Android_Network_Support 等软件
a.payment.kituri [隐私飓风]	524606	该病毒安装后于后台私自发送短信，开机自启动后会启动一个定时任务，上传用户隐私信息到指定服务器，并恶意拦截回执短信	游戏宝库、魔兽大富翁等软件

数据来源：腾讯移动安全试验室

从表 7-1 可见，系统必备软件、手机游戏、旅游购物、社交电商类软件成为被感染排名前 10 的用户手机病毒，如万年历、易购、携程无线、文件管理器、微博、YouTube 等软件以及国内知名的一、二线手机购物、支付、电商类 APP 已经成为重点感染对象，不少知名的支付类软件被大肆二次打包，加入了病毒和广告插件。

6．2013 年度十大手机安全威胁

手机用户面临的黑客攻击也愈演愈烈。由于手机直接关联着话费、短信、通讯录等用户财产和私密信息，手机"中招"后果相比 PC 也更加严重。根据黑客攻击的影响范围和危害程度，360 手机卫士发布《2013 年度十大手机安全威胁榜》，全面盘点伪基站、恶意二维码、安卓木马、GSM 短信漏洞等新兴威胁，警示网民提升移动上网安全意识，注意防范潜伏在身边的手机安全威胁。

（1）伪基站泛滥

2013 年，一种名为伪基站的强发垃圾短信和诈骗短信的攻击方式泛滥。不法分子将其放入车中，在人群密集区自动搜索附近手机卡信息，发送广告或诈骗短信，甚至冒充银行号码诱骗中招者访问虚假网银，盗刷银行账户资金。针对伪基站攻击，360 手机卫士等安全软件也已推出拦截功能。保守估计，今年国内由伪基站发出的短信达到上百亿条规模。

（2）安卓"签名"漏洞存隐患

安卓平台的开放性，决定了手机下载会像 PC 一样危机四伏，一些不良的应用市场尤其成为手机木马重灾区。特别是在 2013 年以来，安卓连续曝出三个高危级别的系统"签名"漏洞，黑客可在不破坏数字签名的情况下，将木马植入正常应用，从而混入应用市场进行传播，实现偷账号、窃隐私、窃听、打电话或发短信等多种恶意行为。对此，安卓用户除了注意定期对手机进行安全检测以外，更要加强安全下载意识。

（3）手机木马瞄准短信验证码

2013 年，短信拦截和窃取类手机木马迅速泛滥。此类木马运行后会监视受害者短信，将银行、支付平台等发来的短信拦截掉然后转发到黑客手中。黑客利用此类木马配合受害者身份信息，可重置受害者支付账户。

最典型的是名为"隐身大盗"的安卓木马家族。此类木马运行后会监视受害者短信，将银行、支付平台等发来的短信拦截掉然后联网上传或转发到黑客手中。黑客利用此木马配合受害者身份信息，可重置受害者支付账户，国内已出现多起"隐身大盗"侵害案例，有受害者损失高达十余万元。

目前有网站以 1000 元的价格公开售卖短信拦截类木马，智能手机用户应安装手机安全软件并保持更新，以防手机安装应用时不慎感染木马。

（4）二维码成手机木马入侵通道

随着安卓智能手机普及，恶意二维码成为黑客定向发送手机木马的途径。据 360 网购先赔用户反馈，不法分子往往针对网店卖家，以"购物清单"等名义发送恶意二维码。卖家扫描后会下载手机木马，一旦安装就导致手机号、短信等信息泄露，甚至危及网银和支付账户资金，安卓用户应予以警惕。

（5）热门电视节目遭利用

2013 年，以某著名电视娱乐节目名义发送的虚假中奖短信泛滥，根据 360 手机卫士数据，每天由用户举报的此类中奖诈骗短信高达上万条。除了使用手机卫士拦截诈骗短信以外，用户还应提升安全意识。

（6）山寨手机预装木马暗中吸费

手机预装木马相比普通木马更加顽固，而且还会破坏手机安全软件。新买的手机没用多久，话费很快就被扣光了，这可能买到的是预装吸费木马的手机，这种现象在一些山寨机和水货手机中并不少见，其中有些是山寨厂商自己预装了手机木马，有些则是经过经销商二次刷机或"白卡"解锁的手机被刷入固件木马。

手机预装木马相比普通木马更加顽固，而且还会破坏手机安全软件。消费者如遇到手机"先天带毒"情况，可使用 360 手机卫士有效查杀固件木马，必要时也可以考虑重新刷一套纯净 ROM。

（7）"挂马"漏洞

只要点一下链接，手机就会被他人控制发短信或安装恶意应用。2013 年 9 月，安卓系统 WebView 开发接口引发的挂马漏洞曝光，国内大批热门应用和手机浏览器被感染。黑客通过受漏洞影响的应用或短信、聊天消息发送一个网址，安卓手机用户一旦点击网址，手机就会自动执行黑客指令，出现被安装恶意扣费软件、向好友发送欺诈短信、通讯录和短信被窃取等严重后果。

目前该漏洞已被各大应用升级修补，智能手机打补丁也将成为惯例。

（8）木马热首选门应用

在 2013 年，木马将热门应用作为"寄主"的情况非常普遍。铁路 12306 手机客户端刚刚推出，大量山寨版就在网上涌现，打着查询、抢火车票旗号传播手机木马。因此要求用户要从官方渠道或安全市场下载应用，切莫轻信手机搜索上的推广链接。

（9）GSM 漏洞使短信被黑客监听

通信层面的安全漏洞造成的威胁往往是最难以防范的。2013 年，360 安全中心首家发布红色警报，由于国内运营商对部分地区的 GSM 制式的数据通信没有加密，黑客可以监听自己所在基站覆盖范围内所有 GSM 制式手机（移动、联通的 2G 用户）的通信内容。一旦手机短信内容被黑客获取，手机号码所绑定的网上支付、电子邮箱、聊天账号等重要账户将全部面临被盗风险。

因此，GSM 手机用户收到各种短信验证内容时应提高警惕，一旦发现不是由自己发起的网上支付或"找回密码"短信，应立即联系银行和支付平台客服求助。此外，网民应注意对个人信息严格保密，以免身份证号等重要信息泄露。

（10）苹果 iOS 系统漏洞

即便是封闭的苹果 iOS 系统，也可能因为漏洞攻击而变得脆弱。2013 年 8 月，短短一条阿拉伯语字符串在网上走红，只要通过短信、微信消息、朋友圈、微博等方式把字符串发送给 iPhone 手机用户，就会造成对方应用程序闪退，甚至于崩溃。

iOS 上的漏洞数量并不亚于 Android、Windows Phone 等其他系统，其中不少漏洞可以利用远程攻击，iOS 漏洞价值在国外黑客交易市场也居高不下，吸引了更多黑客注意力。而对于 iPhone 用户来说，及时更新系统，谨慎点击可疑消息是防范威胁最好的办法。

7.3 移动互联网安全分析

移动互联网本质上是以移动通信和互联网的融合为技术基础，旨在满足人们在任何时候、任何地点、以任何方式获取并处理信息的一种新兴技术。随着 3G 网络的大规模建设及智能终端的迅速普及，移动互联网技术迅猛发展、业务种类层出不穷、用户规模不断扩大，对政治、经济、文化发展的影响力逐步扩大，移动互联网的安全问题也对维护国家安全、稳定社会秩序、保护公民权利带来新的挑战。

移动互联网安全问题所带来的危害主要有经济类危害（盗打电话，如声讯电话、恶意订购 SP 业务、群发彩信、银行账号和密码等），信用类危害（通过发送恶意信息、不良信息、诈骗信息给他人等），信息类危害（个人隐私信息丢失、泄露：如通信录、本地文件、短信、窃听、通话记录、上网记录、位置信息、日程安排、各种网络账号）和设备类危害（移动终端死机、运行慢、功能失效、通信录被破坏、删除重要文件、格式化系统、频繁自动重启等）等。这些问题必将给参与移动互联网的各方造成损失：对于用户而言，不仅将面临经济上的损失，还将面临隐私泄露和通信方面的障碍；对于运营商而言，这些威胁不仅会让他们的业务运营成本增加，还将大大降低他们在用户心目中的好感度；对于终端厂商而言，售后服务成本增加。

7.3.1 移动互联网的复杂产业链

我国移动互联网发展迅猛，用户规模不断扩大，业务应用种类繁多。移动互联网不仅融合了互联网和移动通信网技术，而且衍生出新的产业链条、业务形态和商业模式。许多传统通信企业、互联网企业、消费电子制造业等企业纷纷结合自身优势，积极向移动互联网领域渗透。在业务应用层面，如 APP Store、社交网站、搜索引擎等应用规模不断壮大，微博客、手机地图等新型移动互联网业务层出不穷；基于不同操作系统的智能终端更是百花齐放、百家齐鸣，移动智能终端使用开放式操作系统，可与 PC 一样安装和卸载第三方应用软件，目前主流产品有苹果公司的 iPhone、iPad、iPod Touch，RIM 公司的黑莓，Google 公司的 Nexus One，诺基亚 Symbian 手机等。可见，移动互联网从诞生到现在，才几年时间，就形成了非常复杂的产业链，如图 7-11 所示。

如上图所示，移动互联网产业链非常复杂，从用户的角度，可以将其分为三个层次，即移动互联网终端、移动互联网软件和移动互联网业务应用；而从移动互联网产业主体的角度，可分为另外三个层次，即运营商、移动终端企业、移动应用企业。

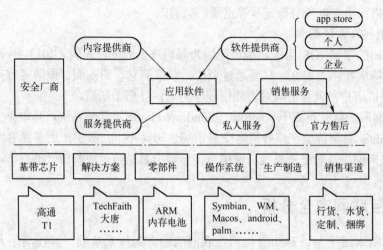

图 7-11　移动互联网复杂的产业链

1．从用户角度分层

（1）移动互联网终端

移动终端层主要由部件（包括芯片、面板、外围部件、设计平台等）和整机（智能手机、平板电脑、PDA）两大部分构成。在移动互联网时代，终端多样化成为移动互联网发展的一个重要趋势，各厂商纷纷推出新型移动终端。在终端多样化的同时，移动终端的功能也日益增强。强大的硬件能力使得移动终端不再是简单的沟通工具，而是便携的随时在线的一体化个人信息处理终端。

（2）移动互联网软件层

移动互联网软件层主要包括：智能终端操作系统、移动数据库、移动安全软件、移动中间件。随着终端功能的日趋强大，和硬件交互的操作系统是重中之重。而各厂家定制化的UI（用户界面）成了中间件的重要组成。随着个人隐私保护和数据安全需求的发展，未来信息安全将更加重要。而随着移动办公的需求，移动数据库的未来值得期待。

（3）移动应用层

移动应用层按类别分可以分为语音增值类、效率/工具类、应用分发类、生活/休闲类、位置服务类和商务财经类共六大类业务。

从现阶段的应用体系可以看到，移动 IM、手机浏览器等应用已经取得了较好的发展，但是移动互联网的一些特色应用，如手机阅读、位置服务、手机电视等仍然由于产业链合作等原因尚未尽如人意。由于在许多应用市场上，缺乏有效持续的盈利模式，导致流量的增长与收入增长速度严重不匹配，"增量不增收"现象比较严重。

2．从移动互联网产业主体角度分层

（1）运营商

在移动互联网时代，中国传统电信运营商将面临各种困局：网络压力不断加大，客户能力明显欠缺，流量费用成为众矢之的。

为了寻求业务上的突破和发展，电信运营商都把移动互联网作为最重要的发展方向之一，中国电信运营商拥有巨大的用户与业务信息资源，掌握着精确的用户信息和大量业务信息。智能管道的提供者，平台运营的主导者以及新型业务的提供者将成为移动互联网时代中国电信运营商的转型目标。

（2）移动终端企业

在移动互联网时代，终端企业主要通过推广操作系统、服务入口及应用商店做大产业链，目的是终端销售。终端企业主要靠销售终端盈利，或从应用商店获取软件销售分成。

中国本土终端厂商在芯片、操作系统、元器件等产业链上游或核心环节自主研发能力较为薄弱，同时，山寨品牌的低成本竞争模式阻碍产业的良性发展。

未来几年，终端厂商的发展趋势主要有三个：一是继续抢占操作系统制高点；二是进一步增强终端的功能；三是不断加强与内容和服务环节的合作，以优质和独特的内容吸引用户。

（3）移动应用企业

中国互联网应用加速向移动互联网领域迁移，移动通信互联网化趋势明显。业务种类融合化、泛在化成为中国移动互联网应用发展的主要特征。

近几年，中国移动互联网实现了高速发展，应用创新非常活跃，应用商店呈现爆发式增长，2011 年应用增速居全球第一位，成全球第二大应用市场。

在移动互联网的产业链中的任何一个环节出了安全问题，都可能导致严重的后果，产业链越复杂，其安全问题也就越复杂。

7.3.2 移动互联网的安全特性

1. 移动互联网给安全监管和用户隐私保护带来新的安全隐患

移动互联网与传统互联网有着不同的安全特性，二者的对比如图 7-12 所示。

	传统互联网安全	移动互联网安全
安全漏洞	传统计算机操作系统、应用程序都存在漏洞、网络设备也如此。	移动互联网的网络设备和智能手机面临同样困境，如IKEE.B是利用iPhone越狱后的sshd弱口令传播的蠕虫
恶意代码	大量的蠕虫、病毒、木门、僵尸网络程序泛滥	针对各种智能手机的病毒已经突破2000多种、并呈现激增趋势。
DDOS攻击	传统互联网僵尸网络发动的DDOS攻击防不胜防	移动互联网也出现相应的手机僵尸肉鸡，如BotSMS.A利用控制手机肉鸡发送大量的垃圾短信
钓鱼欺诈	钓鱼网站+网络木马轮番上阵，窃取网银、网游账户牟利	通过短信/彩信欺骗用户安装软件来实现恶意订购，如21CNread.A诱导用户下载欺诈软件从而订购21世纪手机报
垃圾信息	垃圾邮件常年泛滥，已经成为互联网的生态现象	垃圾短信方兴未艾，感染病毒的手机成为批量发送垃圾短信、彩信的新平台
信息窃取	大量木马在从事窃取个人隐私、敏感数据甚至国家秘密的工作	手机病毒不仅可以让手机成为窃听器，可将通话记录、短信内容、记事本内容全部偷走，效果更显著
恶意扣费	尚难以直接从终端计算机上扣费	手机天然带计费，传播会被扣费，上网也被扣费、恶意订购也被扣费，因此备受地下经济关注

图 7-12　移动互联网与传统互联网的安全性比较

由于移动互联网的终端与传统互联网的终端各异，从而导致了其在安全特性上的差异，例如，智能手机的窃听，恶意扣费等，是在移动互联网上才新出现的安全隐患，而在传统互联网上却很少涉及。移动智能终端存在的安全隐患如图 7-13 所示。

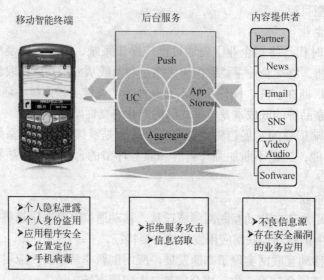

图 7-13　移动智能终端存在的安全隐患

2. 用户行为难以溯源

相比传统互联网，移动互联网增加了无线空口接入，并将大量移动电信设备如 WAP 网关、IMS 设备等引入 IP 承载网，给互联网产生了新的安全威胁，其中网络攻击、失窃密等问题将更为突出。例如，通过破解空口接入协议非法访问网络，对空口传递信息进行监听和盗取等。与传统互联网不同，移动互联网中部分移动上网日志留存信息的缺失，使得侦查部门只能追溯到某一对应多个私网用户的公网 IP 地址，而无法精确溯源、落地查人，给不法分子提供了可乘之机。加之手机实名制尚未在我国普遍推广，使得目前移动互联网成为不法分子实施网络犯罪的主要途径之一。

3. 移动终端智能化给用户隐私保护带来新挑战

移动智能终端打破了传统手机应用的封闭性，其不仅具有与 PC 相当的强大功能和业务能力，而且记录并存储了大量用户隐私数据。同时，移动智能终端安全防护能力较弱及主流产品由国外企业掌控的现状，给我国移动互联网用户的个人隐私带来了潜在安全风险，也对国家信息安全监管工作造成极大威胁，主要体现在：移动智能终端操作系统逐步 PC 化，扩展性增强，部分功能给用户信息保护带来安全隐患。如某些国外厂商开发的操作系统可为用户提供数据同步上传及位置定位等功能。其中，同步上传功能可将用户手机中的通信录、邮件、日程表、即时通信内容等信息通过手机上网实时上传到国外服务器上，使用户可随时随地通过互联网查询已上传的信息。而该功能对于中国用户而言，将会是弊大于利：首先，用户个人信息被同步到国外服务器上，存在被泄露和被滥用等问题；其次，国外企业可通过存储在服务器上海量的中国用户数据，分析并获知我国的社情民意、社会热点、舆论动向和用户社交关系等信息，对我国家安全构成威胁。除同步上传功能外，国外生产商还可通过移动智能终端的定位功能将用户锁定在数十米范围内，从而对我国用户尤其是重要用户的行踪了如指掌。

4．移动智能终端采用加密技术，给国家信息安全监管带来极大挑战

目前，部分移动智能终端采用了应用层加密技术，如 RIM 公司的黑莓手机，采用非公开加密算法对数据进行加密后传输，其保密系数不低于银行数据系统。该手机的加密功能给恐怖分子以可乘之机，如 2008 年印度孟买恐怖袭击事件中，恐怖分子正是利用黑莓手机的加密功能逃避了印度政府监管。除此以外，部分移动智能终端甚至可内嵌 VPN 和 SSH 隧道实施加密传输，这也将为违法有害信息如淫秽色情等信息提供更为隐蔽安全的传播渠道，使其逃避监管，破坏互联网社会的和谐健康。

5．移动互联网业务挑战传统互联网监管模式

移动互联网使"always on"成为现实，网民发布和获取信息将更加隐秘快捷；网上信息传播的无中心化和交互性特点更加突出，手机网民"人人都是信息源"，管理的难度和复杂性前所未有；而现有传统互联网的监管技术手段难以覆盖移动互联网，缺乏针对移动互联网的有效管控平台。以上这些特点，将会使移动互联网管理在很长一段时间内"机遇与挑战"并存。

6．移动互联网终端安全威胁的传播方式多样

移动互联网的接入方式多种多样，引入了 IP 互联网的所有安全威胁，移动互联网终端安全威胁的传播方式包括以下几种。

网络下载传播：是目前最主要的传播方式；

蓝牙（Bluetooth）传播：蓝牙也是恶意软件的主要传播手段，如恶意软件 Carbir；

USB 传播：部分智能移动终端支持 USB 接口，用于 PC 与移动终端间的数据共享，恶意软件可以通过这种途径入侵移动终端；

闪存卡传播：闪存卡被用来传播恶意软件，进而感染用户的个人计算机，如 CardTrap；

彩信（MMS）传播：恶意软件通过彩信附件形式进行传播，如 Commwarrior；

通过破解空中接口接入协议非法访问网络，对空中接口传递信息进行监听和盗取；

接入带宽的提升加剧了有效资源的恶意利用威胁，大量恶意软件程序发起拒绝服务攻击会占用移动网络资源，如果恶意软件感染移动终端后，强制移动终端不断地向所在通信网络发送垃圾信息，这样势必导致通信网络信息堵塞。

7.3.3　国内外移动互联网安全状况

2012 年 7 月 25 日，网秦在官方网站公布了一份《2012 年上半年全球手机安全报告》，里面有来自云安全的全球手机安全数据、全球手机安全现状和全球手机安全趋势预测，由于数据暴露了全球不同国家和中国重点城市的"手机百态"，反映真实生活现状，上线当天，就有近万点击。

1．国内与国外的不同安全形式

中国地区窃听软件在手机表现很猖獗，如在 2012 年 4 月，网秦"云安全"监测平台曾再度截获 X 卧底的最新变种，依然可以访问、购买。这是一个典型的手机窃听软件，至今累计感染手机近 100 万部，受骗用户安装后，黑客就在通话时能随意听取通话内容。

而在海外，例如俄罗斯和中东地区，间谍软件横行。它可以盯准用户的位置，如 2012 年，网秦"云安全"数据显示，上半年超过 43%的恶意软件能通过 GPS 或连接地图 API 实现对手机的跟踪和定位。

2．全球恶意软件的分布状况

网秦"云安全"监测平台统计，2013 年上半年共查杀到手机恶意软件 51084 款，同比增长 189%，感染手机 2102 万部，同比增长了 63.8%。其中，2013 年 6 月份时手机恶意软件的增长情况最快，单月查杀数量就达到了 9619 款。

从地域分布角度，2013 年，在全球范围内，中国以 31.71%的手机恶意软件感染比例位居首位，俄罗斯（17.15%）、印度（10.38%）、美国（6.53%）位居其后。而在国内，广东、江苏、北京、四川和福建排名全国前五。

网秦首席安全官严挺表示，之所以中国的恶意手机软件感染情况最为严重，一个重要原因是国内手机用户刷机情况较为普遍，而这种行为在国外是受到严格限制的。据他介绍，在 2012 年，国内 iOS 系统的越狱率为 42%，而安卓系统 4000 元以下的手机更是有着 80%的刷机率。

3．4G 时代下的移动互联网安全问题

在 3G 时代，信息泄露问题就已经成为最受关注的问题之一。而在 4G 牌照的发放之后，移动互联市场依旧处于"粗放型"发展期，安全隐患愈加突出，4G 网络让移动互联网进一步提速，基于移动互联网的云计算、物联网和移动应用发展又将迎来一个新高潮，运营商面临的信息安全问题势必更加复杂：①应用数量越来越膨大，功能越来越丰富，如何管理海量的应用并确保其安全性成为挑战；②承载的数据量及敏感数据将进一步增多，如何确保客户隐私和数据安全亦成为挑战；③集团客户应用占比将越来越大，如何确保集团客户的网络及数据安全将成为运营商确保竞争优势的关键要素；④终端形态及设备功能越来越多样化，如何对终端进行有效甄别并建立对应的安全策略将成为挑战；⑤配合国家网络信息安全管理需要，面临如何建立基于用户身份可溯源安全体系的挑战。

7.4 移动互联网的安全策略

移动互联网安全体系框架如图 7-14 所示。由图可知，移动互联网的安全策略同传统互

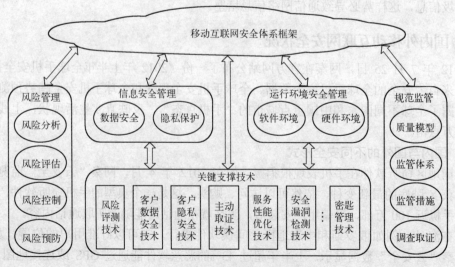

图 7-14　移动互联网安全体系框架

联网一样，都需要从两个方面来建设：一是从安全管理体系的入手，二是从安全管理技术角度入手。安全管理体系的建设是从政策、法律、质量模型、监管体系、监管措施的角度，将整个移动互联网的安全问题在组织上、策略上、制度上明确下来，以便对破坏移动互联网安全的人或组织实施有效的监管和打击；而安全管理技术则是从技术上实现对移动互联网运行状况以及安全现状的监管，对影响移动互联网安全事件进行有针对性的应对和补救。如果将安全管理技术角度比作治"标"的话，那么安全管理体系则是治"本"，要使移动互联网实现相对的安全，必须要"标本兼治"才能达到应有的效果。

7.4.1 安全管理体系

在移动互联网时代，移动智能终端不仅具有与 PC 相当的强大功能，而且记录存储了大量用户隐私数据。目前移动智能终端安全防护能力较弱，其主流产品由国外企业掌控，我国用户个人隐私和国家信息安全监管面临潜在风险。

要进一步加强对移动互联网时代信息安全保护，可以借鉴发达国家的成功经验，构筑从法律法规到市场机制的双轨并进保护机制。针对移动互联网技术发展和业务管理，要尽快制定相应的法律法规和技术规范，如出台手机实名制立法、个人信息保护法、建立移动互联网络安全防护制度、制定移动上网日志留存规范等。针对移动互联网时代的语音应用和服务，要设立准入机制，实行牌照制，规范通过云计算方式提供语音服务的商业化运营资格。应针对移动互联网新技术、新业务建立网络与信息安全评估机制，使安全隐患在业务推广普及前得到及时有效的解决。图 7-15 是我国移动互联网安全的现状。

图 7-15 我国移动互联网安全现状

近年来，我国已制定了关于移动互联网的相关法律法规，这些法律法规包括：

1.《通信网络安全防护监督管理办法征求意见稿》

2009 年年底，工信部公布了《通信网络安全防护监督管理办法征求意见稿》，其目的是为加强对通信网络安全的管理，提高通信网络安全防护能力，保障通信网络安全畅通，防止通信网络阻塞、中断、瘫痪或被非法控制等，以及通信网络中传输、存储、处理的数据信息丢失、泄露或被非法篡改等。此《意见稿》适用于我国境内的电信业务经营者和互联网域名服务提供者管理和运行的公用通信网和互联网的网络安全防护工作。

此《意见稿》是为建设一个全国通信网络安全防护工作的统一指导、协调、监督和检查，建立健全通信网络安全防护体系而制订的通信网络安全防护标准。

2.《移动互联网恶意代码描述规范》

2011 年 6 月 9 日，中国互联网协会反网络病毒联盟发布了我国首个关于手机病毒命名及描述的技术规范——《移动互联网恶意代码描述规范》。

移动互联网的迅速发展，加速了恶意代码在移动智能终端上的传播与增长。这些恶意代码往往被用于窃取用户个人隐私信息，非法订购各类增值业务，造成用户直接经济损失。移动互联网恶意代码直接关系我国移动互联网产业的健康发展和广大手机用户的切身利益。目前各移动运营企业、网络安全组织、安全厂商、研究机构对移动互联网恶意代码命名规范、描述格式各不相同，导致无法共享除恶意代码样本以外的重要细节信息，成为恶意代码信息交流的自然屏障。为了加强移动互联网恶意代码信息共享，规范移动互联网恶意代码的认定，增进社会对恶意代码的辨识度，需要统一规范移动互联网恶意代码的认定标准、命名规则和描述格式。本规范定义了移动互联网恶意代码样本的描述方法以解决上述问题。

3.《移动智能终端管理办法》

2011 年 10 月 26 日上午，国务院新闻办就 2011 年三季度全国工业通信业运行形势等情况举行新闻发布会。工业和信息化部通信发展司副司长陈家春在回答记者关于移动智能终端的问题时表示，面对移动智能终端的安全问题日益突出的问题，工信部正会同有关部门制订《移动智能终端管理办法》，完善移动智能终端的个人信息安全管理，切实保护消费者权益。

陈家春指出，伴随着移动互联网和移动智能终端的快速普及，在带给用户丰富多彩应用的同时，移动互联网或者移动智能终端的安全问题也日益突出。互联网上原有恶意程序的传播、远程控制、网络攻击等传统互联网安全威胁正在向移动互联网快速蔓延，同时由于移动互联网终端业务与个人用户利益密切相关，恶意吸费、信息窃取、诱骗欺诈等恶意行为的影响和危害更加突出。

陈家春表示，工信部已对此开展了以下四方面工作：一是修订进网检测技术要求，采取定期的拨测手段来加强个人信息的保护。二是开展移动互联网恶意程序的治理工作，研究制定移动互联网恶意程序检测处置机制，制定恶意程序认定和命名的标准，指导各省通信管理局和移动通信运营企业开展恶意程序的监测处置试点工作。三是会同有关部门制订《移动智能终端管理办法》，完善移动智能终端的个人信息安全管理，切实保护消费者权益。四是加强宣传工作，提高用户网络安全防范意识，鼓励手机安全产业发展。

4.《移动互联网恶意程序监测与处置机制》

2011 年 12 月 9 日，工信部印发了《移动互联网恶意程序监测与处置机制》，这是工信部首次出台移动互联网网络安全管理方面的规范性文件。本《机制》于 2012 年 1 月 1 日起执行。

《机制》适用于移动互联网恶意程序及其控制服务器、传播服务器的监测和处置。《机制》规定，依据《移动互联网恶意程序描述格式》行业标准开展移动互联网恶意程序的认定和命名工作，由各单位对恶意程序样本进行初步分析，并将信息汇总到 CNCERT，由 CNCERT 统一认定和命名。移动通信运营企业负责本企业网内恶意程序的样本捕获、监测处置和事件通报，CNCERT 负责恶意程序跨网监测、汇总通报和验证企业处置结果。

移动互联网恶意程序是指运行在包括智能手机在内的具有移动通信功能的移动终端上，存在窃听用户电话、窃取用户信息、破坏用户数据、擅自使用付费业务、发送垃圾信息、推送广告或欺诈信息、影响移动终端运行、危害互联网网络安全等恶意行为的计算机程序。移动互联网恶意程序的内涵比手机病毒广得多，如手机吸费软件不属于手机病毒，但属于移动互联网恶意程序。

5.《信息安全技术公共及商用服务信息系统个人信息保护指南》

2012 年 4 月 12 日，中国工业和信息化部正式宣布，《信息安全技术公共及商用服务信息系统个人信息保护指南》已编制完成，现已作为指导性技术文件通过全国信息安全标准化技术委员会主任办公会审议，正按照国家标准审批程序上报国家标准化管理委员会批准。

这项标准明确要求，处理个人信息应当具有特定、明确和合理的目的，应当在个人信息主体知情的情况下获得个人信息主体的同意，应当在达成个人信息使用目的之后删除个人信息。

这项标准最显著的特点是将个人信息分为个人一般信息和个人敏感信息，并提出了默许同意和明示同意的概念。对于个人一般信息的处理可以建立在默许同意的基础上，只要个人信息主体没有明确表示反对，便可收集和利用。但对于个人敏感信息，则需要建立在明示同意的基础上，在收集和利用之前，必须首先获得个人信息主体明确的授权。

这项标准还正式提出了处理个人信息时应当遵循的八项基本原则，即目的明确、最少够用、公开告知、个人同意、质量保证、安全保障、诚信履行和责任明确，划分了收集、加工、转移、删除四个环节，并针对每一个环节提出了落实八项基本原则的具体要求。

据介绍，这项标准由全国信息安全标准化技术委员会提出并归口组织，中国软件测评中心等 30 多家单位参与编制。

工信部有关负责人表示，作为国家标准，这项标准的出台，可以进一步促进公民对个人信息保护的自觉，增进共识，为个人信息保护立法积累经验，可以在一定程度上规范个人信息的处理行为，构建政府引导下的行业自律机制和模式。除政府机关等行使公共管理职责的机构以外的各类组织和机构，在利用信息系统处理个人信息过程中的个人信息保护都适用这个标准。

6. 中国互联网违法和不良信息举报中心

该中心针对的是互联网违法问题，其中也包括了移动互联网的各种违法犯罪的举报并移交相应司法部门处理的案件。中国互联网违法和不良信息举报中心如图 7-16 所示，网址：http://net.china.com.cn/。

图 7-16　中国互联网违法和不良信息举报中心

中国互联网违法和不良信息举报中心的职责包括：

1）接受公众对互联网违法和不良信息的举报；

2）推动和组织互联网信息服务行业的自律；

3）开展互联网新闻信息服务行业的交流与合作，以及自我教育活动；

4）开展互联网法制和道德建设的公共教育活动；

5）开展国际交流与合作；

6）履行互联网新闻信息服务工作委员会秘书处职能。

7. 网络安全评估标准

安全评估利用大量安全性行业经验和漏洞扫描的最先进技术，从内部和外部两个角度，对系统进行全面的评估。下面列举的这些标准虽然是互联网的安全评估标准，但同样可以在移动互联网中借鉴使用。

（1）TCSEC

TCSEC 标准是计算机系统安全评估的第一个正式标准，具有划时代的意义。该准则于1970 年由美国国防科学委员会提出，并于 1985 年 12 月由美国国防部公布。

TCSEC 安全要求由策略（Policy）、保障（Assuerance）类和可追究性（Accountability）类构成。TCSEC 将计算机系统按照安全要求由低到高分为四个等级。四个等级包括 D、C、B 和 A，每个等级下面又分为七个级别：D1、C1、C2、B1、B2、B3 和 A1 七个类别，每一级别要求涵盖安全策略、责任、保证、文档四个方面。TCSEC 安全概念仅仅涉及防护，而缺乏对安全功能检查和如何应对安全漏洞方面问题的研究和探讨，因此 TCSEC 有很大的局限性。它运用的主要安全策略是访问控制机制。

（2）ITSEC

ITSEC 在 1990 年由德国信息安全局发起，该标准的制定，有利于欧洲共同体标准一体化，也有利于各国在评估结果上的互认。该标准在 TCSEC 的基础上，首次提出了信息安全 CIA 概念（保密性、完整性、可用性）。ITSEC 的安全功能要求从 F1～F10 共分为 10 级，其中 1～5 级分别与 TCSEC 的 D-A 对应，6～10 级的定义为，F6：数据和程序的完整性；F7：系统可用性；F8：数据通信完整性；F9：数据通信保密性；F10：包括机密性和完整性。

（3）CC

CC 标准是由美国发起的，英国、法国、德国等国共同参与制定的，是当前信息系统安全认证方面最权威的标准。CC 由三部分组成：见解和一般模型、安全功能要求和安全保证要求。CC 提出了从低到高的七个安全保证等级，从 EAL1 到 EAL7。该标准主要保护信息的保密性、完整性和可用性三大特性。评估对象包括信息技术产品或系统，不论其实现方式是硬件、固件还是软件。

7.4.2 安全管理技术

安全管理技术实现的是从技术手段的角度，对移动互联网运行状况以及安全现状的监管，对影响移动互联网安全事件进行有针对性的应对和补救措施。安全管理从技术上可分为四个方面：一是从事移动互联网安全防护的公司；二是移动互联网智能终端应用软件生产商；三是移动互联网的运营商；四是智能终端使用者（用户）。

1. 安全防护的公司

从从事移动互联网安全防护公司的角度，可采用的技术手段有：

（1）固件（BSP）安全评估技术

针对市场上主流移动智能终端的固件（BSP）代码，采用固件代码完整性检查分析技术和基于固件漏洞的库固件漏洞信息的检查分析技术，判定移动智能终端固件的安全隐患并提供修复建议。包括检测和分析远程开机隐患、定时开机隐患、Chip Away Virus 隐患、磁盘恢复精灵隐患、Phoenix.Net 隐患、BIOS 木马隐患以及其他未知隐患等。

（2）终端源代码安全分析技术

漏洞从根本上来源于软件的源代码，针对移动智能终端重点应用行为相关的源代码包括费用相关（通信安全付费、网络支付、广告等）、恶意访问（通信录、记事本等）、安全后门（远程控制、缓冲区溢出等）。

从技术特点上包括动态安全分析和静态安全分析。

动态安全分析：通过编译程序或检测用例，检测源代码中语法、词法、功能或结构的问题；完成后可能仍会存在与安全相关的在编译阶段发现不了、运行阶段又很难定位的安全问题。

静态安全分析：执行所分析的源代码，就是扫描源程序正文，对程序中的数据流和控制流等进行分析，来发现编译阶段没有发现、运行阶段难于定位的源代码安全问题。

（3）智能终端安全软件

在移动互联网领域，安全厂商早已开始预先布局。自 2009 年国内最大的互联网安全供应商 360 通过收购进入移动互联网安全领域，推出 360 手机卫士以来，包括金山、瑞星、卡巴斯基等传统安全厂商也推出自己的手机安全软件，一时间移动互联网安全市场变得热闹非凡。经过各大安全厂商的努力，手机安全软件的用户、市场覆盖率有了明显提升。尤其是中国安全软件企业，受到越来越多用户的认可。

DCCI（Data Center of China Internet，互联网数据中心）也指出当前移动互联网行业的问题所在，提醒广大安全厂商不可盲目乐观。报告显示，在不使用手机安全软件的移动互联网用户中，近五成是因为认为手机安全软件达不到预期效果，近四成是担心影响手机速度，并有 25.7%的用户认为手机安全软件本身存在安全问题。

现在移动智能终端安全工具，如金山公司的"手机安全卫士"，"360 手机卫士"，"网秦安全"等。通过这些安全软件的使用，可较大程度地降低移动互联网的安全危害。业内专家认为，在中国互联网已经迈入全民杀毒之际，漏洞相对较多，发展时间较短的移动互联网已经成为木马制造者的新目标，移动互联网安全这场"矛"与"盾"的斗争将是一场持久战，各大安全厂商都应在严于律己的同时，肩负起保护用户手机安全的重任。

2. 智能终端应用软件生产商

指智能终端操作系统和第三方开发的应用软件，应该在软件设计时就考虑到安全性问题，并随时更新软件中的安全漏洞，及时提供包括应用功能和安全功能的升级。例如，一位第三方应用软件开发者认为，针对吸费、吸流量的插件，可以在程序设计时适当控制流量大小，当检测到流量在某段时间内过大时，系统可报警提示用户（当然，这项功能也可以由手机安全软件来完成）。又例如，现在很多手机系统中，都带有防盗追踪功能，这种功能可以在手机被盗及丢失时，尽量降低数据泄漏的风险。

相关专家呼吁，应提高应用商店对其上架软件履行的审核义务。由于应用商店中的软件多数由开发者提供，他们相当于市场上千千万万的卖家，而应用商店则相当于提供交易平台的市场管理方，所以在 APP 软件的市场准入审核和管理方面有着义不容辞的责任。

3. 移动互联网的运营商

运营商应加强以手机终端和应用为主体的整体解决方案研究，建立可信的终端访问服务网站，加强对 ISP/ICP 的共同监管，打造健康良性发展的移动互联网产业链。随着国内 WLAN 网络覆盖范围和使用用户迅速增长，无线宽带接入服务成为运营商新的增值点。

当前对于 WLAN 的使用应根据不同类型的注册用户通过 WLAN 访问无线信息系统，根据这些用户的不同级别，赋予他们不同的访问权限，甚至要根据其所运行应用的不同，进行网络带宽的智能调配，以保证因用户应用权限、敏感程度的不同，提供对应的网络 QoS 保证。同时应在无线网络的"汇聚层"，部署防火墙、入侵检测、流量负载均衡设备和无线网管监控软件，组成一个完整的业务控制和安全管理平台，确保可全网智能管理的、可运营的无线网络。

移动支付目前主要以小额或微支付为主，如公交地铁、食品零售支付等应用模式已比较成型，基于 RFID 射频识别技术，随着 3G 的应用普及、基于 WAP 的互联网支付将增长。这些移动支付过程中都需要移动互联网运营商提供的安全保障技术措施，通过身份验证技术、信息加密传输技术、数据的完整性检验技术等安全保障措施将进一步增强移动支付的安全性，保障业务顺利进行。

移动安全市场盈利模式暴露出移动互联网盈利模式的单一，当前基本上都是通过收取用户端的费用来实现盈利。未来安全厂商通过与运营商等其他产业链成员合作定制业务服务的模式将是重要盈利方式。在增值服务市场规模逐渐做大之后，安全厂商在一些增值服务领域将出现新的盈利模式，比如防病毒软件、防恶意软件、反骚扰服务、隐私保护服务、数据的备份恢复服务等。

4. 智能终端使用者

对于移动互联网，移动应用安全主要体现在，终端的安全可用性，个人信息的私密性以及个人信息的可用性几个方面，个人用户的安全需求主要体现在四防：防骚扰、防泄密、防盗和防毒。

根据 DCCI 手机安全软件市场的调研报告显示，有将近三成移动互联网用户遭遇过手机安全威胁，五成以上用户担心手机安全威胁，但仍有超过 30%用户认为手机安全威胁并不重要，可见，用户手机安全意识亟待提高。

从互联网历史上来看，每次大规模的电脑病毒爆发，都会加速安全软件的普及并使用户安全意识获得巨大提升。如早年的硬件杀手 CIH 以及让网民叫苦不迭的熊猫烧香。但是，这种安全软件的被动式增长都是以无数用户的损失为代价，教训是惨痛的。因此，广大智能手机用户一定不能被动处理或应对移动互联网安全，而应该做好自身的防御措施，将移动互联网带来的安全危害防患于未然。

用户在使用移动互联网的过程中，可以从以下各个方面严加防范：

（1）为手机设置密码

通过一个强健的密码或 PIN 码，实现的简单密码保护措施，就能够让数据窃贼大感头痛。

（2）利用手机中的各种安全功能

很多人都忽视了手机自带的各种安全功能，用户只需要在设置菜单中简单的设置一下，就能大幅提高手机的安全性能和隐私保护水平。

（3）从正规网站下载手机应用程序和升级包

大部分用户在下载手机应用程序时，都在不知不觉中将恶意软件安装进了手机。用户应该尽可能从可靠来源获取软件，比如手机厂商的官方网站。

（4）为手机安装安全软件

要防止无孔不入的恶意软件，建议智能手机用户有必要安装一款有效的手机安全软件。

（5）经常为手机做数据同步备份

手机用户应当经常将手机中的数据同步到电脑中，作为安全备份存储起来。

（6）减少手机中的本地分享

不要轻易地将自己的位置信息透露给陌生人，或者只提供大致位置，不要提供过于详细的位置信息。

（7）对手机中的 Web 站点提高警惕

和 PC 一样，智能手机用户在访问不熟悉的 Web 站点时一定要非常谨慎。很多手机用户不加考虑就点击网站链接，尤其是通过社交媒体渠道发送来的链接。很多此类链接都会在用户不知情的情况下向用户手机中安装恶意软件。

（8）对程序执行权限加以限制

建议手机用户应该尽量注意到任何要求输入个人信息或手机设备信息的情况，以及在进行有关操作时跳出的与该操作无关的任何程序或对话框。

360 安全专家的建议：从正规渠道购买手机；从大型、可信站点下载手机软件，对第三方应用商店持小心谨慎的态度；安装软件时注意观察软件权限，运用常识，使用官方应用商店是最好的安全途径；不要轻信不明短信；小心恶意广告（malvertising）直接将你带入恶意网站并触发恶意程序的自动下载；安装有效手机安全软件为手机保驾护航；病毒是一种具有破坏性的恶意手机程序，一般利用短信、彩信、电子邮件、浏览网站等方式在移动通信网内传播，同时可利用红外、蓝牙等方式在手机终端间传播，当前可通过安装手机防病毒软件解决移动终端病毒入侵问题。

最后，以腾讯、金山共同启动的"互联网安全月"活动："一对一专家门诊活动"中所涉及的安全事例为例，来说明移动终端使用者——用户对安全问题的解决处理办法。

问题一：鱼目混珠——"五一"前夕机票类、旅游类钓鱼网站再度活跃；

描述：每天均接到因误信钓鱼网站而被骗的网友举报。这些假机票网站和假旅行社网站有三个特点：

1）假网站大多只留下 400 或 95013 的订票电话；

2）骗子最喜欢借口升级或者维护让你用 ATM 转账；

3）骗子经常在百度知道、论坛等地自问自答，并在答案中留下骗子网址或假订票电话。

解决办法：广大网友需注意上述虚假钓鱼网站的特征，并且在专业安全软件的保护下访问订票网站，若安全软件提醒有钓鱼网站时，要立刻中断交易。

建议使用：QQ 电脑管家实时防护提供网页防火墙功能，智能拦截钓鱼网站并提供正确网站链接建议。

问题二：警惕在线信息安全——索尼 PSN 在线服务被黑，7700 万用户资料疑被盗；

描述：据国外媒体报道，2012 年 4 月 25 日，索尼公司在线游戏和数字影视服务平台 PSN（PlayStation Network）再次中断服务，这已经是上周遭黑客袭击之后连续五天中断。4 月 27 日索尼承认，黑客已经获得用户信息，可能包括信用卡号码，PlayStation 网络共有 7700 万用户。这场黑客大战可谓惊心动魄。

解决办法：在我国，有近千家厂商提供在线游戏，上千家从事团购的网站，还有很多电子商务网站，这些网站若被黑客入侵，客户信息即存在被盗取的危险。网民须特别在意与网上支付有关的账号密码安全，定期修改支付口令，使用专业的安全软件保护计算机；

可安装 QQ 电脑管家、金山毒霸等软件，QQ 电脑管家的"账号保护"功能，可实现对盗号木马的侦测与拦截，帮助用户确保游戏账号、聊天账号、网银账号、交易账号等安全，防止用户网上虚拟资产以及网上真实资产受到损失。

问题三：隐私危机——苹果被怀疑记录了用户位置信息，在多国引发关于隐私的担忧。

描述：苹果公司发表声明确认了之前的传言，即记录用户位置信息的数据库文件的大小和范围是公司开发人员疏忽，并且公司计划尽快修复这个问题。公众对此反应十分强烈，全球都开始了法律诉讼和政府调查。苹果公司正式回应 iOS 移动系统设备跟踪用户的位置信息的问题。苹果公司在声明中表示公司没有跟踪用户，并且即将通过软件升级来修复这个问题。

解决办法：加强个人网络隐私安全防范意识，升级 iOS 系统并主动关闭定位功能。

问题四："潜伏""穿越者"病毒利用商业软件加载，每天锁定十万用户浏览器首页；

描述：网友近日向腾讯与金山联合举行的互联网安全月义诊专家反映，浏览器主页被劫持到域名为 www.k887.com 导航网站，普通安全软件完全无法修复。穿越者病毒利用视频软件皮皮播放器组件来实现病毒运行，感染用户机器后立刻锁定用户浏览器，引导至 www.k887.com 导航站，不仅普通用户无法自行修改，普通的安全软件也无法修复。

解决办法：QQ 电脑管家实时提供网页防火墙功能可实时监控网络，有效拦截挂马网站对系统的攻击，保障浏览器不被恶意篡改和劫持；经常给所使用的计算机进行安全软件的维护升级及病毒查杀。

问题五："山寨"威胁——QQ 安全助手成功拦截"伪 10086 吸费大盗"。

描述：2012 年 4 月 28 日，腾讯旗下 QQ 安全助手监测到一条恶意短信，该短信发送者伪装成中国移动客服，以升级手机漏洞补丁为名，诱导用户下载恶意吸费软件，短信内容指向 http://1oo86.net 的网站，其中域名使用了极易混淆的大写字母 O 来冒充数字 0，具有极强的欺骗性。该链接指向的恶意程序是 APK 格式，专门攻击 Android 平台的智能手机。

解决办法：一定要提高自身安全意识，注意分辨短信真伪，短信发送端口号码是鉴别真伪的关键；

安装和及时更新手机安全软件，例如 QQ 安全助手，其扣费扫描功能支持全盘扫描、实时拦截恶意扣费信息，防止恶意软件吸费。

小结：由腾讯公司、金山公司共同发起的"互联网安全月"活动开展了两周，根据在线"一对一专家"的反馈信息来看，安全月活动的效果比较显著，广大用户经过活动前期宣教和亲身经历，明白了主动防御的重要性和必要性，因此以"防患于未然"状态主动咨询网络安全问题的用户比例正在逐步增加。

此外，随着社会和科技的发展，新的网络安全威胁也"与时俱进"，从互联网向移动互联网、从明目张胆到巧妙潜伏，安全形势不容乐观！因此网络安全专家特别提醒广大用户：安全是管理，安全软件只是帮手，增强自身网络安全防范意识才是立于安全之地的硬道理！

7.5 移动智能终端安全工具

前面讲了移动互联网的安全防护标准，防护措施，防护意识、防护注意事项等，但针对移动用户个人而言，其智能终端安全防护最直接的莫过于各种移动智能终端安全工具了，这些工具都是由移动互联网安全厂商提供的，可以通过付费或免费的方式获得，从而直接保护移动用户的智能终端安全。

本节介绍两类移动智能终端安全工具：手机取证和手机安全卫士。

7.5.1 手机取证

手机取证是指从手机 SIM 卡、手机内/外置存储卡以及移动网络运营商数据库中收集、保全和分析相关的电子证据，并从中获得具有法律效力、能被法庭所接受的证据的过程。

手机取证是打击这类犯罪的一个有效手段。从概念上讲，手机取证目前牵涉到手机的犯罪行为大致有三种：一是在犯罪行为的实施过程中使用手机来充当通信联络工具；二是手机被用作一种犯罪证据的存储媒质；三是手机被当做短信诈骗、短信骚扰和病毒软件传播等新型手机犯罪活动的实施工具。

手机取证需要遵守的原则：作为证据的手机及其相关设备中的数据是未经改动的，对其进行的任何操作都要保证原始数据的完整性；由专门的人员访问手机及其相关设备中的数据，这些人员必须是有资格的，并且能够解释其行为；所有对手机及其相关设备的操作（包括对证据的获得、访问、提取、存储和转换）都必须由第三方建立日志审计，完全归档保存，以备质询；负责操作和调查的人员和组织必须遵守以上原则并对操作行为负责。

1. 取证源

手机的 SIM 卡、内存、外置存储卡和移动网络运营商的业务数据库都是手机取证中的重要取证源。

（1）SIM 卡

SIM（Subscriber Identity Module，客户识别模块），也称为用户身份识别卡。移动通信网络通过此卡来对用户身份进行鉴别和对用户通话时的语音信息进行加密。SIM 卡中所存储的数据信息大致可分为五类：

1）SIM 卡生产厂商存储的产品原始数据；

2）手机存储的固有信息，主要包括各种鉴权和加密信息、GSM 的 IMSI 码、CDMA 的 MIN 码、IMSI 认证算法、加密密匙生成算法；

3）在手机使用过程中存储的个人数据，如短消息、电话薄、行程表和通话记录信息；

4）移动网络方面的数据中包括用户在使用 SIM 卡过程中自动存入和更新的网络服务和用户信息数据，如设置的周期性位置更新间隔时间和最近一次位置登记时手机所在位置识别号；

5）其他的相关手机参数，其中包括个人身份识别号（PIN）以及解开锁定用的个人解锁号（PUK）等信息。

（2）手机内/外置存储卡

手机内存根据存储数据的差异可分为动态存储区和静态存储区两部分。动态存储区中主要存储执行操作系统指令和用户应用程序时产生的临时数据，而静态存储区保存着操作系统、各种配置数据以及一些用户个人数据。

从手机调查取证的角度来看，静态存储区中的数据往往具有更大的证据价值。GSM 手机识别号 IMEI、CDMA 手机识别号 ESN、电话簿资料、收发与编辑的短信息、主/被叫通话记录、手机的铃声、日期时间以及网络设置等数据都可在此存储区中获取。但是在不同的手机和移动网络中，这些数据在读取方式和内容格式上会有差异。另外，为了满足人们对于手机功能的个性化需求，许多品牌型号的手机都提供了外置存储卡来扩充存储容量。当前市面上常见的外置存储卡有 SD、MiniSD 和 Memory Stick。外置存储卡在处理涉及版权或著作权的案件时是一个重要的证据来源。

（3）移动网络运营商

移动网络运营商的通话数据记录数据库与用户注册信息数据库存储着大量的潜在证据。通话数据记录数据库中的一条记录信息包括有主/被叫用户的手机号码、主/被叫手机的 IMEI 号、通话时长、服务类型和通话过程中起始端与终止端网络服务基站信息。另外，在用户注册信息数据库中还可获取包括用户姓名、证件号码、住址、手机号码、SIM 卡号及其 PIN 和 PUK、IMSI 号和所开通的服务类型信息。在我国即将实行"手机实名制"的大环境下，这些信息可在日后案件调查取证过程中发挥巨大的作用。

2. 常见的手机取证工具

在实际的手机取证过程中，各种取证软硬件的使用已变得越来越普遍。下面列举现在比较常见的几款手机取证工具。

（1）盘石软件

盘石软件（上海）有限公司成立于 2002 年，从事计算机、手机、PDA 等电子设备的取证软、硬件产品开发与技术服务，是中国最早在此领域投入完全自主研发和电子数据取证服务的企业之一。盘石软件（上海）有限公司如图 7-17 所示。

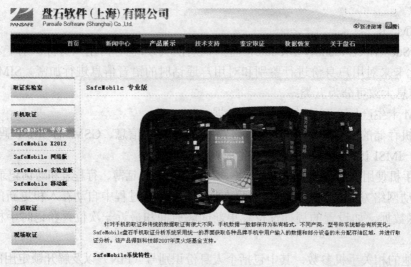

图 7-17　盘石软件

网址：http://www.pansafe.com/index.php/category/product/。

如图所示，盘石软件分为 safeMobile 专业版、safeMobile X2012、safeMobile 网络版、safeMobile 实验室版和 safeMobile 移动版，下面是 safeMobile 专业版和 safeMobile X2012 的系统特性。

safeMobile 专业版的系统特性：

1）支持 GSM/CDMA/WCDMA 手机，包括 Apple、多普达、摩托罗拉、诺基亚、西门子、三星、索爱、联想、夏新、飞利浦，天语、联想、步步高、七喜、UT 斯达康、OPPO、海尔、波导、等 50 余个品牌两千多款手机，型号还在不断增加中；

2）支持中国市场使用的所有 SIM 卡，如全球通，M-ZONE，神州行，世界风，Up 新势力，如意通，Uni，宝视通，各种 CDMA SIM 卡；

3）支持国产手机的 MTK 平台、展讯平台；

4）支持智能手机的 Linux 平台、Windows CE、Symbian 平台、iPhone 平台、Android 平台，Blackberry 平台；

5）手机/SIM 卡电话本、通话记录、短信、设备信息和文件的获取；

6）支持邮件、即时通信（手机 QQ，移动飞信）、腾讯微博、新浪微博、上网日志的应用分析；

7）支持 iOS、Android、Symbian、Windows Mobile、MTK 等平台基本信息的删除恢复；

8）支持微博（新浪、腾讯）客户端的应用分析；

9）支持 GPS 信息获取和谷歌地图使用记录解析；

10）支持对手机/SIM 卡删除短信的恢复；

11）手机连接方式支持：数据线、红外、蓝牙；

12）提供灵活多样的搜索方法，支持多编码格式同时搜索；

13）书签功能灵活强大，能更好地帮助分析数据；

14）即时提供的报表预览功能，一次性生成可打印报表，降低取证分析人员的劳动强度；

15）文件预览功能可查看十六进制数据，方便高级取证分析人员进一步分析所得数据；

16）图库功能：支持图库预览功能；

17）支持设备 MD5 校验，数据符合司法鉴定要求；

18）可选 SIM 卡复制的取证屏蔽方式；

19）记录详细的操作日志，便于审查和复核工作。

safeMobile X2012 的系统特性：

1）自动选线。当用户选择手机型号后，数据线存放的对应抽屉会自动打开，并且相应的数据线区域会自动亮灯，帮助用户选择正确型号的数据线，有效避免了选错数据线造成证据损坏。

2）完备的数据线配置。目前系统集成了超过六十种数据线，支持上千款型号手机，解决了手机取证最麻烦的问题——没有数据线，同时，系统内置蓝牙功能，当遇到特殊手机时还可以通过内置的蓝牙功能进行数据提取。

3）完备的接口配置。考虑手机获取的各种硬件情况设计，系统除了提供完备的数据线，还提供了手机获取过程可能会遇到的 SIM 卡、多媒体存储卡的读取支持。

4）一体化分析平台。系统内建平台计算机，无论用户身处何处，都能够顺利地完成手机取证分析工作。高反射液晶屏即使在烈日下也可以看清屏幕上显示的信息。

5）防静电工作区。在手机操作区，系统使用了防静电材料，防止静电对证据手机造成破坏及干扰。

6）信号屏蔽。系统内置多频段手机信号屏蔽功能，防止在取证分析过程中手机接收到外部信号。破坏内部存储的数据，保证了证据的完整有效。

7）充分考虑手机取证的复杂性设计。系统内置 SafeMobile 标准版、实验室版，可以有效地解决不同手机的获取问题。系统同时内置摄像头，可以对无法正常获取的手机进行拍照固定。

8）容易维护。模块化设计便于后期的系统升级及维护，打破了以往高集成度设备维护成本高无法升级的问题。

9）三防外壳。系统使用的箱体由高强度 ABS 材料和金属结合制作而成，不仅防摔，同时对灰尘、雨水都有很好的防护性。

可见，不同的版本具有不同的系统特性，分别用于不同需求的取证环境和取证条件。

（2）中安华科

中安华科也提供了多款手机取证的硬件和软件产品，如图 7-18 所示。

网址：http://www.anhuachina.com/yj1-1.asp。

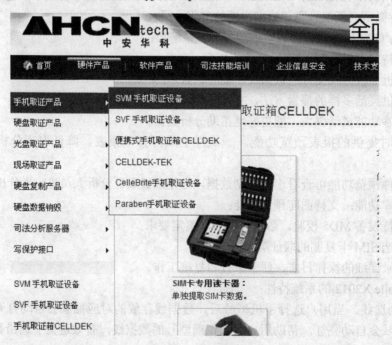

图 7-18　中安华科

（3）北京安信

北京安信荣达科技有限公司也提供了多款手机取证的硬件和软件产品，如图 7-19 所示：网址：http://www.anxintech.com/。

图 7-19   北京安信

7.5.2   手机安全软件

现在最流行的、使用最多的、最便宜的莫过于各大安全厂商提供的面向终端用户智能手机使用的手机安全软件。手机安全软件是为广大用户提供手机基础安全服务的软件。主要提供的功能有：流氓软件的扫描、查杀安全威胁、保护隐私、防钓鱼、防吸费、监控及卸载；手机性能优化；上网流量统计及连网监控等。保护手机上网安全，为每个用户提供一站式手机安全解决方案。

提供这样的软件厂商主要有：网秦安全，360 手机安全卫士，金山手机卫士，腾讯手机管家，卡巴斯基手机安全软件，AVG 手机安全软件、大蜘蛛、瑞星等。这些手机安全软件大多是免费使用的，并且效果也不错。

由于这些安全软件对支持的手机操作系统都不尽相同，因此在选用时，需要首先确定该软件是否支持用户所使用的手机系统。例如网秦安全，虽然支持的手机操作系统有很多种，如 Symbian、Android、BlackBerry、iOS、WP8 等，但万一用户的手机系统不被支持，那就需要另选其他的手机安全软件了。

下面是网秦安全，360 手机安全卫士，金山手机卫士三款手机安全软件的网络界面截图，读者可自行登录到相应的网站中了解，并可根据自己的手机系统选用不同的手机安全工具。

（1）网秦安全

具备病毒查杀（可扫描 SD 卡）、隐私保护、手机防盗、上网保护、防窃听、金融保护、流量管理、网络防火墙等数十项特色功能，真正满足用户的不同需要；跨终端、跨平台同步，既可通过手机端，又能通过 PC（登录"网秦空间"）端双向互通，同步备份数据，并依托云服务实施防盗保护的产品；支持对手机恶意网址进行拦截，避免通过手机上网时遭遇网络欺诈；提供全面的账号保护功能，支持对数百款网银、支付软件、SNS、微博、IM 应用进行安全保护，覆盖范围广泛；识别欺诈微博短链接，保护微博客户端完整性；呼叫时隐藏手机号码，防止被骚扰，保护隐私。

网秦安全网站界面如图 7-20 所示。网址：http://cn.nq.com/。

（2）360 手机安全卫士

360 采用领先的云计算技术，创建了 360 手机云安全中心，为 360 用户提供手机安全服务。360 手机云安全中心就像是一个专门针对手机软件信息所设计的搜索引擎，由 360 手机卫士客户端为您检测所有正在运行或是已安装程序的安全性，提取出未知软件的标识信息，通过联网云查杀服务，向 360 手机云安全中心核实相应的软件信息，确认软件是否安全。

图 7-20　网秦安全

当前流行的大量恶意手机软件，尤其是木马软件，一般都将自身的程序名称伪装为某种系统服务，因此仅仅依靠软件本身所提供名称和图标是无法正确有效判断安全级别的，而使用云安全技术后，360 将通过软件唯一性的标识信息在手机云安全中心进行查询，就能准确知道一个软件是不是木马程序，从而进行查杀处理。就像公安机关在安检时，不会只靠人名来抓通缉犯，而会通过身份证联网查询的方式，如果身份证在通缉名单中，就是罪犯，如果身份证所关联的个人资讯比如姓名，地址等与当前所提供身份证号码的人并不符合，那就代表这个人冒用他人身份证，冒用资料本身也属于可疑情况。

360 手机云安全中心结合了搜索引擎技术和海量手机软件信息，能够剥开木马程序的伪装，立即有效地查杀手机中的恶意软件。因此在您使用 360 手机卫士的过程中，产品的某些功能将会需要和 360 手机云安全中心的服务器进行连接，实时联网查询软件的安全信息，以便客户端能够正确、及时地做出处理。

360 手机安全卫士网站界面如图 7-21 所示。网址：http://shouji.360.cn/。

图 7-21　360 手机安全卫士

（3）金山手机卫士

金山手机卫士的网站界面如图 7-22 所示。网址：http://m.ijinshan.com/。

图 7-22　金山手机卫士

　　金山手机卫士是金山网络有限公司开发的一款免费手机安全软件，目前覆盖 Android 和 Symbian 两大智能手机系统平台。以手机安全为核心，提供有流量监控、恶意扣费拦截、防垃圾短信、防骚扰电话、风险软件扫描及私密空间等实用安全功能。

　　图 7-23 是金山手机卫士 android 版的功能展示。

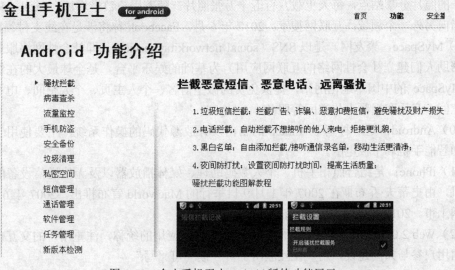

图 7-23　金山手机卫士 android 版的功能展示

附录　本书名词汇总

1. 第1章名词

1）PDA（Personal Digital Assistant）：掌上电脑。

2）CNNIC（China Internet Network Information Center）：中国互联网络信息中心。

3）NTT DoCoMo：日本领先的移动通信运营商。

4）IVR（Interactive Voice Response，互动式语音应答）：用电话即可进入服务中心，根据操作提示收听手机娱乐产品。

5）xDSL：是各种类型 DSL（Digital Subscribe Line，数字用户线路）的总称，包括ADSL、RADSL、VDSL、SDSL、IDSL 和 HDSL 等。

6）T1：T1 代表一种数据传输速率标准。T1 是北美标准，支持 1.544Mbit/s 专线电话数据传输，由 24 条独立通道组成，每个通道的传输速率为 64kbit/s，可用于同时传输语音和数据。

7）X-Series：一系列的广播电视类娱乐节目。

8）Facebook：是一个社交网络服务网站，于 2004 年 2 月 4 日上线。Facebook 是美国排名第一的照片分享站点，每天上载八百五十万张照片。随着用户数量增加，Facebook 的目标已经指向另外一个领域：互联网搜索。2012 年 6 月，Facebook 称将涉足在线支付领域。

9）MySpace，聚友网。是以 SNS（social networking services，即社会性网络服务，专指旨在帮助人们建立社会性网络的互联网应用）为基础的娱乐平台，是全球最大的在线交友平台。MySpace 的中国本地化网站，提供免费的微型博客、个人主页、个人空间、电子相册、博客空间、音乐和视频上传空间等服务。

10）Android：是一种基于 Linux 的自由及开放源代码的操作系统，主要使用于便携设备，如智能手机和平板电脑。

11）iPhone：是结合照相手机、个人数码助理、媒体播放器以及无线通信设备的掌上智能手机，由史蒂夫·乔布斯在 2007 年 1 月 9 日举行的 Macworld 宣布推出，2007 年 6 月 29 日在美国上市。2012 年 9 月 13 日发布了 iPhone5。

12）Web 2.0：是相对 Web 1.0 的新的一类互联网应用的统称，注重用户的交互作用，互联网由用户参与共同建设，用户在互联网上可"读"可"写"。

13）i- mode 服务：是 NTT DoCoMo 于 1999 年推出的行动上网服务，是全世界最成功的行动上网模式。最大的改变在于计费模式，将原本以时间为主的计费方式，改变成为以封包（下载量）为单位，如此可以大幅降低使用者的上网费用，加速普及的速度。

14）HTML（Hypertext Markup Language）：超文本标记语言）：是用于描述网页文档的一种标记语言。

15）CDMA（Code Division Multiple Access，又称码分多址）：是无线通信使用的技术。

16）SKT：SKT 的前世是韩国移动通信公司，成立于 1984 年，并于 1997 年变更为 SK

电讯，即 SKT。如今，SKT 已成为韩国三大电信运营商中规模最大的运营商。

17）KTF：韩国 KTF 是韩国第二大移动通信运营商，也是韩国首家 WCDMA 无线运营商。

18）UGC（User Generated Content，用户生成内容）。

19）ARPU（Average Revenue Per User，每用户平均收入）：目前用于衡量电信运营商业务收入的指标。

20）TD 制式：移动 TD-SCDMA，是移动的 3G。

21）OMS：Open Mobile System，OMS 操作系统是中国移动主导的开放式操作系统，它基于 Google Android，参考了苹果 iPhone 操作系统和 Windows Mobile 手机操作系统的优点，但与 Windows Mobile 全封闭式不同的是，中国移动可以在 OMS 上嵌入所有自主开发或者协议方开发的应用软件。

22）MSN（microsoft service network，微软网络服务）：是微软公司推出的即时消息软件，亲人、朋友等可以通过此软件来查看联系人是否联机。

23）Gmail：google 的免费网络邮件服务。

24）Hotmail：是互联网免费电子邮件提供商之一，世界上的任何人都可以通过网页浏览器对其进行读取，收发电子邮件。

25）GSM（Global System of Mobile communication）：全球移动通信系统，是应用最为广泛的移动电话标准。全球超过 200 个国家和地区超过 10 亿人正在使用 GSM 电话。

26）SNS（Social Networking Services，社会性网络服务）：专指旨在帮助人们建立社会性网络的互联网应用服务，也指社会现有已成熟普及的信息载体，如短信 SMS 服务。

SNS 的另一种常用解释：Social Network Site，社交网站或社交网。

27）LBS：（Location Based Service，基于位置的服务）：是通过电信移动运营商的无线电通信网络（如 GSM 网、CDMA 网）或外部定位方式（如 GPS）获取移动终端用户的位置信息（地理坐标，或大地坐标），在 GIS（Geographic Information System，地理信息系统）平台的支持下，为用户提供相应服务的一种增值业务。

28）易观国际：Analysys International，成立于 2000 年，是中国互联网和互联网化市场卓越的信息产品，服务及解决方案提供商。

29）HSDPA（High Speed Downlink Packet Access，高速下行分组接入）：是一种移动通信协议，也称为 3.5G。该协议在 WCDMA 下行链路中提供分组数据业务，在一个 5MHz 载波上的传输速率可达 8～10 Mbit/s（如采用 MIMO 技术，则可达 20 Mbit/s）。

30）Kindle：便携式电子书阅读器或平板电脑。

31）ICT（information communication technology，是信息、通信和技术三个英文单词的词头组合）：它是信息技术与通信技术相融合而形成的一个新的概念和新的技术领域。

32）Electronic Arts：简称 EA，是全球著名的互动娱乐软件公司，主要经营各种电子游戏的开发、出版以及销售业务。

33）Gameloft：是一家开发和发行基于移动设备的视频游戏的跨国公司，其总部位于法国，分公司遍布全球。

34）App Store（application store，应用商店）：App Store 是一个由苹果公司为 iPhone 和 iPod Touch、iPad 以及 Mac 创建的服务，允许用户从 iTunes Store 或 mac app store 浏览和下

载一些为了 iPhone SDK 或 mac 开发的应用程序。

35）赛我网：是韩国最大的社区网站，它以提供有线和无线的互联通信平台为核心，向广大网络和手机用户提供包括日记、相册、论坛、涂鸦、留言等各种互联网服务。与虚拟的网络社区不同，它强调真实，并提供各种与他人互动的工具，摆脱以往博客、交友、校友录、BBS 社区等单一展示和交流的局限。2005 年 6 月，韩国赛我网正式登录中国，为中国网民带来一个集个性化空间和社交网络于一身的网络家园。

2. 第 2 章名词

1）IETF（Internet Engineering Task Force，Internet 工程任务组）：IETF 又叫互联网工程任务组，成立于 1985 年底，是全球互联网最具权威的技术标准化组织，主要任务是负责互联网相关技术规范的研发和制定，当前绝大多数国际互联网技术标准出自 IETF。

2）P2P（Peer-to-peer network，对等网络）：也称为对等连接，是一种新的通信模式，每个参与者具有同等的能力，可以发起一个通信会话。

3）OTA（Over-the-Air Technology，空中下载技术）：是通过移动通信（GSM 或 CDMA）的空中接口对 SIM 卡数据及应用进行远程管理的技术。空中接口可以采用 WAP、GPRS、CDMA1X 及短消息技术。OTA 技术的应用，使得移动通信不仅可以提供语音和数据服务，而且还能提供新业务下载。

4）（IMPS：Instant Messaging Presence Services，即时通信和状态信息的服务）：是一种基于 SMS，面向移动设备提供的即时通信和状态信息的服务。用户通过手机向其他用户（如移动终端、固定终端和 PC 用户）实时发送消息，提供用户实时的在线状态、在线位置、在线联系方式以及其他信息。

5）SIP（Session Initiation Protocol）：是一个应用层的信令控制协议，类似于 HTTP 的基于文本的协议，SIP 可以减少应用特别是高级应用的开发时间。

6）SIMPLE（SIP for Instant Messaging and Presence Leveraging Extensions）：SIP 的扩展协议以支持 IM（Instant Messenger，即时通信）业务，是一种基于互联网的即时交流消息的业务，如：百度 Hi、MSN、QQ、FastMsg、UC 等服务。

7）POC（PTT Over Cellular）：也称"PTT"（Push To Talk），一键通或即按即说功能，是一种全新的移动技术，可以快速地进行"一对一"或者"一对多"通话，就像使用对讲通话机一样。

8）GPRS（General Packet Radio Service，通用分组无线服务）：它是 GSM 移动电话用户可用的一种移动数据业务。GPRS 可说是 GSM 的延续。GPRS 和以往的连续在频道传输的方式不同，它是以封包（Packet）方式来传输的，因此使用者所负担的费用是以其传输资料单位计算，并非使用其整个频道，理论上较为便宜。GPRS 的传输速率可提升至 56kbit/s 甚至可达 114kbit/s。

3. 第 3 章名词

1）Wi-Fi（wireless fidelity，无线相容认证）：是一种可以将个人 PC、手持设备（如 PDA、手机）等终端以无线方式互相连接的技术。

2）SIM（Subscriber Identity Module，用户身份识别模块）：它实际上是一张内含大规模集成电路的智能卡，用来登记用户身份识别数据和信息。

3）LOGO：是徽标或者商标的英文说法，起到对徽标拥有公司的识别和推广的作用，通过形象的 logo 可以让消费者记住公司主体和品牌文化。

4）蓝牙：是一种支持设备短距离通信（一般在 10m 内）的无线电技术。能在包括移动电话、PDA、无线耳机、笔记本电脑、相关外设等众多设备之间进行无线信息交换。

5）SSD（Solid State Drive，固态硬盘）：是用固态电子存储芯片阵列而制成的硬盘，固态硬盘技术与传统硬盘技术不同， 存储器厂商只需购买 NAND 存储器，再配合适当的控制芯片，就可以制造固态硬盘了。

6）Smart Connect Technology：英特尔智能连接技术，即使在电脑处于睡眠状态时，也可以正常接收电子邮件。

7）IRST（Intel rapid start technology，英特尔快速启动技术）：这个技术的作用就是使计算机可以不用关机，但是能获得关机后完全不费电的效果。

8）Ivy Bridge：第三代 Core i 系列处理器。

9）Haswell：英特尔在 Sandy Bridge、Ivy Bridge 超极本处理器基础上的一种更新的处理器技术。

10）ABS：ABS 树脂是五大合成树脂之一，其抗冲击性、耐热性、耐低温性、耐化学药品性及电气性能优良，是一种用途极广的热塑性工程塑料。

11）ITO（Indium Tin Oxides，透明导电膜）：具有高透明性及良好导电性，可以切断对人体有害的电子辐射、紫外线及远红外线。

4．第 4 章名词

1）EDGE（Enhanced Data Rate for GSM Evolution，增强型数据速率 GSM 演进技术）：EDGE 是一种从 GSM 到 3G 的过渡技术。

2）WWDC（Worldwide Developers Conference）："苹果电脑全球研发者大会"（Apple Worldwide Developers Conference）的简称，每年定期由苹果公司（Apple Inc.）在美国加州举行，大会主要的目的是让苹果公司向研发者们展示最新的软件和技术。

3）iCloud：苹果公司所提供的云端服务，让使用者可以免费储存 5GB 的资料。

4）Safari：苹果计算机的最新操作系统 mac os x 中的浏览器。

5）Game Center：苹果游戏中心，是专为游戏玩家设计的社交网络平台，从核心功能上看基本等同于微软的 Xbox Live（是 Xbox 及 Xbox 360 专用的多用户在线对战平台，由微软公司所开发、管理），它仅对 iOS 用户群。

6）Passbook：是一款 iOS 6 操作系统将提供的一个全新应用，是可以存放登机牌、会员卡和电影票的工具。

7）Face Time：是苹果 iOS，Mac 设备内置的一款视频通话软件，它通过 Wi-Fi 或者蜂窝数据接入互联网在两个装有 Face Time 的设备之间实现视频通话。

8）Cydia：是一个类似苹果在线软件商店 iTunes Store 的软件平台的客户端，它是在越狱的过程中被装入到 iOS 系统中的。

9）SSH（Secure Shell，安全外壳协议）：专为远程登录会话和其他网络服务提供安全性的协议，在正确使用时可弥补网络中的漏洞，可以有效防止远程管理过程中的信息泄露问题。

10）DirectX（Direct eXtension）：是由微软公司创建的多媒体编程接口。由 C++编程语言实现，遵循 COM。被广泛使用于 Microsoft Windows、Microsoft Xbox 和 Microsoft Xbox

360 电子游戏开发，并且只能支持这些平台。

11）NFC（Near Field Communication，近距离无线通信技术）：可以在移动设备、消费类电子产品、PC 和智能控件工具间进行近距离无线通信。NFC 提供了一种简单、触控式的解决方案，可以让消费者简单直观地交换信息、访问内容与服务。

12）Turn by Turn 导航：指在 Windows Phone 上为您提供逐向高品质的语音驾驶导航。

13）OEM：代工生产或定点生产，基本含义是品牌生产者不直接生产产品，而是利用自己掌握的关键的核心技术负责设计和开发新产品，控制销售渠道，具体的加工任务通过合同订购的方式委托同类产品的其他厂家生产。

14）卡尔蔡司光学镜头：来自德国的品牌，在业内一向享有良好的声誉，因其成像的超清晰能力而被称为"鹰之眼"，这种镜头一般情况下只有高端相机会配备。

15）WebKit：是一个开源的浏览器引擎（用来渲染网页内容，将网页的内容和排版代码转换为可视的页面），包括苹果的 iOS、Android、Nokia S60、Web OS 等系统都采用 WebKit 引擎，其特点是高效稳定，兼容性好，且源码结构清晰，易于维护。Webkit 2 是新版 WebKit 引擎。

5. 第 5 章名词

1）HSPA（High-Speed Packet Access）：包括 HSDPA（高速下行分组接入）和 HSUPA（高速上行分组接入）。HSDPA 在下行链路上能够实现高达 14.4Mbit/s 的速率。HSUPA 在上行链路中能够实现高达 5.76Mbit/s 的速度。

2）LTE（Long Term Evolution，长期演进）：该项目是 3G 的演进。LTE 也被通俗地称为 3.9G，具有 100Mbit/s 的数据下载能力，被视作从 3G 向 4G 演进的主流技术。

3）FOMA（Freedom Of Mobile multimedia Access，自由移动的多媒体接入）：2001 年 10 月 FOMA 全面商用，3G 正式亮相，世界上首个第三代商用移动网络诞生。

4）UMTS（Universal Mobile Telecommunications System，通用移动通信系统）：UMTS 是国际标准化组织 3GPP 制定的全球 3G 标准之一。

5）MIMO（Multiple-Input Multiple-Out-put）：是一项运用于 802.11n 的核心技术。802.11n 是 IEEE 继 802.11b\a\g 后全新的无线局域网技术，速度可达 600Mbit/s。

6）UMB：CDMA2000 系列标准的演进升级版本。

7）Clearwire 公司：是由位于美国华盛顿州 Kirkland 的无线通信先驱克雷格·麦考 (GraigMcCaw)于 2003 年创办的。Clearwire 是一家提供 WiMAX 服务的无线公司。

8）Xohm：是美国第三大移动运营商 Sprint 与 Clearwire 公司联合推出的 WiMAX 网络。

9）J—Phone：日本第二大移动电信公司。

10）Telia：瑞典目前最大的电信公司。

11）AMOLED（Active Matrix/Organic Light Emitting Diode）：是有源矩阵有机发光二极体面板。相比传统的液晶面板，AMOLED 具有反应速度较快、对比度更高、视角较广等特点。

12）MSC（Mobile Switching Center，移动交换中心）。

13）MIN 码：就是手机密码，一般是在购买手机时，销售员告诉你的或你设置的初始密码。

14）FVC（Front Voice Channel，前向语音信道）。

15）RVC（Reverse Voice Channel，反向语言信道）。

16）VMAC（Voice Mobile Attenuation Code，语音移动衰减码）。

17）AMPS（Advanced Mobile Phone System，高级移动电话系统）。

6. 第6章名词

1）3GPP（3rd Generation Partnership Project，第三代合作伙伴计划）：其目标是实现由2G网络到3G网络的平滑过渡，保证未来技术的后向兼容性，支持轻松建网及系统间的漫游和兼容性。

2）3GPP2（3rd Generation Partnership Project 2，第三代合作伙伴计划2）：成立于1999年1月，由美国TIA、日本的ARIB、日本的TTC、韩国的TTA四个标准化组织发起，中国无线通信标准研究组（CWTS）于1999年6月在韩国正式签字加入3GPP2。3GPP2声称其致力于使ITU的 IMT-2000计划中的（3G）移动电话系统规范在全球的发展，实际上它是从2G的CDMA One或者IS-95发展而来的CDMA2000标准体系的标准化机构，它受到拥有多项 CDMA 关键技术专利的高通公司的较多支持。与之对应的 3GPP 致力于从 GSM 向WCDMA（UMTS）过渡，因此两个机构存在一定竞争。

3）E3G（Evolution 3G，3G演进技术）：是针对新的频段和更高的业务能力的 3G 演进技术，演进型 3G（E3G）技术是3GPPLTE（长期演进）和3GPP2 AIE（空中接口演进）项目的统称。

4）IVR（Interactive Voice Response，互动式语音应答）：您只需用电话即可进入服务中心，根据操作提示收听手机娱乐产品。可以根据用户输入的内容播放有关的信息。

5）iTunes： 款媒体播放器的应用程序。

7. 第7章名词

1）MMSC：中继服务器/多媒体消息业务中心，是整个多媒体消息系统的核心，对多媒体消息进行存储和处理，包括消息的输入输出、地址解析、通知、报告等。同时，负责多媒体消息在不同MMSC之间的传递等操作。MMSC还产生CDR话单用于计费。

2）SMSC（Short Message Service Center，短消息服务中心）：负责在基站和移动台（ME）间中继、储存或转发短消息。

3）DPI（Deep Packet Inspection，深度包检测技术）：一种基于应用层的流量检测和控制技术，当IP数据包、TCP或UDP数据流通过基于DPI技术的带宽管理系统时，该系统通过深入读取 IP 包载荷的内容来对 OSI 七层协议中的应用层信息进行重组，从而得到整个应用程序的内容，然后按照系统定义的管理策略对流量进行整形操作。

4）MIN 码：手机密码，一般是在购买手机时，销售员告诉你的或你设置的初始密码。

5）IMSI（International Mobile SubscriberIdentification Number，国际移动用户识别码）：是区别移动用户的标志，储存在SIM卡中，可用于区别移动用户的有效信息。其总长度不超过15位，同样使用0～9的数字。其中MCC是移动用户所属国家代号，占3位数字，中国的 MCC 规定为 460；MNC是移动网号码，最多由两位数字组成，用于识别移动用户所归属的移动通信网；MSIN是移动用户识别码，用以识别某一移动通信网中的移动用户。

参 考 网 站

[1] 百度：http://www.baidu.com

[2] 百度文库：http://wenku.baidu.com

[3] 百度图片：http://image.baidu.com

[4] 道客巴巴：http://www.doc88.com/p-286408715798.html

[5] 易观国际集团官网：http://www.analysys.com.cn/index.html

[6] 金山手机安全中心：http://zt.ijinshan.com

[7] 360 安全中心盘点：http://www.cctime.com/html/2011-12-9/20111291017513005.htm

[8] 电子工程网：http://ee.ofweek.com/2011-01/ART-8900-2804-28437120_2.html

[9] 中国互联网行业社交媒体—速途网：http://www.sootoo.com/content/241231.shtml

[10] 网管之家：http://www.bitscn.com/plus/view.php?aid=11439

[11] CIO 时代网：www.ciotimes.com

[12] 网秦官网：http://cn.nq.com